21 世纪高校教材

高等数学习题课教程

（第二版）

主　编　蒋家尚

苏 州 大 学 出 版 社

图书在版编目(CIP)数据

高等数学习题课教程 / 蒋家尚主编. —2 版. —苏州：苏州大学出版社，2016. 8(2024.7重印)
21 世纪高校教材
ISBN 978-7-5672-1814-7

Ⅰ. ①高… Ⅱ. ①蒋… Ⅲ. ①高等数学—高等学校—教材 Ⅳ. ①O13

中国版本图书馆 CIP 数据核字(2016)第 199444 号

高等数学习题课教程
(第二版)
蒋家尚 主编
责任编辑 周建兰

苏州大学出版社出版发行
(地址：苏州市十梓街 1 号 邮编：215006)
常熟市华顺印刷有限公司印装
(地址：常熟市梅李镇梅南路218号 邮编：215511)

开本 787 mm×960 mm 1/16 印张 15.5 字数 294 千
2016 年 8 月第 2 版 2024 年 7 月第 10 次印刷
ISBN 978-7-5672-1814-7 定价：39.00 元

《高等数学习题课教程(第二版)》
编 委 会

前言

QIAN YAN

高等数学习题课在高等数学学习过程中起着非常重要的作用，它能使学习者理顺和巩固所学内容，并在解题中扩展思路，培养数学思维能力. 本教程就是为高等数学习题课所编写的，其内容体系参照了教材《高等数学》(同济大学第六版)，适用于各类各层次的高等数学学习者，对报考硕士研究生的读者亦有一定的帮助，也可作为高等数学教师的教学参考书.

本教程包括六部分内容：

1. 目的要求　按照全国工科院校高等数学课程教学的基本要求，让读者分层次明晰学习高等数学各章内容的目的与要求.

2. 内容提要　包括主要定义、主要定理和主要结论，并给出了作者在高等数学教学中总结出来的一些计算方法和计算公式.

3. 复习提问　提供了教师与学生在习题课上交流的内容，包括对一些概念的理解、辨析，一些较难的计算问题等.

4. 例题分析　例题中有基本概念讨论题，有介绍基本方法的计算题或证明题，也有较灵活的综合题，对所给例题作了深入浅出的分析.

5. 自测练习　分 A、B 两个层次，A 层次的练习题以基本题为主，给出了答案；B 层次的练习题难度较大些，给出了详解.

6. 综合练习　依据《高等数学》上册和下册的内容分别给出 8 套综合练习，相当于 16 套测试卷，并附有答案. 每套用时两小时左右，便于读者巩固所学内容并找出自身的薄弱环节.

本教程的编写得到了江苏科技大学教务处和数理学院领导的关心和支持，得到了数理学院全体高等数学任课教师的大力协作. 另外，数理学院胡明老师、孙红老师和叶慧老师为教程中的部分练习的解答付出了辛勤劳动. 在此一并表示衷心的感谢.

本教程的不足之处敬请读者批评指正，不胜感激.

编　者

2016 年 7 月

contents

目 录

第一章 函数与极限 1

一、目的要求 1

二、内容提要 1

三、复习提问 3

四、例题分析 4

五、自测练习 10

第二章 导数与微分 12

一、目的要求 12

二、内容提要 12

三、复习提问 13

四、例题分析 14

五、自测练习 19

第三章 微分中值定理与导数的应用 21

一、目的要求 21

二、内容提要 21

三、复习提问 24

四、例题分析 25

五、自测练习 32

第四章 不定积分 35
一、目的要求 35
二、内容提要 35
三、复习提问 37
四、例题分析 38
五、自测练习 47
第五章 定积分 49
一、目的要求 49
二、内容提要 49
三、复习提问 51
四、例题分析 52
五、自测练习 61
第六章 定积分的应用 65
一、目的要求 65
二、内容提要 65
三、复习提问 67
四、例题分析 67
五、自测练习 73
第七章 常微分方程 77
一、目的要求 77
二、内容提要 77
三、复习提问 80
四、例题分析 81
五、自测练习 89

第八章　空间解析几何与向量代数　92
一、目的要求　92
二、内容提要　92
三、复习提问　95
四、例题分析　95
五、自测练习　103
第九章　多元函数微分法及其应用　106
一、目的要求　106
二、内容提要　106
三、复习提问　110
四、例题分析　111
五、自测练习　116
第十章　重积分　119
一、目的要求　119
二、内容提要　119
三、复习提问　121
四、例题分析　121
五、自测练习　129
第十一章　曲线积分与曲面积分　131
一、目的要求　131
二、内容提要　131
三、复习提问　134
四、例题分析　134
五、自测练习　146

第十二章　无穷级数　149
一、目的要求　149
二、内容提要　149
三、复习提问　152
四、例题分析　153
五、自测练习　158

高等数学(上)综合练习一　161
高等数学(上)综合练习二　163
高等数学(上)综合练习三　165
高等数学(上)综合练习四　167
高等数学(上)综合练习五　169
高等数学(上)综合练习六　171
高等数学(上)综合练习七　173
高等数学(上)综合练习八　175
高等数学(下)综合练习一　177
高等数学(下)综合练习二　179
高等数学(下)综合练习三　181
高等数学(下)综合练习四　183
高等数学(下)综合练习五　185
高等数学(下)综合练习六　187
高等数学(下)综合练习七　189
高等数学(下)综合练习八　191

参考答案　193

CHAPTER 1

第一章 函数与极限

一、目的要求

1. 深刻理解一元函数的定义，掌握函数的表示法和函数的基本性态.
2. 理解复合函数与反函数的概念.
3. 理解初等函数的概念，熟练掌握基本初等函数的性质.
4. 深刻理解极限的概念.
5. 掌握极限的两个存在准则——单调有界准则与夹逼准则.
6. 熟练掌握极限的运算法则，牢固掌握两个重要极限.
7. 理解无穷小量的概念，掌握无穷小量阶的比较.
8. 理解无穷大量与无穷小量、极限与无穷小量的关系.
9. 理解函数连续性的概念，掌握连续函数的性质，了解函数的间断点.
10. 掌握初等函数的连续性及闭区间上连续函数的性质.

二、内容提要

1. 若数列$\{x_n\}$收敛，则它的极限唯一.

2. 若数列$\{x_n\}$收敛，则数列$\{x_n\}$一定有界.

3. 如果$\lim\limits_{n\to+\infty} x_n=a$且$a>0$(或$a<0$)，那么存在正整数$N>0$，当$n>N$时，有$x_n>0$(或$x_n<0$).

4. 如果数列$\{x_n\}$收敛于a，那么它的任一子列也收敛，且极限也是a.

5. 如果数列$\{x_n\}$，$\{y_n\}$及$\{z_n\}$满足$y_n\leqslant x_n\leqslant z_n(n=1,2,3,\cdots)$，并且$\lim\limits_{n\to+\infty} y_n=a$，$\lim\limits_{n\to+\infty} z_n=a$，则数列$\{x_n\}$的极限存在，且$\lim\limits_{n\to+\infty} x_n=a$.

6. 单调递增有上界的数列必有极限.

7. 单调递减有下界的数列必有极限.

8. $\lim\limits_{x\to x_0} f(x)$存在的充分必要条件是$\lim\limits_{x\to x_0^+} f(x)$与$\lim\limits_{x\to x_0^-} f(x)$均存在且相等.

9. 如果极限$\lim\limits_{x\to x_0} f(x)$存在，那么这个极限唯一.

10. 如果$\lim\limits_{x\to x_0}f(x)=A$，那么存在常数$M>0,\delta>0$，使得当$0<|x-x_0|<\delta$时，有$|f(x)|<M$.

11. 如果$\lim\limits_{x\to x_0}f(x)=A(A\neq 0)$，那么存在$x_0$的某一去心邻域$\mathring{U}(x_0)$，当$x\in\mathring{U}(x_0)$时，有$|f(x)|>\dfrac{|A|}{2}$.

12. 如果极限$\lim\limits_{x\to x_0}f(x)$存在，$\{x_n\}$为函数$f(x)$的定义域内任一收敛于$x_0$的数列，满足$x_n\neq x_0(n\in\mathbf{N}^*)$，那么函数值数列$\{f(x_n)\}$必收敛，且$\lim\limits_{n\to\infty}f(x_n)=\lim\limits_{x\to x_0}f(x)$.

13. 有限个无穷小量的和也是无穷小量.

14. 有界函数与无穷小量的乘积是无穷小量.

15. 如果$\lim\limits_{x\to x_0}f(x)=A,\lim\limits_{x\to x_0}g(x)=B$，则

(1) $\lim\limits_{x\to x_0}[f(x)\pm g(x)]=\lim\limits_{x\to x_0}f(x)\pm\lim\limits_{x\to x_0}g(x)=A\pm B$;

(2) $\lim\limits_{x\to x_0}[f(x)\cdot g(x)]=\lim\limits_{x\to x_0}f(x)\cdot\lim\limits_{x\to x_0}g(x)=A\cdot B$;

(3) 若$B\neq 0$，则$\lim\limits_{x\to x_0}\dfrac{f(x)}{g(x)}=\dfrac{\lim\limits_{x\to x_0}f(x)}{\lim\limits_{x\to x_0}g(x)}=\dfrac{A}{B}$.

16. 设函数$y=f[g(x)]$是由函数$y=f(u)$与函数$u=g(x)$复合而成的，$f[g(x)]$在点x_0的某去心邻域内有定义，若$\lim\limits_{x\to x_0}g(x)=u_0,\lim\limits_{u\to u_0}f(u)=A$，且存在$\delta>0$，当$x\in\mathring{U}(x_0,\delta)$时，有$g(x)\neq u_0$，则$\lim\limits_{x\to x_0}f[g(x)]=\lim\limits_{u\to u_0}f(u)=A$.

17. 几个常用极限：

$\lim\limits_{x\to 0}\dfrac{\sin x}{x}=1$；$\lim\limits_{x\to 0}\dfrac{\tan x}{x}=1$；$\lim\limits_{x\to 0}\dfrac{1-\cos x}{x^2}=\dfrac{1}{2}$；

$\lim\limits_{x\to 0}\dfrac{\arcsin x}{x}=1$；$\lim\limits_{x\to 0}\dfrac{e^x-1}{x}=1$；$\lim\limits_{x\to 0}\dfrac{\ln(1+x)}{x}=1$.

18. 设函数$f(x)$和$g(x)$在点x_0连续，则它们的和$f(x)+g(x)$、差$f(x)-g(x)$、积$f(x)\cdot g(x)$及商$\dfrac{f(x)}{g(x)}(g(x_0)\neq 0)$都在点$x_0$连续.

19. 设函数$y=f[g(x)]$是由函数$y=f(u)$与函数$u=g(x)$复合而成的，若函数$u=g(x)$在$x=x_0$处连续，且$g(x_0)=u_0$，而函数$y=f(u)$在$u=u_0$处连续，则复合函数$y=f[g(x)]$在$x=x_0$处也连续.

20. 一切初等函数在其定义区间内都是连续的.

21. 在闭区间上连续的函数在该区间上有界且一定能取到它的最大值与最小值.

22. 设函数 $f(x)$ 在闭区间 $[a,b]$ 上连续，且 $f(a)\cdot f(b)<0$，那么至少有一点 $\xi\in(a,b)$ 使 $f(\xi)=0$.

23. 设函数 $f(x)$ 在闭区间 $[a,b]$ 上连续，其最大值与最小值分别为 M,m，则对任意的 $c\in[m,M]$，至少存在一点 $\xi\in[a,b]$ 使 $f(\xi)=c$.

三、复习提问

1. 下列说法可否作为“数列 $\{x_n\}$ 以 l 为极限”的定义？

(1) $\forall\varepsilon\in(0,1)$，$\exists$ 实数 A，当 $n>A$ 时，$|x_n-l|\leqslant\varepsilon$；

(2) $\forall\varepsilon>0$，$\exists$ 正整数 N，当 $n\geqslant N$ 时，$|x_n-l|<k\cdot\sqrt{\varepsilon}$，这里 k 为正常数；

(3) $\exists$ 正整数 N，$\forall\varepsilon>0$，当 $n\geqslant N$ 时，$|x_n-l|<\varepsilon$；

(4) $\forall$ 正整数 N，$\exists\varepsilon>0$，当 $n\geqslant N$ 时，$|x_n-l|<\varepsilon$；

(5) $\forall$ 正整数 m，$\exists$ 正整数 N，当 $n\geqslant N$ 时，$|x_n-l|<\dfrac{1}{2^m}$；

(6) $\exists$ 正整数 N，当 $n\geqslant N$ 时，$|x_n-l|<\dfrac{1}{2^n}$；

(7) $\forall\varepsilon>0$，集合 $\{n\,|\,x_n\overline{\in}(l-\varepsilon,l+\varepsilon)\}$ 为有限集；

(8) $\forall\varepsilon>0$，集合 $\{n\,|\,x_n\in(l-\varepsilon,l+\varepsilon)\}$ 为无限集.

答 (1)，(2)，(5)，(7)可以.

2. 下列作法是否改变数列的敛散性？

(1) 任意改变有限项；

(2) 任意重排；

(3) 各项同取绝对值；

(4) 各项乘以同一常数 k.

答 (1)，(2)均不改变数列的敛散性.

3. 下列说法是否正确？

(1) 若 $\{x_n\}$ 与 $\{y_n\}$ 皆发散，则 $\{x_ny_n\}$ 必发散；

(2) 若 $\{x_n\}$ 发散，$\{y_n\}$ 收敛，则 $\{x_ny_n\}$ 必发散；

(3) 若 $\{x_n\}$ 为无穷大，$\{y_n\}$ 非无穷小，则 $\{x_ny_n\}$ 仍是无穷大；

(4) 若 $\{x_n\}$ 为无穷大，$\{y_n\}$ 无界，则 $\{x_ny_n\}$ 为无穷大.

答 四种说法均不正确.

4. 设 $f(x)$在点 x_0 附近有定义，下列说法可否推出 $f(x)$在点 x_0 处连续？

(1) $\forall\delta>0,\exists\varepsilon=\varepsilon(x_0,\delta)>0$，当$|x-x_0|<\delta$时，$|f(x)-f(x_0)|<\varepsilon$；

(2) $\forall\varepsilon>0,\exists\delta=\delta(\varepsilon,x_0)>0$，当$|f(x)-f(x_0)|<\varepsilon$时，$|x-x_0|<\delta$；

(3) $\forall\delta>0,\exists\varepsilon=\varepsilon(\delta,x_0)>0$，当$|f(x)-f(x_0)|<\varepsilon$时，$|x-x_0|<\delta$；

(4) $\lim\limits_{h\to0}[f(x_0+h)-f(x_0-h)]=0$.

答 (1)～(4)均不可以.

四、例题分析

例 1 证明：$\lim\limits_{n\to+\infty}\sqrt[n]{a}=1$，其中 $a>1$.

证明 令 $a^{\frac{1}{n}}-1=\alpha$，则 $\alpha>0$. 由伯努利不等式可得

$$a=(1+\alpha)^n\geqslant1+n\alpha=1+n(a^{\frac{1}{n}}-1),$$

即

$$a^{\frac{1}{n}}-1\leqslant\frac{a-1}{n}.$$

对任意 $\varepsilon>0$，由上式可知，当 $n>\left[\frac{a-1}{\varepsilon}\right]=N$ 时，就有

$$a^{\frac{1}{n}}-1<\varepsilon,$$

即

$$|a^{\frac{1}{n}}-1|<\varepsilon,$$

故

$$\lim_{n\to+\infty}\sqrt[n]{a}=1.$$

例 2 求极限 $\lim\limits_{n\to+\infty}\left[\sqrt{1+2+\cdots+n}-\sqrt{1+2+\cdots+(n-1)}\right]$.

解 因为 $1+2+\cdots+n=\frac{n(n+1)}{2}$，$1+2+\cdots+(n-1)=\frac{(n-1)n}{2}$，

所以

$$\begin{aligned}&\lim_{n\to+\infty}\left[\sqrt{1+2+\cdots+n}-\sqrt{1+2+\cdots+(n-1)}\right]\\&=\lim_{n\to+\infty}\left[\sqrt{\frac{n(n+1)}{2}}-\sqrt{\frac{(n-1)n}{2}}\right]=\lim_{n\to+\infty}\frac{\frac{n(n+1)}{2}-\frac{(n-1)n}{2}}{\sqrt{\frac{n(n+1)}{2}}+\sqrt{\frac{(n-1)n}{2}}}\\&=\lim_{n\to+\infty}\frac{n}{\sqrt{\frac{n(n+1)}{2}}+\sqrt{\frac{(n-1)n}{2}}}=\lim_{n\to+\infty}\frac{1}{\sqrt{\frac{n+1}{2n}}+\sqrt{\frac{n-1}{2n}}}\\&=\frac{1}{\sqrt{\frac{1}{2}}+\sqrt{\frac{1}{2}}}=\frac{\sqrt{2}}{2}.\end{aligned}$$

例 3 计算下列极限：

(1) $\lim\limits_{x\to0}\dfrac{\sqrt{4-2x}-\sqrt{4+x}}{\sqrt{x+1}-\sqrt{1-x}}$;　　(2) $\lim\limits_{x\to1}\left(\dfrac{2}{x^2-1}-\dfrac{3}{x^2+x-2}\right)$.

解 (1) $$\lim_{x\to0}\frac{\sqrt{4-2x}-\sqrt{4+x}}{\sqrt{x+1}-\sqrt{1-x}}=\lim_{x\to0}\frac{[(4-2x)-(4+x)](\sqrt{x+1}+\sqrt{1-x})}{[(x+1)-(1-x)](\sqrt{4-2x}+\sqrt{4+x})}$$
$$=\lim_{x\to0}\frac{-3(\sqrt{x+1}+\sqrt{1-x})}{2(\sqrt{4-2x}+\sqrt{4+x})}=-\frac{3}{4}.$$

(2) $$\lim_{x\to1}\left(\frac{2}{x^2-1}-\frac{3}{x^2+x-2}\right)=\lim_{x\to1}\frac{2(x+2)-3(x+1)}{(x-1)(x+1)(x+2)}$$
$$=\lim_{x\to1}\frac{-x+1}{(x-1)(x+1)(x+2)}$$
$$=\lim_{x\to1}\frac{-1}{(x+1)(x+2)}=-\frac{1}{6}.$$

例 4 已知 $\lim\limits_{x\to+\infty}\left(\dfrac{x^2+1}{x+1}-ax-b\right)=0$,求常数 a 与 b.

解 $$\lim_{x\to+\infty}\left(\frac{x^2+1}{x+1}-ax-b\right)=\lim_{x\to+\infty}\frac{(1-a)x^2-(a+b)x+(1-b)}{x+1}.$$

由条件知,分式函数$\dfrac{(1-a)x^2-(a+b)x+(1-b)}{x+1}$中的分子必为零次函数,即分子中的 x^2 项、x 项前面的系数应为 0,由此可得 $a=1,b=-1$.

例 5 求数列$\{\sqrt[n]{n}\}$的极限.

解 当 $n>1$ 时,$\sqrt[n]{n}>1$. 记 $a_n=\sqrt[n]{n}=1+h_n(h_n>0)$,则有
$$n=(1+h_n)^n\geqslant1+nh_n+\frac{n(n-1)}{2}h_n^2\geqslant\frac{n(n-1)}{2}h_n^2,$$
因此
$$0\leqslant h_n^2\leqslant\frac{2}{n-1},$$
或
$$0\leqslant h_n\leqslant\sqrt{\frac{2}{n-1}},$$
于是有
$$1\leqslant a_n=1+h_n\leqslant1+\sqrt{\frac{2}{n-1}}.$$

由于 $\lim\limits_{n\to+\infty}\left(1+\sqrt{\dfrac{2}{n-1}}\right)=1$,由夹逼准则知 $\lim\limits_{n\to+\infty}\sqrt[n]{n}=1$.

例 6 求极限 $\lim\limits_{x\to0}x\left[\dfrac{1}{x}\right]$,其中$\left[\dfrac{1}{x}\right]$表示不超过$\dfrac{1}{x}$的最大整数.

解 易知 $$\frac{1}{x}-1\leqslant\left[\frac{1}{x}\right]\leqslant\frac{1}{x},$$

因此，当 $x>0$ 时，有 $$1-x\leqslant x\left[\frac{1}{x}\right]\leqslant 1,$$

而当 $x<0$ 时，有 $$1\leqslant x\left[\frac{1}{x}\right]\leqslant 1-x.$$

由于 $\lim\limits_{x\to 0}(1-x)=1$，故由夹逼准则得 $\lim\limits_{x\to 0}x\left[\frac{1}{x}\right]=1$.

例 7 求下列极限：

(1) $\lim\limits_{x\to 1}(x-1)\tan\frac{\pi x}{2}$； (2) $\lim\limits_{x\to 0}\frac{1-\sqrt{\cos x}\cos 2x}{x^2}$；

(3) $\lim\limits_{x\to 0}\left(\frac{1-2x}{1+x}\right)^{\frac{1}{x}}$； (4) $\lim\limits_{x\to 1}x^{\frac{2}{1-x}}$.

解 (1) 令 $t=x-1$，则当 $x\to 1$ 时，$t\to 0$. 故

$$\lim_{x\to 1}(x-1)\tan\frac{\pi x}{2}=\lim_{t\to 0}t\cdot\tan\frac{\pi(t+1)}{2}=-\lim_{t\to 0}t\cdot\cot\frac{\pi t}{2}$$
$$=-\lim_{t\to 0}\frac{t}{\sin\frac{\pi t}{2}}\cdot\cos\frac{\pi t}{2}=-\frac{2}{\pi}.$$

(2) $$\lim_{x\to 0}\frac{1-\sqrt{\cos x}\cos 2x}{x^2}=\lim_{x\to 0}\left[\frac{1-\sqrt{\cos x}}{x^2}+\frac{\sqrt{\cos x}(1-\cos 2x)}{x^2}\right]$$
$$=\lim_{x\to 0}\left[\frac{1-\cos x}{x^2(1+\sqrt{\cos x})}+\sqrt{\cos x}\cdot\frac{2\sin^2 x}{x^2}\right]$$
$$=\lim_{x\to 0}\frac{1-\cos x}{x^2(1+\sqrt{\cos x})}+\lim_{x\to 0}\sqrt{\cos x}\frac{2\sin^2 x}{x^2}$$
$$=\frac{1}{4}+2=\frac{9}{4}.$$

(3) $$\lim_{x\to 0}\left(\frac{1-2x}{1+x}\right)^{\frac{1}{x}}=\lim_{x\to 0}\left(1+\frac{-3x}{1+x}\right)^{\frac{1}{x}}.$$

令 $t=\frac{-3x}{1+x}$，则 $x\to 0$ 时，$t\to 0$. 故

$$\lim_{x\to 0}\left(1+\frac{-3x}{1+x}\right)^{\frac{1}{x}}=\lim_{t\to 0}(1+t)^{-\frac{3}{t}-1}=\lim_{t\to 0}(1+t)^{-\frac{3}{t}}\cdot(1+t)^{-1}=\mathrm{e}^{-3}.$$

(4) $$\lim_{x\to 1}x^{\frac{2}{1-x}}=\lim_{x\to 1}[1+(x-1)]^{\frac{2}{1-x}}.$$

令 $t=x-1$，则 $x\to 1$ 时，$t\to 0$. 故

$$\lim_{x\to 1}[1+(x-1)]^{\frac{2}{1-x}}=\lim_{t\to 0}(1+t)^{-\frac{2}{t}}=\mathrm{e}^{-2}.$$

例 8 设 $a_n=\frac{1}{1^2}+\frac{1}{2^2}+\cdots+\frac{1}{n^2}(n=1,2,\cdots)$，证明数列$\{a_n\}$的极限存在.

证明 显然$\{a_n\}$是单调递增数列，又对任意 n，有

$$\begin{aligned}a_n=\frac{1}{1^2}+\frac{1}{2^2}+\cdots+\frac{1}{n^2}&\leqslant\frac{1}{1^2}+\frac{1}{1\times 2}+\frac{1}{2\times 3}+\cdots+\frac{1}{(n-1)\times n}\\&=1+\left(1-\frac{1}{2}\right)+\left(\frac{1}{2}-\frac{1}{3}\right)+\cdots+\left(\frac{1}{n-1}-\frac{1}{n}\right)\\&=2-\frac{1}{n}<2.\end{aligned}$$

因此，$\{a_n\}$是单调递增有上界的数列，于是，$\lim\limits_{x\to+\infty}a_n$ 存在.

例 9 证明数列 $\sqrt{2},\sqrt{2+\sqrt{2}},\cdots,\underbrace{\sqrt{2+\sqrt{2+\cdots+\sqrt{2}}}}_{n\text{个根号}},\cdots$单调有界，并求其极限.

证明 令 $a_n=\sqrt{2+\sqrt{2+\cdots+\sqrt{2}}}$，易见数列$\{a_n\}$是递增数列. 现在用数学归纳法来证明数列$\{a_n\}$是有界的.

显然，$a_1=\sqrt{2}<2$. 假设 $a_n<2$，则有 $a_{n+1}=\sqrt{2+a_n}<\sqrt{2+2}=2$，从而对一切 n 有 $a_n<2$，即数列$\{a_n\}$是有界的.

由单调有界定理，数列$\{a_n\}$有极限，记为 a. 由于

$$a_{n+1}^2=2+a_n,$$

运用数列极限的四则运算法则，当 $n\to+\infty$时，有

$$a^2=2+a,$$

即 $a=-1,a=2$. 前者不可能，所以应有

$$\lim_{n\to+\infty}\sqrt{2+\sqrt{2+\cdots+\sqrt{2}}}=2.$$

例 10 利用等价无穷小量求下列极限：

(1) $\lim\limits_{x\to 0}\frac{\ln(1+2x)}{\sin 3x}$；　　(2) $\lim\limits_{x\to 0}\left(\cot x-\frac{\mathrm{e}^{2x}}{\sin x}\right)$；

(3) $\lim\limits_{x\to 1}\frac{\ln x\cdot\ln(2x-1)}{1+\cos\pi x}$.

解 (1) $x\to 0$ 时，$\ln(1+2x)\sim 2x$，$\sin 3x\sim 3x$，故

$$\lim_{x\to 0}\frac{\ln(1+2x)}{\sin 3x}=\lim_{x\to 0}\frac{2x}{3x}=\frac{2}{3}.$$

(2) $\lim\limits_{x\to0}\left(\cot x-\dfrac{e^{2x}}{\sin x}\right)=\lim\limits_{x\to0}\left(\dfrac{\cos x}{\sin x}-\dfrac{e^{2x}}{\sin x}\right)=\lim\limits_{x\to0}\left(\dfrac{\cos x-1}{\sin x}+\dfrac{1-e^{2x}}{\sin x}\right)$.

由于当 $x\to0$ 时，$1-\cos x\sim\dfrac{1}{2}x^2$，$e^{2x}-1\sim2x$，$\sin x\sim x$，故

$$\lim_{x\to0}\left(\frac{\cos x-1}{\sin x}+\frac{1-e^{2x}}{\sin x}\right)=\lim_{x\to0}\frac{\cos x-1}{\sin x}+\lim_{x\to0}\frac{1-e^{2x}}{\sin x}$$
$$=\lim_{x\to0}\frac{-\frac{1}{2}x^2}{x}+\lim_{x\to0}\frac{-2x}{x}=-2.$$

(3) 令 $t=x-1$，则 $x\to1$ 时，$t\to0$，所以

$$\lim_{x\to1}\frac{\ln x\cdot\ln(2x-1)}{1+\cos\pi x}=\lim_{t\to0}\frac{\ln(1+t)\cdot\ln(1+2t)}{1-\cos\pi t}.$$

由于 $t\to0$ 时，$1-\cos\pi t\sim\dfrac{1}{2}(\pi t)^2$，$\ln(1+t)\sim t$，$\ln(1+2t)\sim2t$，故

$$\lim_{t\to0}\frac{\ln(1+t)\cdot\ln(1+2t)}{1-\cos\pi t}=\lim_{t\to0}\frac{t\cdot2t}{\frac{1}{2}\pi^2t^2}=\frac{4}{\pi^2}.$$

例 11 研究函数 $f(x)=\lim\limits_{n\to+\infty}\dfrac{x+x^2e^{nx}}{1+e^{nx}}$ 的连续性并作出其图形.

解 当 $x>0$ 时，

$$f(x)=\lim_{n\to+\infty}\frac{x+x^2e^{nx}}{1+e^{nx}}=\lim_{n\to+\infty}\frac{x^2+\frac{x}{e^{nx}}}{1+\frac{1}{e^{nx}}}=x^2,$$

当 $x<0$ 时，

$$f(x)=\lim_{n\to+\infty}\frac{x+x^2e^{nx}}{1+e^{nx}}=x,$$

当 $x=0$ 时，$f(x)=0$.

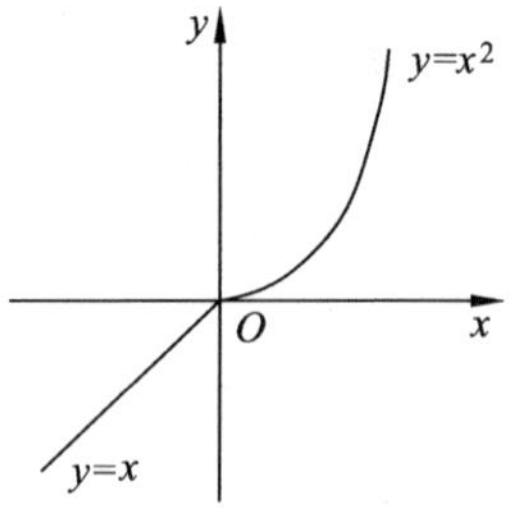

所以有
$$f(x)=\begin{cases}x^2, & x>0,\\ x, & x\leqslant0.\end{cases}$$

易知 $f(x)$ 在 $(-\infty,+\infty)$ 上连续，其图形如图 1-1 所示.

图 1-1

例 12 设 $f(x)=\lim\limits_{n\to+\infty}\dfrac{x^{2n-1}+ax^2+bx}{x^{2n}+1}$ 是连续函数，试求 a,b 的值.

解 注意到，当 $|x|<1$ 时，

$$\lim_{n\to+\infty}\frac{x^{2n-1}+ax^2+bx}{x^{2n}+1}=ax^2+bx,$$

当 $|x|>1$ 时，有

$$\lim_{n\to+\infty}\frac{x^{2n-1}+ax^2+bx}{x^{2n}+1}=\frac{1}{x},$$

以及 $f(-1)=\frac{a-b-1}{2}$，$f(1)=\frac{a+b+1}{2}$，得

$$f(x)=\begin{cases}\frac{1}{x}, & x<-1,\\ \frac{a-b-1}{2}, & x=-1,\\ ax^2+bx, & -1<x<1,\\ \frac{a+b+1}{2}, & x=1,\\ \frac{1}{x}, & x>1.\end{cases}$$

因为 $f(x)$ 为连续函数，故

$$\lim_{x\to-1^+}f(x)=\lim_{x\to-1^-}f(x)=f(-1),$$

$$\lim_{x\to1^+}f(x)=\lim_{x\to1^-}f(x)=f(1).$$

于是有

$$\begin{cases}a-b=-1=\frac{a-b-1}{2},\\ 1=a+b=\frac{a+b+1}{2}.\end{cases}$$

由此可得 $a=0,b=1$.

例 13 设 $f(x)$ 在 $[0,2a]$ 上连续，$f(0)=f(2a)$. 证明：$\exists\xi\in[0,a]$ 使

$$f(a+\xi)=f(\xi).$$

证明 令 $F(x)=f(x+a)-f(x)$，则 $F(x)$ 在 $[0,a]$ 上连续. 注意到 $F(a)=f(2a)-f(a)$，$F(0)=f(a)-f(0)=f(a)-f(2a)$.

若 $f(2a)=f(a)$，则取 $\xi=a$ 即可.

若 $f(2a)\neq f(a)$，则 $F(0)F(a)<0$，故 $\exists\xi\in(0,a)$ 使 $F(\xi)=0$，即 $f(a+\xi)=f(\xi)$.

例 14 讨论下列函数 $f(x)$ 的连续性，并确定其间断点的类型：

$$f(x)=\begin{cases}\sin\frac{1}{x^2-1}, & x<0,\\ \frac{x^2-1}{\cos\left(\frac{\pi}{2}x\right)}, & x\geqslant0.\end{cases}$$

解 在$(-\infty,0)$上，$f(x)=\sin\dfrac{1}{x^2-1}$是初等函数，因$f(x)$在$x=-1$处无定义，而且$\lim\limits_{x\to-1}f(x)$不存在且振荡；

在$(0,+\infty)$上，$f(x)=\dfrac{x^2-1}{\cos\left(\dfrac{\pi}{2}x\right)}$是初等函数，$f(x)$在$x=2n-1(n=1,2,3,\cdots)$无定义，且$\lim\limits_{x\to2n+1}f(x)=\infty$，$\lim\limits_{x\to1}f(x)=-\dfrac{4}{\pi}$；

在$x=0$处，$\lim\limits_{x\to0^-}f(x)=\sin(-1)$，$\lim\limits_{x\to0^+}f(x)=-1$.

综上分析，便得以下结论：

$f(x)$在$(-\infty,+\infty)$上除点$x=0$及$x=2n-1(n=0,1,2,\cdots)$外处处连续. $x=0$是$f(x)$的跳跃间断点（第一类），$x=-1$是振荡间断点（第二类），$x=1$是可去间断点（第一类），$x=3,5,7,\cdots$，都是无穷间断点（第二类）.

五、自测练习

A 组

1. 已知$f(x)=a\cos(bx+c)$，试由条件$f(x+1)-f(x)=\sin x$，确定a,b,c的值.

2. 设$f(x)=x^2+9$，$g(x)=4+\sqrt{x}$，说明$f[g(4)]=5g[f(4)]$.

3. 设$\varphi(x)=\sqrt[n]{1-x^n}$，$0<x\leqslant1$，求$\varphi[\varphi(x)]$，并求$\varphi(x)$的反函数.

4. 设函数$f(x)=\begin{cases}\sin ax, & x<1,\\ a(x-1)-1, & x\geqslant1,\end{cases}$试确定$a$的值使$f(x)$在$x=1$处连续.

5. 计算下列极限：

(1) $\lim\limits_{x\to3}\dfrac{\sqrt{1+x}-2}{x-3}$；

(2) $\lim\limits_{x\to\infty}x(\mathrm{e}^{\frac{1}{x}}-1)$；

(3) $\lim\limits_{x\to0}(1+x)^{\frac{2}{x}}$；

(4) $\lim\limits_{h\to0}\dfrac{\cos(x+h)-\cos x}{h}$；

(5) $\lim\limits_{x\to\frac{\pi}{4}}\tan2x\cdot\tan\left(\dfrac{\pi}{4}-x\right)$；

(6) $\lim\limits_{x\to+\infty}\dfrac{a^n n!}{n^n}(a<\mathrm{e})$.

6. 设$f(x)=\dfrac{1+2^{-\frac{1}{x}}}{1-2^{-\frac{1}{x}}}$，求$\lim\limits_{x\to0^+}f(x)$，$\lim\limits_{x\to0^-}f(x)$，$\lim\limits_{x\to0}f(x)$，$\lim\limits_{x\to0}f(|x|)$，$\lim\limits_{x\to\infty}f(x)$.

7. 求下列函数的间断点，并指出间断点的类型：

(1) $f(x)=\dfrac{1}{\mathrm{e}-\mathrm{e}^{\frac{1}{x}}}$；　　(2) $f(x)=\dfrac{\arctan\left(\frac{1}{x}\right)}{\sin\left(\frac{\pi x}{2}\right)+1}$.

8. 求一整数 n,使在 n 与 $n+1$ 之间有方程 $x^5+5x^4+2x+1=0$ 的根存在.

9. 已知 $\lim\limits_{x\to 0}\dfrac{1}{x}[(1+x)(2-5x)(1+3x)+a]=3$,求 a 的值.

10. 设 $f(x)$ 在闭区间 $[a,b]$ 上连续,且无零点,又知有一点 $\xi\in(a,b)$ 使 $f(\xi)<0$. 证明 $f(x)$ 在 $[a,b]$ 上恒为负.

B 组

1. 求数列 $\{a_n\}$ 的极限,其中 $a_n=\dfrac{(2n-1)!!}{(2n)!!}=\dfrac{1\cdot 3\cdot 5\cdot\cdots\cdot(2n-1)}{2\cdot 4\cdot 6\cdot\cdots\cdot(2n)}$.

2. 求数列 $\{a_n\}$ 的极限,其中 $a_n=\dfrac{1}{p}+\dfrac{2}{p^2}+\cdots+\dfrac{n}{p^n}(p>1)$.

3. 求下列极限：

(1) $\lim\limits_{x\to 0}(\cos x)^{\frac{1}{x^2}}$；　　(2) $\lim\limits_{x\to+\infty}\tan[\ln(4x^2+1)-\ln(x^2+4x)]$.

4. 设 $f(x)=\begin{cases}\dfrac{1}{\pi}\arctan\dfrac{1}{x}+\dfrac{a+b\mathrm{e}^{\frac{1}{x}}}{1+\mathrm{e}^{\frac{1}{x}}}, & x\neq 0,\\ 1, & x=0,\end{cases}$ 试确定 a 与 b 的值,使 $f(x)$ 在 $(-\infty,+\infty)$ 上处处连续.

5. 证明数列 $\{c_n\}$ 的极限存在,其中 $c_n=1+\dfrac{1}{2}+\cdots+\dfrac{1}{n}-\ln n$.

6. 证明：$\lim\limits_{n\to+\infty}\left(\cos x\cdot\cos\dfrac{x}{2}\cdot\cos\dfrac{x}{2^2}\cdot\cdots\cdot\cos\dfrac{x}{2^n}\right)=\dfrac{\sin 2x}{2x}$.

7. 求 $\lim\limits_{x\to+\infty}\left[\sqrt{(a+x)(b+x)}-\sqrt{(a-x)(b-x)}\right]$.

8. 若 $\lim\limits_{x\to x_0}f(x)=A$, $\lim\limits_{x\to x_0}g(x)=B$,则有

$$\lim_{x\to x_0}\max\{f(x),g(x)\}=\max\{A,B\}.$$

9. 若 $f(x)$ 在 $[a,+\infty)$ 上连续, $\lim\limits_{x\to+\infty}f(x)$ 存在. 证明：$f(x)$ 在 $[a,+\infty)$ 上有界.

10. 证明：若 $f(x)$ 在 $[a,b]$ 上连续,而且对于任何 $x\in[a,b]$,存在相应的 $y\in[a,b]$,使得 $|f(y)|\leqslant\dfrac{1}{2}|f(x)|$,则至少有一点 $\xi\in[a,b]$,使得 $f(\xi)=0$.

第二章 CHAPTER 2

导数与微分

一、目的要求

1. 深刻理解导数的定义，了解其几何意义.

2. 掌握平面曲线的切线方程和法线方程的求法.

3. 理解函数连续与可导的关系.

4. 熟练掌握函数和、差、积、商求导的运算法则及复合函数和反函数的求导法则.

5. 熟练掌握基本初等函数的求导公式.

6. 掌握隐函数的求导法及由参数方程所确定的函数的求导法.

7. 理解高阶导数的定义.

8. 理解微分的定义，熟练掌握微分的运算法则及一阶微分形式的不变性.

二、内容提要

1. 函数 $f(x)$ 在点 x_0 处可导的充分必要条件是左导数 $f'_-(x_0)$ 和右导数 $f'_+(x_0)$ 都存在且相等.

2. 若函数 $f(x)$ 在点 x_0 处可导，则 $f(x)$ 在点 x_0 处连续，反之不成立.

3. 如果函数 $u=u(x)$ 及 $v=v(x)$ 都在点 x 具有导数，那么它们的和、差、积、商(除分母为零的点外)都在点 x 具有导数，且

(1) $[u(x)\pm v(x)]'=u'(x)\pm v'(x)$;

(2) $[u(x)v(x)]'=u'(x)v(x)+u(x)v'(x)$;

(3) $\left[\dfrac{u(x)}{v(x)}\right]'=\dfrac{u'(x)v(x)-u(x)v'(x)}{v^2(x)}\ (v(x)\neq 0)$.

4. 如果函数 $x=f(y)$ 在区间 I_y 内单调可导且 $f'(y)\neq 0$，则它的反函数 $y=f^{-1}(x)$ 在区间 $I_x=\{x\mid x=f(y),y\in I_y\}$ 内也可导，且

$$[f^{-1}(x)]'=\frac{1}{f'(y)} \quad 或 \quad \frac{\mathrm{d}y}{\mathrm{d}x}=\frac{1}{\frac{\mathrm{d}x}{\mathrm{d}y}}.$$

5. 如果 $u=g(x)$ 在点 x 处可导，而 $y=f(u)$ 在点 $u=g(x)$ 处可导，则复合函数 $y=f[g(x)]$ 在点 x 处可导，且其导数为

$$\frac{dy}{dx}=f'(u)\cdot g'(x) \quad 或 \quad \frac{dy}{dx}=\frac{dy}{du}\cdot\frac{du}{dx}.$$

6. 常数与一些基本初等函数的导数公式：

(1) $(C)'=0$；

(2) $(x^{\mu})'=\mu x^{\mu-1}$；

(3) $(\sin x)'=\cos x$；

(4) $(\cos x)'=-\sin x$；

(5) $(\tan x)'=\sec^2 x$；

(6) $(\cot x)'=-\csc^2 x$；

(7) $(\sec x)'=\sec x\tan x$；

(8) $(\csc x)'=-\csc x\cot x$；

(9) $(a^x)'=a^x\ln a$；

(10) $(e^x)'=e^x$；

(11) $(\log_a x)'=\dfrac{1}{x\ln a}$；

(12) $(\ln x)'=\dfrac{1}{x}$；

(13) $(\arcsin x)'=\dfrac{1}{\sqrt{1-x^2}}$；

(14) $(\arccos x)'=-\dfrac{1}{\sqrt{1-x^2}}$；

(15) $(\arctan x)'=\dfrac{1}{1+x^2}$；

(16) $(\text{arccot}\, x)'=-\dfrac{1}{1+x^2}$.

7. 若参数方程 $\begin{cases}x=\varphi(t),\\ y=\psi(t)\end{cases}$ 确定 y 与 x 间的函数关系，则

$$\frac{dy}{dx}=\frac{\frac{dy}{dt}}{\frac{dx}{dt}}=\frac{\psi'(t)}{\varphi'(t)},$$

$$\frac{d^2y}{dx^2}=\frac{d}{dx}\left[\frac{dy}{dx}\right]=\frac{d}{dt}\left[\frac{\psi'(t)}{\varphi'(t)}\right]\cdot\frac{dt}{dx}=\frac{\psi''(t)\varphi'(t)-\psi'(t)\varphi''(t)}{\varphi'^3(t)}.$$

8. $y=f(x)$ 在点 x_0 可微的充分必要条件是 $f(x)$ 在点 x_0 可导.

9. 设 $y=f(x)$ 在点 x 可导，则必有 $dy=f'(x)dx$.

10. 设 $f(u)$ 可导，则有一阶微分形式不变性

$$df(u)=f'(u)du,$$

其中 u 不论是自变量还是中间变量，以上的一阶微分形式保持不变.

11. 当 $|\Delta x|$ 很小，并且 $f(x)$ 在点 x_0 可微时，有如下的近似公式：

$$f(x_0+\Delta x)\approx f(x_0)+f'(x_0)\Delta x.$$

三、复习提问

1. 下列说法可否作为 $f(x)$ 在 x_0 可导的定义？

(1) $\lim\limits_{h\to 0}\dfrac{f(x_0+h)-f(x_0-h)}{h}$存在；

(2) $\lim\limits_{h\to 0}\dfrac{f(x_0+\alpha h)-f(x_0+\beta h)}{h}$存在($\alpha,\beta$为常数)；

(3) $\lim\limits_{n\to+\infty} n\left[f\left(x_0+\dfrac{1}{n}\right)-f(x_0)\right]$存在($n$为正整数)；

(4) 任意 $x_n\to 0(x_n\neq 0)$，$\lim\limits_{n\to+\infty}\dfrac{1}{x_n}[f(x_0+x_n)-f(x_0)]$存在；

(5) $\lim\limits_{h\to 0^+}\dfrac{f(x_0+h)-f(x_0)}{h}$和$\lim\limits_{h\to 0^+}\dfrac{f(x_0-h)-f(x_0)}{-h}$存在且相等.

答 (4),(5)可以作为 $f(x)$在 x_0 可导的定义.

2. 由下列条件能推出 $f'(a)$存在吗?

(1) $f(x)=(x-a)\varphi(x)$，其中 $\varphi(x)$在 $x=a$ 处连续；

(2) $f(x)=|x-a|\varphi(x)$，其中 $\varphi(x)$在 $x=a$ 处连续；

(3) $\exists\delta>0$，使$\forall x\in(a-\delta,a+\delta)$，$|f(x)|\leqslant L|x-a|^{\alpha}$，其中 L,α 为正常数.

答 由(1)可推出 $f'(a)$存在.

3. 设 $f(x)$在$(-\infty,+\infty)$上可导，下列说法对吗?

(1) 若 $f(x)$为奇(偶)函数，则 $f'(x)$必为偶(奇)函数；

(2) 若 $f(x)$为以 T 为周期的函数，则 $f'(x)$亦然；

(3) 若 $f(x)$为单调函数，则 $f'(x)$也是单调的；

(4) 若 $g(x)$也在$(-\infty,+\infty)$上可导，且对任意 $x\in(-\infty,+\infty)$，有 $f(x)\leqslant g(x)$，则必有$f'(x)\leqslant g'(x)$；

(5) 若 $f(x)$在有限区间(a,b)上有界，则 $f'(x)$也在(a,b)上有界.

答 (1),(2)正确；(3),(4),(5)不正确.

4. 由参数方程$\begin{cases}x=2t+|t|,\\ y=3t^2+t|t|\end{cases}$确定的函数 $y=y(x)$在点 $x=0$ 处可导吗?

答 可导，且 $y'(0)=0$.

5. 方程 $\cos x+\sin y=\mathrm{e}^{xy}$ 能否在原点的某邻域内确定隐函数 $y=f(x)$或 $x=g(y)$?

答 能确定隐函数 $y=f(x)$，但不能确定隐函数 $x=g(y)$.

四、例题分析

例 1 用导数定义求 $f(x)=x^2+\tan x$ 的导数 $f'(x)$.

解 $\Delta y=f(x+\Delta x)-f(x)=(x+\Delta x)^2+\tan(x+\Delta x)-x^2-\tan x$

$$=2x\Delta x+(\Delta x)^2+\frac{\tan x+\tan\Delta x}{1-\tan x\tan\Delta x}-\tan x$$

$$=2x\Delta x+(\Delta x)^2+\frac{\tan\Delta x+\tan^2 x\tan\Delta x}{1-\tan x\tan\Delta x},$$

故
$$\lim_{\Delta x\to 0}\frac{\Delta y}{\Delta x}=\lim_{\Delta x\to 0}\left(2x+\Delta x+\frac{1+\tan^2 x}{1-\tan x\tan\Delta x}\cdot\frac{\tan\Delta x}{\Delta x}\right)$$
$$=2x+\sec^2 x.$$

例 2 设 α 为实数，在什么条件下，函数

$$f(x)=\begin{cases}x^\alpha\sin\dfrac{1}{x}, & x\neq 0,\\ 0, & x=0\end{cases}$$

(1) 在点 $x=0$ 处连续；(2) 在点 $x=0$ 处可导；(3) 在点 $x=0$ 处导函数连续.

解 (1) 因为 $\left|x^\alpha\sin\dfrac{1}{x}\right|\leqslant|x|^\alpha$，所以，当 $\alpha>0$ 时，有

$$\lim_{x\to 0}f(x)=0=f(0),$$

即 $\alpha>0$ 时，$f(x)$ 在点 $x=0$ 处连续.

(2) 由定义，有

$$f'(0)=\lim_{x\to 0}\frac{f(x)-f(0)}{x-0}=\lim_{x\to 0}x^{\alpha-1}\sin\frac{1}{x},$$

由此可知，当且仅当 $\alpha>1$ 时，$f'(0)$ 存在，并且 $f'(0)=0$.

(3) 根据(2)及当 $x\neq 0$ 时，

$$f'(x)=\alpha x^{\alpha-1}\sin\frac{1}{x}-x^{\alpha-2}\cos\frac{1}{x},$$

得
$$f'(x)=\begin{cases}\alpha x^{\alpha-1}\sin\dfrac{1}{x}-x^{\alpha-2}\cos\dfrac{1}{x}, & x\neq 0,\\ 0, & x=0.\end{cases}$$

由(1)的讨论可知，当且仅当 $\alpha-2>0$，即 $\alpha>2$ 时，$f'(x)$ 在点 $x=0$ 处连续.

例 3 设 $f(x)$ 在点 $x=x_0$ 处连续，$g(x)$ 在点 $x=x_0$ 处可导且 $g(x_0)=0$. 证明：$\varphi(x)=f(x)g(x)$ 在点 $x=x_0$ 处可导.

证明 因为
$$\lim_{\Delta x\to 0}\frac{\varphi(x_0+\Delta x)-\varphi(x_0)}{\Delta x}=\lim_{\Delta x\to 0}\frac{f(x_0+\Delta x)g(x_0+\Delta x)-f(x_0)g(x_0)}{\Delta x}$$
$$=\lim_{\Delta x\to 0}\frac{f(x_0+\Delta x)g(x_0+\Delta x)}{\Delta x}$$
$$=\lim_{\Delta x\to 0}f(x_0+\Delta x)\cdot\frac{g(x_0+\Delta x)-g(x_0)}{\Delta x}$$

$$=f(x_0)g'(x_0),$$

所以 $\varphi(x)$ 在点 x_0 处可导，且 $\varphi'(x_0)=f(x_0)g'(x_0)$.

例 4 求下列函数的导数：

(1) $f(x)=\dfrac{(x-2)^3}{\sqrt[3]{x}}+x\ln x^2$；　　(2) $f(x)=\dfrac{x\cos x}{1-\sin x}$.

解 (1) $f'(x)=(x^{\frac{8}{3}}-6x^{\frac{5}{3}}+12x^{\frac{2}{3}}-8x^{-\frac{1}{3}}+2x\ln|x|)'$

$$=\frac{8}{3}x^{\frac{5}{3}}-10x^{\frac{2}{3}}+8x^{-\frac{1}{3}}+\frac{8}{3}x^{-\frac{4}{3}}+2(\ln|x|+1).$$

(2) $$f'(x)=\frac{(x\cos x)'(1-\sin x)-x\cos x(1-\sin x)'}{(1-\sin x)^2}$$

$$=\frac{(\cos x-x\sin x)(1-\sin x)+x\cos^2 x}{(1-\sin x)^2}$$

$$=\frac{x+\cos x}{1-\sin x}.$$

例 5 设 $y=f(z)$，$z=\varphi(x)$，$f(z)$ 在 $z=0$ 处可微，而

$$\varphi(x)=\begin{cases}x^2\cos\dfrac{1}{x}, & x\neq 0,\\ 0, & x=0.\end{cases}$$

试求 $\left.\dfrac{\mathrm{d}\varphi}{\mathrm{d}x}\right|_{x=0}$，$\left.\dfrac{\mathrm{d}y}{\mathrm{d}x}\right|_{x=0}$.

解 由导数的定义，有

$$\left.\frac{\mathrm{d}\varphi}{\mathrm{d}x}\right|_{x=0}=\lim_{x\to 0}\frac{\varphi(x)-\varphi(0)}{x-0}=\lim_{x\to 0}x\cos\frac{1}{x}=0.$$

由假设知，当 $|x|$ 充分小时，y 是 x 的复合函数 $y=f[\varphi(x)]$. 因此

$$\left.\frac{\mathrm{d}y}{\mathrm{d}x}\right|_{x=0}=\left.\frac{\mathrm{d}y}{\mathrm{d}z}\right|_{z=0}\cdot\left.\frac{\mathrm{d}\varphi}{\mathrm{d}x}\right|_{x=0}=\left.\frac{\mathrm{d}y}{\mathrm{d}z}\right|_{z=0}\cdot 0=0.$$

例 6 求下列函数的导数：

(1) $y=\ln(\ln x)$；　　(2) $y=\sqrt{1+2\tan x}$；

(3) $y=\cos^3 4x$；　　(4) $y=\ln(\arccos 2x)$；

(5) $y=\sin^2 x\sin x^2$；　　(6) $y=x^{\sin x}$.

解 (1) $y'=\dfrac{1}{\ln x}\cdot(\ln x)'=\dfrac{1}{x\ln x}$.

(2) $y'=\dfrac{1}{2}(1+2\tan x)^{-\frac{1}{2}}(1+2\tan x)'$

$$=\frac{\sec^2 x}{\sqrt{1+2\tan x}}.$$

(3) $y'=3\cos^2 4x(\cos 4x)'=-12\cos^2 4x\sin 4x=-6\cos 4x\sin 8x$.

(4) $y'=\frac{1}{\arccos 2x}(\arccos 2x)'=\frac{1}{\arccos 2x}\cdot\frac{-2}{\sqrt{1-4x^2}}$

$$=\frac{-2}{\sqrt{1-4x^2}\arccos 2x}.$$

(5) $y'=2\sin x\cos x\sin x^2+\sin^2 x\cdot\cos x^2\cdot 2x$

$$=\sin 2x\sin x^2+2x\sin^2 x\cos x^2.$$

(6) $y=e^{\ln(x^{\sin x})}=e^{\sin x\ln x}$,故

$$y'=e^{\sin x\ln x}(\sin x\ln x)'=x^{\sin x}\left(\cos x\ln x+\frac{\sin x}{x}\right).$$

例 7 设对任意 $x_1,x_2\in(-\infty,+\infty)$有 $f(x_1+x_2)=f(x_1)f(x_2)$,且 $f'(0)=1$. 证明:$f(x)=f'(x)$.

证明 由 $f(x_1+x_2)=f(x_1)f(x_2)$对一切 x_1,x_2 成立,所以

$$f(x)=f(x)f(0).$$

若 $f(x)\equiv 0$,则结论成立.

若 $f(x)\not\equiv 0$,则 $f(0)=1$,所以

$$f'(0)=\lim_{x\to 0}\frac{f(x)-f(0)}{x}=\lim_{x\to 0}\frac{f(x)-1}{x}=1.$$

$$f'(x)=\lim_{\Delta x\to 0}\frac{f(x+\Delta x)-f(x)}{\Delta x}=\lim_{\Delta x\to 0}\frac{f(x)f(\Delta x)-f(x)}{\Delta x}$$

$$=f(x)\lim_{\Delta x\to 0}\frac{f(\Delta x)-1}{\Delta x}=f(x),$$

即 $$f'(x)=f(x).$$

例 8 求下列函数的二阶导数:

(1) $f(x)=x\ln x$; (2) $y=f(\ln x)$.

解 (1) $f'(x)=\ln x+1$, $f''(x)=\frac{1}{x}$.

(2) $y'=f'(\ln x)(\ln x)'=\frac{1}{x}f'(\ln x)$,

$$y''=-\frac{1}{x^2}f'(\ln x)+\frac{1}{x}f''(\ln x)\cdot\frac{1}{x}=\frac{1}{x^2}[f''(\ln x)-f'(\ln x)].$$

例 9 设 $y=\arctan x$,求 $y^{(n)}$.

解 $y'=\frac{1}{1+x^2}=\frac{1}{1+\tan^2 y}=\cos^2 y=\cos y\sin\left(y+\frac{\pi}{2}\right)$,

$$y''=\left[-\sin y\sin\left(y+\frac{\pi}{2}\right)+\cos y\cos\left(y+\frac{\pi}{2}\right)\right]\cdot y'=\cos\left(y+y+\frac{\pi}{2}\right)\cos^2 y$$

$$=\cos^2 y\cos\left(2y+\frac{\pi}{2}\right)=\cos^2 y\sin\left[2\left(y+\frac{\pi}{2}\right)\right].$$

一般地，有 $y^{(n)}=(n-1)!\cos^n y\sin\left[n\left(y+\frac{\pi}{2}\right)\right]$，其中 $y=\arctan x$.

例 10 求由下列方程所确定的隐函数的导数：

(1) $x^2y+3x^4y^3-4=0$，求$\frac{dy}{dx}$；　　(2) $\ln\sqrt{x^2+y^2}=\arctan\frac{y}{x}$，求$\frac{dy}{dx}$.

解 (1) $2xydx+x^2dy+12x^3y^3dx+9x^4y^2dy=0$，

故
$$\frac{dy}{dx}=\frac{-2xy-12x^3y^3}{x^2+9x^4y^2}=\frac{-2y-12x^2y^3}{x+9x^3y^2}.$$

(2)
$$\frac{xdx+ydy}{x^2+y^2}=\frac{1}{1+\left(\frac{y}{x}\right)^2}d\left(\frac{y}{x}\right),$$

$$\frac{xdx+ydy}{x^2+y^2}=\frac{x^2}{x^2+y^2}\left(-\frac{y}{x^2}dx+\frac{1}{x}dy\right),$$

故
$$\frac{dy}{dx}=\frac{x+y}{x-y}.$$

例 11 设$\begin{cases}x=5(t-\sin t),\\ y=5(1-\cos t),\end{cases}$ 求 $\frac{dy}{dx}$，$\frac{d^2y}{dx^2}$.

解
$$\frac{dy}{dx}=\frac{\frac{dy}{dt}}{\frac{dx}{dt}}=\frac{5\sin t}{5-5\cos t}=\frac{\sin t}{1-\cos t}.$$

$$\frac{d^2y}{dx^2}=\frac{d}{dt}\left(\frac{dy}{dx}\right)\frac{dt}{dx}=\frac{\cos t(1-\cos t)-\sin^2 t}{(1-\cos t)^2}\cdot\frac{1}{5(1-\cos t)}$$

$$=\frac{\cos t-1}{5(1-\cos t)^3}=-\frac{1}{5(1-\cos t)^2}.$$

例 12 证明曲线$\begin{cases}x=a(\cos t+t\sin t),\\ y=a(\sin t-t\cos t)\end{cases}$上所有点处的法线距离原点等远.

证明 $k_{切}=\frac{a(\cos t-\cos t+t\sin t)}{a(-\sin t+\sin t+t\cos t)}=\tan t.$

设曲线上任一点 $P(x_0,y_0)=P(x(t_0),y(t_0))$，则过 $P(x_0,y_0)$ 的法线方程为

$$y-a(\sin t_0-t_0\cos t_0)=-\frac{1}{\tan t_0}[x-a(\cos t_0+t_0\sin t_0)],$$

即
$$y+x\cot t_0=a(\sin t_0-t_0\cos t_0)+a\left(\frac{\cos^2 t_0}{\sin t_0}+t_0\cos t_0\right)$$

$$=a\left(\sin t_0+\frac{\cos^2 t_0}{\sin t_0}\right)=\frac{a}{\sin t_0},$$

进而得到

$$x\cos t_0+y\sin t_0-a=0,$$

易知此直线与原点的距离为 a(常数).

五、自测练习

A 组

1. 求下列各函数的导数$\frac{dy}{dx}$.

(1) $y=(1+3x^2)^3$;　　(2) $y=\sin x\ln x^2$;

(3) $y=\sqrt[3]{\arctan 2x+\frac{\pi}{2}}$;　　(4) $y=a^{\operatorname{ch}x}(a>0)$;

(5) $y=(1+x^2)^{\sec x}$;　　(6) $y=\frac{\tan^2 x}{\tan x^2}$;

(7) $y=\sqrt{t}\arccos\sqrt{t}$;　　(8) $y=(\operatorname{arch}2x)^2$;

(9) $y=\sqrt{\frac{e^{3x}}{x^3}\arcsin x}$.

2. 求曲线 $2x^2-3y^2=1$ 在点 $y=1$ 处的切线方程.

3. 证明 $x=e^t\sin t,y=e^t\cos t$ 满足方程

$$(x+y)^2\frac{d^2y}{dx^2}=2\left(x\frac{dy}{dx}-y\right).$$

4. 如果$f(x)=\begin{cases}e^{ax}, & x\leqslant 0,\\ b(1-x^2), & x>0\end{cases}$处处可导,求 a 与 b 的值.

5. 设 $f(x)$与 $g(x)$均在 $x=0$ 可导,且 $f(0)=g(0)=0$,而 $g'(0)\neq 0$,那么

$$\lim_{x\to 0}\frac{f(x)}{g(x)}=\frac{f'(0)}{g'(0)}.$$

6. 确定 a,b,c,d 的值,使曲线 $y=ax^4+bx^3+cx^2+d$ 与直线 $y=11x-5$ 在点(1,6)相切、经过点(-1,8)并在点(0,3)处有一水平切线.

7. 一只摆长为 10cm 的挂钟走得很准确. 由于气温升高,摆长伸长了0.01cm,问该钟每天慢多少秒?(周期 T 与摆长 l 的关系为 $T=2\pi\sqrt{\frac{l}{g}}$,g 为常数)

8. 设 $f(x)$为可导函数,求极限$\lim\limits_{h\to 0}\frac{f(x+h)-f(x+2h)}{h}$.

9. 求由方程 $x-y+\frac{1}{2}\sin y=0$ 所确定的隐函数 $y=y(x)$ 的二阶导数.

10. 设 $\varphi(x)$ 在点 $x=a$ 处连续，$f(x)=|x-a|\varphi(x)$，求 $f'_+(a)$ 与 $f'_-(a)$，并求在什么条件下 $f'(a)$ 存在.

B 组

1. 若 $f(x)$ 在 x_0 处可导，证明：

$$\lim_{h\to 0}\frac{f(x_0+\alpha h)-f(x_0-\beta h)}{h}=(\alpha+\beta)f'(x_0).$$

2. 求函数 $y=\frac{2x+2}{x^2+2x-3}$ 的 n 阶导数.

3. 证明星形线 $x^{\frac{2}{3}}+y^{\frac{2}{3}}=a^{\frac{2}{3}}$ 上任意点处的切线在两坐标轴间的长度为常数（其中 a 是给定的正数）.

4. 设 $y=f(x)$ 由方程 $x^3-y^3-6x-3y=0$ 所确定，求 y''_x 及 $y''_x|_{x=2}$.

5. 已知 $f(x)=\begin{cases}x^2, & x\leqslant x_0,\\ ax+b, & x>x_0,\end{cases}$ 为使函数 $f(x)$ 在点 $x=x_0$ 处连续且可微，应当如何选取系数 a 与 b.

6. 设 $\varphi(x)$，$\psi(x)$ 均为可导函数，求函数 $y=\log_{\varphi(x)}\psi(x)$ 的导数（$\varphi(x)>0$，$\psi(x)>0$）.

7. 设 a 和 b 为多项式函数 $f(x)$ 的两个相邻根，但 a 和 b 都不是二重根，即 $f(x)=(x-a)(x-b)g(x)$，其中 $g(a)\neq 0$，$g(b)\neq 0$. 证明：

(1) $g(a)g(b)>0$；(2) 在 (a,b) 内存在某个数 x，使得 $f'(x)=0$.

8. 若 $f(x)$ 在 $[a,b]$ 上连续，且 $f(a)=f(b)=0$，$f'_+(a)\cdot f'_-(b)>0$，则在 (a,b) 内至少有一个 ξ，使得 $f(\xi)=0$.

9. (1) 如果对于任意 x 有 $|f(x)|\leqslant x^2$，那么 $f(x)$ 在 $x=0$ 处可导；

(2) 如果 $|f(x)|\leqslant|g(x)|$ 对一切 x 成立，那么 $g(x)$ 具有什么样的性质时，可以保证 $f(x)$ 在 $x=0$ 处可导？

10. 已知 $e^{xy}=a^xb^y$，证明：$(y-\ln a)y''-2(y')^2=0$.

CHAPTER 3 第三章

微分中值定理与导数的应用

一、目的要求

1. 掌握罗尔定理、拉格朗日中值定理、柯西中值定理和泰勒中值定理(即泰勒公式).

2. 通过练习学会应用上述定理证明一些结论.

3. 熟练掌握洛必达法则及应用其求未定型极限的方法.

4. 理解函数极值的概念,掌握用导数判断函数的单调性和求函数极值的方法,掌握函数最大值和最小值的求法及其应用.

5. 能利用导数判断函数图形的凹凸性,求函数图形的拐点及水平、铅直和斜渐近线,会描绘函数的图形.

6. 能计算曲率和曲率半径.

二、内容提要

1. 罗尔定理.

若函数 $f(x)$ 在 $[a,b]$ 上连续,在 (a,b) 内可导,且 $f(a)=f(b)$,则存在 $\xi\in(a,b)$ 使得 $f'(\xi)=0$.

2. 拉格朗日中值定理.

若函数 $f(x)$ 在 $[a,b]$ 上连续,在 (a,b) 内可导,则存在 $\xi\in(a,b)$ 使得

$$f'(\xi)=\frac{f(b)-f(a)}{b-a}.$$

3. 柯西中值定理.

若函数 $f(x),g(x)$ 皆在 $[a,b]$ 上连续,在 (a,b) 内可导,且 $g'(x)\neq0$,则存在 $\xi\in(a,b)$ 使得

$$\frac{f'(\xi)}{g'(\xi)}=\frac{f(b)-f(a)}{g(b)-g(a)}.$$

4. 泰勒定理.

若函数 $f(x)$ 在 $x=a$ 的某个邻域 I 内 $n+1$ 阶可导，则任给 $x\in I$ 有

$$f(x)=f(a)+f'(a)(x-a)+\frac{f''(a)}{2!}(x-a)^2+\cdots+\frac{f^{(n)}(a)}{n!}(x-a)^n+R_n(x),$$

$R_n(x)=\dfrac{f^{(n+1)}[a+\theta(x-a)]}{(n+1)!}(x-a)^{n+1}$，其中 $0<\theta<1$ 或 $R_n(x)=o((x-a)^n)$.

特别地，当 $a=0$ 时，上面泰勒公式被称为麦克劳林公式.

5. 几个初等函数的麦克劳林公式：

$$\mathrm{e}^x=1+x+\frac{1}{2!}x^2+\cdots+\frac{1}{n!}x^n+o(x^n);$$

$$\frac{1}{1-x}=1+x+x^2+\cdots+x^n+o(x^n);$$

$$\sin x=x-\frac{1}{3!}x^3+\cdots+(-1)^n\frac{1}{(2n+1)!}x^{2n+1}+o(x^{2n+1});$$

$$\cos x=1-\frac{1}{2!}x^2+\cdots+(-1)^n\frac{1}{(2n)!}x^{2n}+o(x^{2n});$$

$$\ln(1+x)=x-\frac{1}{2!}x^2+\cdots+(-1)^{n-1}\frac{1}{n!}x^n+o(x^n).$$

6. 洛必达法则Ⅰ.

若在某极限过程中(下面以 $x\to a$ 为例)有：

(1) $f(x)\to 0, g(x)\to 0$；

(2) $f(x),g(x)$ 在 $x=a$ 的某去心邻域内可导，$g'(x)\neq 0$；

(3) $\lim\limits_{x\to a}\dfrac{f'(x)}{g'(x)}=k$（有限数或 ∞），则有

$$\lim_{x\to a}\frac{f(x)}{g(x)}=\lim_{x\to a}\frac{f'(x)}{g'(x)}=k.$$

7. 洛必达法则Ⅱ.

若在某极限过程中(下面以 $x\to a$ 为例)有：

(1) $f(x)\to\infty, g(x)\to\infty$；

(2) $f(x),g(x)$ 在 $x=a$ 的某去心邻域内可导，$g'(x)\neq 0$；

(3) $\lim\limits_{x\to a}\dfrac{f'(x)}{g'(x)}=k$(有限数或 ∞)，则有

$$\lim_{x\to a}\frac{f(x)}{g(x)}=\lim_{x\to a}\frac{f'(x)}{g'(x)}=k.$$

8. 函数的单调性.

可导函数 $f(x)$ 在区间 I 上单调递增(减)的充要条件是 $f'(x)\geqslant 0(\leqslant 0)$. 若

$f'(x)>0,x\in I$,则 $f(x)$在 I 上严格单调递增;若 $f'(x)<0,x\in I$,则 $f(x)$在 I 上严格单调递减.

9. 函数的极值.

可导函数 $f(x)$在 $x=a$ 处取极大(小)值的必要条件是 $f'(a)=0$,反之,若 $f'(a)=0$ 且 $f'(x)(x-a)>0(<0)$,这里 x 在 $x=a$ 的某去心邻域内变化,则 $f(a)$为 $f(x)$的一个极小(大)值.若函数 $f(x)$在 $x=a$ 处二阶可导,则由 $f'(a)=0,f''(a)>0$可推得 $f(a)$为 $f(x)$的一个极小值;由 $f'(a)=0,f''(a)<0$ 可推得$f(a)$为 $f(x)$的一个极大值.

10. 函数的最值.

设函数 $f(x)$在$[a,b]$上连续,$x=x_i\in(a,b)$为 $f(x)$的不可导点,$x=x_j\in(a,b)$为 $f(x)$的驻点(即 $f'(x_j)=0$),则 $f(x)$在$[a,b]$上的最大值与最小值为

$$\max_{x\in[a,b]} f(x)=\max\{f(x_i),f(x_j),f(a),f(b)\},$$

$$\min_{x\in[a,b]} f(x)=\min\{f(x_i),f(x_j),f(a),f(b)\}.$$

11. 曲线的凹凸性.

可导函数 $f(x)$在区间 I 上向上凸(凹)的充要条件是 $f'(x)$在 I 上单调递减(增).若 $f''(x)>0,x\in I$,则曲线 $y=f(x)$在 I 上是向上凹的.若$f''(x)<0,x\in I$,则曲线 $y=f(x)$在 I 上是向上凸的.

12. 曲线的拐点.

二阶可导函数 $f(x)$有拐点$(a,f(a))$的必要条件是 $f''(a)=0$,反之,若 $f''(a)=0$,且 $f''(x)(x-a)>0(<0)$,这里 x 在 $x=a$ 的某去心邻域内变化,则点$(a,f(a))$为曲线 $f(x)$的拐点.

13. 曲线的渐近线.

(1) 若$\lim\limits_{x\to a}f(x)=\infty$($\lim\limits_{x\to a^+}f(x)=\infty$, $\lim\limits_{x\to a^-}f(x)=\infty$),则 $x=a$ 为曲线 $y=f(x)$的一条铅直渐近线;

(2) 若$\lim\limits_{x\to\infty}f(x)=A$($\lim\limits_{x\to+\infty}f(x)=A$, $\lim\limits_{x\to-\infty}f(x)=A$),则 $y=A$ 是曲线 $y=f(x)$的一条水平渐近线,曲线 $y=f(x)$的水平渐近线最多有两条;

(3) 若 $\lim\limits_{x\to+\infty}\dfrac{f(x)}{x}=a$, $\lim\limits_{x\to+\infty}[f(x)-ax]=b$,则曲线 $y=f(x)$有斜渐近线 $y=ax+b$;若 $\lim\limits_{x\to-\infty}\dfrac{f(x)}{x}=c$, $\lim\limits_{x\to-\infty}[f(x)-cx]=d$,则曲线 $y=f(x)$有斜渐近线 $y=cx+d$.

14. 曲率.

曲率 $y=f(x)$在点 $x=a$ 处的曲率为

$$K=\frac{|f''(a)|}{[1+f'^{2}(a)]^{\frac{3}{2}}},$$

并称 $R=\frac{1}{K}$为曲率半径.

三、复习提问

1. 填写下表：

定理	条件	结论
罗尔定理		
拉格朗日中值定理		
柯西中值定理		

2. 试举例说明：

(1) 罗尔定理减少其中一个条件后，结论不一定成立.

(2) 罗尔定理的逆命题不真.

3. 拉格朗日中值定理的结论有哪三种表达式？

4. 由拉格朗日中值定理推得的$\frac{f(b)-f(a)}{F(b)-F(a)}=\frac{f'(\xi_1)}{f'(\xi_2)}$，能不能代替柯西中值定理？

5. 泰勒定理的条件、结论是什么？余项的形式如何？余项有何性质？

6. 罗尔定理、拉格朗日中值定理、柯西中值定理、泰勒中值定理相互之间的关系是什么？

四个中值定理间的关系如下图，其中虚线为推证线.

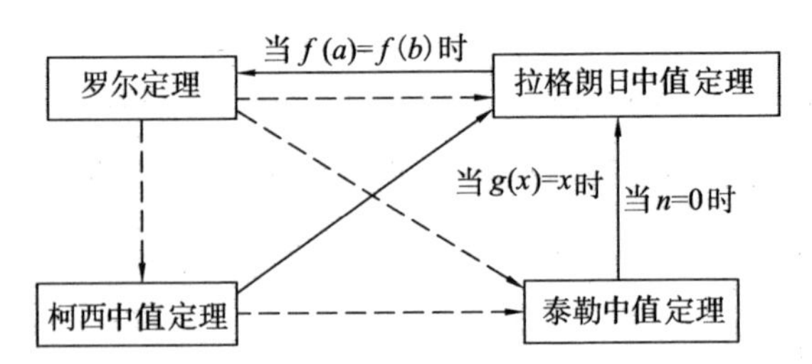

7. 指出下列用洛必达法则求极限的错误之处：

(1) $\lim\limits_{x\to0}\frac{1+x^2}{\sin x}=\lim\limits_{x\to0}\frac{2x}{\cos x}=0$；

(2) $\lim\limits_{x\to0}\dfrac{x^2\cdot\sin\dfrac{1}{x}}{\sin x}=\lim\limits_{x\to0}\dfrac{2x\sin\dfrac{1}{x}-\cos\dfrac{1}{x}}{\cos x}=\lim\limits_{x\to0}\left(-\cos\dfrac{1}{x}\right)$,故极限不存在；

(3) $\lim\limits_{x\to\infty}\dfrac{x-\sin x}{x+\sin x}=\lim\limits_{x\to\infty}\dfrac{1-\cos x}{1+\cos x}=\lim\limits_{x\to\infty}\dfrac{\sin x}{-\sin x}=-1$.

8. 如何判别函数的增减性及确定单调区间？

9. 如何判别曲线的凹凸性及确定凹凸区间？

10. 什么是渐近线？怎样求函数的渐近线？

11. 函数的极值与最值如何求得？

四、例题分析

例 1 已知 $f(x)=\begin{cases}\dfrac{3-x^2}{2}, & 0\leqslant x\leqslant1,\\ \dfrac{1}{x}, & x>1.\end{cases}$

(1) 讨论 $f(x)$在$[0,2]$上是否满足拉格朗日中值定理的条件？

(2) 求出在$(0,2)$内满足拉格朗日中值公式的所有 ξ 值.

分析 由于 $f(x)$在$(0,1)$,$(1,2)$内连续可导,所以确定 $f(x)$在$[0,2]$上是否满足拉格朗日定理条件,仅需研究 $f(x)$在 $x=1$ 处的连续性和可导性.

解 (1) 因为 $\lim\limits_{x\to1^-}f(x)=\lim\limits_{x\to1^-}\dfrac{3-x^2}{2}=1$,

$$\lim_{x\to1^+}f(x)=\lim_{x\to1^+}\frac{1}{x}=1,$$

由定义 $f(1)=\dfrac{3-1}{2}=1$,故 $f(x)$在 $x=1$ 处连续.

又由于

$$\lim_{x\to1^-}\frac{f(x)-f(1)}{x-1}=\lim_{x\to1^-}\frac{\dfrac{3-x^2}{2}-1}{x-1}=-1,$$

$$\lim_{x\to1^+}\frac{f(x)-f(1)}{x-1}=\lim_{x\to1^+}\frac{\dfrac{1}{x}-1}{x-1}=-1,$$

故 $f(x)$在$[0,2]$上连续,在$(0,2)$内可导,满足拉格朗日中值定理的条件.

(2) 当 $0<x<1$ 时,$f'(x)=-x$,$-\xi=\dfrac{f(2)-f(0)}{2-0}=-\dfrac{1}{2}$,故 $\xi=\dfrac{1}{2}$.

当 $1<x<2$ 时,$f'(x)=-\dfrac{1}{x^2}$,$-\dfrac{1}{\xi^2}=-\dfrac{1}{2}$,故 $\xi=\sqrt{2}$.

因此 $f(x)$ 在 $(0,2)$ 内满足拉格朗日中值公式的 ξ 值有 $\frac{1}{2}$ 和 $\sqrt{2}$.

例 2 设 $a_0,a_1,\cdots,a_n$ 是常数，且

$$a_0+\frac{a_1}{2}+\frac{a_2}{3}+\cdots+\frac{a_n}{n+1}=0,$$

试证：方程 $a_0+a_1x+a_2x^2+\cdots+a_nx^n=0$ 在 $(0,1)$ 内至少有一实根.

分析 由结论应联想到罗尔定理（罗尔定理本身就是方程 $f'(x)=0$ 的根的存在定理），希望作一辅助函数 $f(x)$，使 $f'(x)=a_0+a_1x+a_2x^2+\cdots+a_nx^n$.

证明 令 $f(x)=a_0x+\frac{a_1}{2}x^2+\cdots+\frac{1}{n+1}a_nx^{n+1}$.

经验证 $f(0)=f(1)$，$f(x)$ 在 $[0,1]$ 上连续，在 $(0,1)$ 内可导，由罗尔定理，即得结论.

例 3 证明不等式：$\frac{1}{x+1}<\ln(x+1)-\ln x<\frac{1}{x}\ (x>0)$.

分析 用拉格朗日中值定理证明不等式，通常的步骤是：(1) 构造一函数 $f(x)$，并给出适当区间；(2) 将构造出的函数在给定区间上应用拉格朗日中值定理；(3) 利用所给条件或 ξ 所在位置，放大或缩小 $f'(\xi)$，得到所要证明的不等式.

证明 令 $f(x)=\ln x$，在 $[x,x+1]$ 上 $f(x)$ 满足拉格朗日中值定理的条件，故

$$\ln(x+1)-\ln x=\frac{1}{\xi},x<\xi<x+1,$$

则
$$\frac{1}{x+1}<\ln(x+1)-\ln x<\frac{1}{x}.$$

例 4 设函数 $f(x)$ 在 $[0,1]$ 上可微，对于 $[0,1]$ 上的每个 x，都有 $0<f(x)<1$，且 $f'(x)\neq1$. 证明：在 $(0,1)$ 内存在唯一的 x，使 $f(x)=x$.

证明 先证存在性. 令 $F(x)=f(x)-x$，则 $f(x)$ 在 $[0,1]$ 上连续. 由 $0<f(x)<1$，得 $F(0)=f(0)-0>0$，$F(1)=f(1)-1<0$. 由闭区间上连续函数的性质知，至少存在一点 $x\in(0,1)$，使 $F(x)=0$，即 $f(x)=x$.

再证唯一性（用反证法）. 设有 $x_1,x_2\in(0,1)$，使 $f(x_1)=x_1$，$f(x_2)=x_2$. 由拉格朗日中值定理知，必至少有一点 $x\in(0,1)$，使

$$f'(x)=\frac{f(x_2)-f(x_1)}{x_2-x_1}=\frac{x_2-x_1}{x_2-x_1}=1,$$

这与 $f'(x)\neq1$ 矛盾，故在 $(0,1)$ 内存在唯一的 x，使 $f(x)=x$.

例 5 设 $f(x)$ 在 $[a,b]$ 上满足 $f''(x)<0$，x_1,x_2 为 $[a,b]$ 内任意两点，试证：

$$f\left(\frac{x_1+x_2}{2}\right)>\frac{f(x_2)+f(x_1)}{2}.$$

分析 问题中出现一阶导数、二阶导数(或高阶导数)及函数之间的关系时，自然就考虑泰勒公式

$$f(x)=f(x_0)+f'(x_0)(x-x_0)+\frac{f''(\xi)}{2!}(x-x_0)^2,\xi 在 x 与 x_0 之间.$$

由 $f''(x)<0$,故 $f''(\xi)<0$,有

$$f(x)<f(x_0)+f'(x_0)(x-x_0). \tag{1}$$

证明 令 $x=x_1,x_0=\frac{1}{2}(x_1+x_2)$,代入(1)式得

$$f(x_1)<f\left(\frac{x_1+x_2}{2}\right)+f'\left(\frac{x_1+x_2}{2}\right)\cdot\frac{x_1-x_2}{2}. \tag{2}$$

再令 $x=x_2,x_0=\frac{1}{2}(x_1+x_2)$,代入(1)式得

$$f(x_2)<f\left(\frac{x_1+x_2}{2}\right)+f'\left(\frac{x_1+x_2}{2}\right)\cdot\frac{x_2-x_1}{2}. \tag{3}$$

(2)式和(3)式相加得

$$\frac{f(x_1)+f(x_2)}{2}<f\left(\frac{x_1+x_2}{2}\right).$$

例 6 求下列极限:

(1) $\lim\limits_{x\to0}\frac{\sin x-x\cos x}{\sin^3 x}$; (2) $\lim\limits_{x\to0^+}(1-x)^{\ln x}$;

(3) $\lim\limits_{x\to0}\left(\cot^2 x-\frac{1}{x^2}\right)$; (4) $\lim\limits_{x\to0}\frac{1-\cos x}{x(\sqrt{1+x}-1)}$;

(5) $\lim\limits_{x\to+\infty}\frac{x-\sin x}{x+\sin x}$.

解 (1) 当 $x\to0$ 时,$\sin^3 x$ 与 x^3 是等价无穷小.

原式$=\lim\limits_{x\to0}\frac{\sin x-x\cos x}{x^3}=\lim\limits_{x\to0}\frac{\cos x-\cos x+x\sin x}{3x^2}=\lim\limits_{x\to0}\frac{\sin x}{3x}=\frac{1}{3}$.

注 用洛必达法则求极限时,分子、分母用其等价无穷小代替,常可以简化运算.

(2) 解法一 令 $y=(1-x)^{\ln x}$,$\ln y=\ln x\ln(1-x)$,

$$\lim_{x\to0^+}\ln y=\lim_{x\to0^+}\ln x\ln(1-x)=\lim_{x\to0^+}\frac{\ln(1-x)}{\frac{1}{\ln x}}=\lim_{x\to0^+}\frac{\frac{-1}{1-x}}{\frac{-1}{(\ln x)^2}\cdot\frac{1}{x}}$$

$$=\lim_{x\to 0^+}\frac{\ln^2 x}{\frac{1-x}{x}}=\lim_{x\to 0^+}\frac{2\ln x}{-\frac{1}{x}}=\lim_{x\to 0^+}\frac{\frac{2}{x}}{\frac{1}{x^2}}=\lim_{x\to 0^+}2x=0,$$

故
$$\lim_{x\to 0^+}y=\lim_{x\to 0^+}\mathrm{e}^{\ln y}=1.$$

解法二　利用 $\ln(1-x)\sim -x(x\to 0)$.

$$\lim_{x\to 0^+}\ln y=\lim_{x\to 0^+}\ln x\ln(1-x)=\lim_{x\to 0^+}\frac{\ln x}{-\frac{1}{x}}=0,$$

故
$$\lim_{x\to 0^+}(1-x)^{\ln x}=1.$$

(3)
$$\lim_{x\to 0}\left(\cot^2 x-\frac{1}{x^2}\right)=\lim_{x\to 0}\frac{x^2\cos^2 x-\sin^2 x}{x^2\cdot\sin^2 x}$$
$$=\lim_{x\to 0}\frac{x\cos x+\sin x}{x}\cdot\lim_{x\to 0}\frac{x\cos x-\sin x}{x\sin^2 x}$$
$$=2\cdot\lim_{x\to 0}\frac{-x\sin x}{3x^2}=-\frac{2}{3}.$$

注　在运用洛必达法则时，能求出的极限先求出来，这样可使运算过程简便.

(4)
$$\lim_{x\to 0}\frac{1-\cos x}{x(\sqrt{1+x}-1)}=\lim_{x\to 0}\frac{(1-\cos x)(\sqrt{1+x}+1)}{x\cdot x}=\lim_{x\to 0}\frac{2\sin^2\frac{x}{2}}{x^2}\cdot 2=1.$$

(5) $\lim\limits_{x\to+\infty}\dfrac{x-\sin x}{x+\sin x}=\lim\limits_{x\to+\infty}\dfrac{1-\cos x}{1+\cos x}$，$\lim\limits_{x\to+\infty}\dfrac{1-\cos x}{1+\cos x}$的极限不存在，洛必达法则失效，应改用其他方法.

$$原式=\lim_{x\to+\infty}\frac{1-\frac{\sin x}{x}}{1+\frac{\sin x}{x}}=1.$$

例 7　求 $\lim\limits_{x\to+\infty}\left[\left(x^3-x^2+\dfrac{x}{2}\right)\mathrm{e}^{\frac{1}{x}}-\sqrt{1+x^6}\right]$.

分析　这是$\infty-\infty$型不定式，要使它有极限，这两个无穷大必须是同阶的，因 $\lim\limits_{x\to+\infty}\mathrm{e}^{\frac{1}{x}}=1$，故$\left(x^3-x^2+\dfrac{x}{2}\right)\mathrm{e}^{\frac{1}{x}}$对 x 而言是三阶无穷大，而$\sqrt{1+x^6}=x^3\sqrt{1+\dfrac{1}{x^6}}$也是三阶无穷大. 为此应用泰勒公式，作变换 $x=\dfrac{1}{t}$使求极限计算简便.

解　令 $t=\dfrac{1}{x}$，则

$$原式=\lim_{x\to 0}\left[\left(\frac{1}{t^3}-\frac{1}{t^2}+\frac{1}{2t}\right)e^t-\left(1+\frac{1}{t^6}\right)^{\frac{1}{2}}\right]$$

$$=\lim_{x\to 0}\left[\frac{\left(1-t+\frac{1}{2}t^2\right)e^t}{t^3}-\frac{(1+t^6)^{\frac{1}{2}}}{t^3}\right]\quad (*)$$

$$=\lim_{x\to 0}\frac{1}{t^3}\left[\left(1-t+\frac{1}{2}t^2\right)\left(1+t+\frac{1}{2!}t^2+\frac{1}{3!}t^2+o(t^3)\right)-\left(1+\frac{1}{2}t^6+o(t^6)\right)\right]$$

$$=\lim_{x\to 0}\frac{1}{t^3}\left(1+t+\frac{1}{2}t^2+\frac{1}{6}t^3-t-t^2-\frac{1}{2}t^3+\frac{1}{2}t^2+\frac{1}{2}t^3-1+o(t^3)\right)$$

$$=\lim_{x\to 0}\frac{\frac{1}{6}t^3+o(t^3)}{t^3}=\frac{1}{6}.$$

注 (*)式是$\frac{0}{0}$不定型，若用洛必达法则求极限，计算非常繁琐，利用泰勒公式求更方便.

例 8 已知函数 $y=f(x)$ 对一切 x 满足

$$xf''(x)+3x[f'(x)]^2=1-e^{-x},$$

试证：若 $f(x)$ 在某一点 $x_0\neq 0$ 处有极值，则此极值为极小值.

证明 若 $f(x)$ 在 $x_0\neq 0$ 处有极值，则 $f'(x_0)=0$，因而

$$x_0f''(x_0)=1-e^{-x_0},$$

即

$$f''(x_0)=\frac{1-e^{-x_0}}{x_0}.$$

当 $x_0>0$ 时，$1-e^{-x_0}>0$，$f''(x_0)>0$；

当 $x_0<0$ 时，$1-e^{-x_0}<0$，$f''(x_0)>0$.

综上可知，$x_0\neq 0$ 时，$f''(x_0)>0$，故 $f(x_0)$ 是极小值.

例 9 a 为何值时，方程 $e^x-2x-a=0$ 有实根？

分析 方程 $f(x)=0$ 的实根就是函数 $f(x)$ 的零点. 若 $f(x)$ 在 $[a,b]$ 上连续，且 $f(a)\cdot f(b)<0$，则 $f(x)$ 在 (a,b) 内至少有一个零点. 若 $f(x)$ 在 $(-\infty,+\infty)$ 上连续，且 $m=\min\limits_{x\in(-\infty,+\infty)}f(x)\leqslant 0$，$\lim\limits_{x\to+\infty}f(x)=+\infty$，$\lim\limits_{x\to-\infty}f(x)=+\infty$，则 $f(x)$ 必有零点. 当 $m=0$ 时，$f(x)$ 有一个零点；当 $m<0$ 时，$f(x)$ 有两个零点；若 $M=\max\limits_{x\in(-\infty,+\infty)}f(x)\geqslant 0$，且 $\lim\limits_{x\to+\infty}f(x)=-\infty$，$\lim\limits_{x\to-\infty}f(x)=-\infty$，则 $f(x)$ 也必有零点.

解 设 $f(x)=e^x-2x-a$，$x\in(-\infty,+\infty)$，于是

$f'(x)=\mathrm{e}^x-2, f''(x)=\mathrm{e}^x$. 令 $f'(x)=0$，则 $x=\ln2$，由 $f''(\ln2)=2>0$，故 $x=\ln2$是极小值点，$f(\ln2)$是极小值. 由于 $f(x)$在$(-\infty,+\infty)$内仅有一个极小值而无极大值，因此它就是最小值，即

$$\min_{x\in(-\infty,+\infty)} f(x)=f(\ln2)=2-2\ln2-a.$$

又因为 $\lim\limits_{x\to-\infty} f(x)=\lim\limits_{x\to+\infty} f(x)=+\infty$，所以要使 $f(x)$有零点，则必须使 $f(\ln2)\leqslant0$，即 $2-2\ln2-a\leqslant0$，亦即 $a\geqslant2-2\ln2$.

例 10 求 y 轴上给定的点$(0,b)$到抛物线 $x^2=4y$ 的最短距离（数 b 可以取任何实数）.

解 抛物线如图 3-1 所示，所求最小值的量是距离 d，其中 $d=\sqrt{x^2+(y-b)^2}$ 且满足 $x^2=4y$.

由图 3-1 可见，当 b 为负值时，极小距离为$|b|$，当点$(0,b)$沿着 y 轴向上移动时，极小距离一直是$|b|$，直到到达某个在其上极小距离小于$|b|$的特殊位置，这一特殊位置的准确点就是现在要确定的.

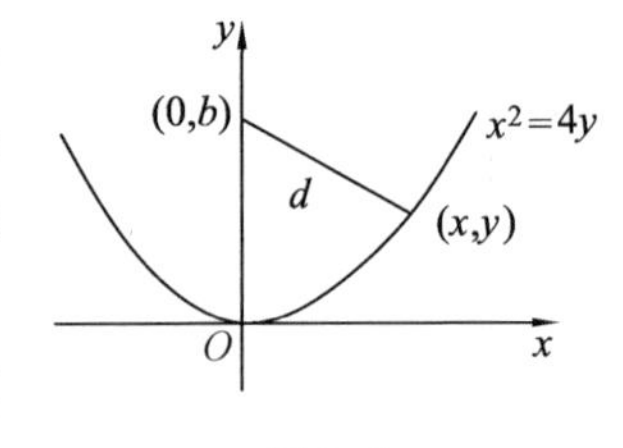

图 3-1

因为使 d 极小的点(x,y)也使 d^2 成为极小，故设极小值的函数为

$$f(y)=d^2=4y+(y-b)^2.$$

令 $f'(y)=0$，即 $4+2(y-b)=0$，得 $y=b-2$. 当 $b<2,y\geqslant0$ 时，$f'(y)>0$，f 单调递增，极小值在 $y=0$ 时取到，此时最短距离为 $d=\sqrt{b^2}=|b|$. 当 $b\geqslant2$ 时，$f''(y)=2>0$，故 $y=b-2$ 为 $f(y)$的极小值点，且极小值为 $d=\sqrt{4(b-2)+4}=2\sqrt{b-1}$. 于是，证明了若 $b<2$，点$(0,b)$到抛物线的最短距离是$|b|$；若 $b\geqslant2$，则点$(0,b)$到抛物线的最短距离是 $2\sqrt{b-1}$（$b=2$ 是上面指出的特殊值）.

例 11 已知 $f(x)$具有 $n+1$ 阶连续导数，

$$f(a+h)=f(a)+hf'(a)+\frac{h^2}{2!}f''(a)+\cdots+\frac{h^n}{n!}f^{(n)}(a+\theta h)(0<\theta<1),$$

且 $f^{(n+1)}(a)\neq0$，证明：$\lim\limits_{h\to0}\theta=\dfrac{1}{n+1}$.

分析 微分中值定理肯定了“中值”的存在，而“中值”的确切位置是一个难以确定的问题. 本题指出了在给定的条件下 θ 的极限（$h\to0$ 时），而要证明它需用泰勒展开式与拉格朗日中值定理.

证明 由题设，$f(x)$在 $x=a$ 处具有$(n+1)$阶导数，故 $f(x)$在 $x=a$ 处的泰勒公式为

$$f(a+h)=f(a)+hf'(a)+\frac{h^2}{2!}f''(a)+\cdots+\frac{h^n}{n!}f^{(n)}(a)$$
$$+\frac{h^{n+1}}{(n+1)!}f^{(n+1)}(a+\theta_1 h)\ (0<\theta<1),$$

上式与 $f(a+h)=f(a)+hf'(a)+\frac{h^2}{2!}f''(a)+\cdots+\frac{h^n}{n!}f^{(n)}(a+\theta h)$ 相比较，得

$$\frac{h^n}{n!}f^{(n)}(a+\theta h)=\frac{h^n}{n!}f^{(n)}(a)+\frac{h^{n+1}}{(n+1)!}f^{(n+1)}(a+\theta_1 h),$$

于是
$$f^{(n)}(a+\theta h)-f^{(n)}(a)=\frac{f^{(n+1)}(a+\theta_1 h)}{n+1}h.$$

由拉格朗日中值定理得

$$f^{(n+1)}[a+\theta_2(\theta h)]\cdot\theta h=f^{(n+1)}(a+\theta_1 h)\cdot\frac{h}{n+1}\quad(0<\theta_2<1),$$

令 $h\to 0$，则 $\theta h\to 0$，$\theta_1 h\to 0$，$\theta_2(\theta h)\to 0$，并注意到 $f^{(n+1)}(x)$ 连续及 $f^{(n+1)}(a)\neq 0$，即得

$$\lim_{h\to 0}\theta=\frac{1}{n+1}.$$

例 12 设 $f(x)$ 在 $[0,1]$ 上有二阶连续导数，$f(0)=f(1)=0$，并且当 $x\in(0,1)$ 时，$f''(x)\leqslant A$，证明：$|f'(x)|\leqslant\frac{A}{2}$，$x\in[0,1]$.

分析 不等式也可以利用泰勒展开式证明，特别是题目中的条件出现二阶或二阶以上导数的时候，证明中要根据所给条件选择恰当的 x_0 和 x，并合理地放大与缩小.

证明 在一阶泰勒公式 $f(x)=f(x_0)+f'(x_0)(x-x_0)+\frac{f''(\xi)}{2!}(x-x_0)^2$ 中，分别取 $x=0$，$x_0=x$ 及 $x=1$，$x_0=x$ 得

$$f(0)=f(x)+f'(x)(0-x)+\frac{1}{2}f''(\xi_1)(0-x)^2,\ 0<\xi_1<x<1,$$

$$f(1)=f(x)+f'(x)(1-x)+\frac{1}{2}f''(\xi_2)(1-x)^2,\ 0<x<\xi_2<1.$$

两式相减，并注意到 $f(0)=f(1)=0$，可得

$$f'(x)=\frac{1}{2}[f''(\xi_1)x^2-f''(\xi_2)(1-x)^2].$$

又 $|f''(x)|\leqslant A$，$x\in(0,1)$，所以

$$|f'(x)|\leqslant\frac{A}{2}[x^2+(1-x)^2]=\frac{A}{2}(2x^2-2x+1).$$

但当 $0\leqslant x\leqslant 1$ 时，$0\leqslant 2x^2-2x+1\leqslant 1$，故

$$|f'(x)|\leqslant \frac{A}{2}.$$

注 在用泰勒公式证明时，一般是先写出比题中给定条件低一阶的泰勒展开式，根据题设给出高阶导数的大小或对展式进行放大或缩小.

五、自测练习

A 组

1. 证明：函数 $f(x)=(x-1)(x-2)(x-3)$ 在区间 $(1,3)$ 内至少存在一点 ξ，使 $f''(\xi)=0$.

2. 证明：当 $x\geqslant 1$ 时，有 $2\arctan x+\arcsin\dfrac{2x}{1+x^2}=\pi$.

3. 证明：若 $x\geqslant 0$，则 $\sqrt{x+1}-\sqrt{x}=\dfrac{1}{2\sqrt{x+\theta(x)}}$，其中 $\dfrac{1}{4}\leqslant\theta(x)\leqslant\dfrac{1}{2}$，且 $\lim\limits_{x\to 0^+}\theta(x)=\dfrac{1}{4}$，$\lim\limits_{x\to+\infty}\theta(x)=\dfrac{1}{2}$.

4. 求下列极限：

(1) $\lim\limits_{x\to 0}\dfrac{\cos x-e^{-\frac{1}{2}x^2}}{x^4}$；　　(2) $\lim\limits_{x\to 0^-}\dfrac{\sin x}{\sqrt{1-\cos x}}$；

(3) $\lim\limits_{x\to 0}\dfrac{(1+x)^{\frac{1}{x}}-e}{x}$；　　(4) $\lim\limits_{x\to 0}\left(\dfrac{\sin x}{x}\right)^{\frac{1}{1-\cos x}}$.

5. 证明 $\dfrac{1}{\cos^2\alpha}<\dfrac{\tan\alpha-\tan\beta}{\alpha-\beta}<\dfrac{1}{\cos^2\beta}$　$\left(0\leqslant\alpha<\beta<\dfrac{\pi}{2}\right)$.

6. 求证方程 $\ln x=ax+b$ 至多有两个实根.

7. 设 $f(x)=e^x-\dfrac{1+ax}{1+bx}$ 关于 x 是三阶无穷小，求常数 a,b 的值，并求 $\lim\limits_{x\to 0}\dfrac{f(x)}{x^3}$.

8. 当 $x\to 0$ 时，求 $e^{\tan x}-e^x$ 关于 x 的无穷小的阶数.

9. 设函数 $f(x)$ 在 $[a,+\infty)$ 上连续，二阶可导，且 $f''(x)>0$，令 $F(x)=\dfrac{f(x)-f(a)}{x-a}$ $(x>a)$，试证 $F(x)$ 在 $(a,+\infty)$ 上单调递增.

10. 求方程 $2y^3-2y^2+2xy-x^2=1$ 所确定的函数 $y(x)$ 的极值.

11. 试求出在 $x=1$ 处取得极大值 6，在 $x=6$ 处取得极小值 2 的次数最低的多项式.

12. 求曲线 $y=e^{\frac{1}{x}}\arctan\dfrac{x^2-x+1}{x^2-1}$ 的渐近线.

13. 求数列 $\{\sqrt[n]{n}\}$ 中最大的项.

14. 作半径为 R 的球的外切正圆锥,问此圆锥的高为何值时正圆锥的体积最小,并求其最小值.

B 组

1. 设函数 $f(x)$ 在 $[a,b]$ 上可导 $(a>0)$,证明:至少存在一点 $\xi\in(a,b)$,使 $2\xi[f(b)-f(a)]=(b^2-a^2)f'(\xi)$.

2. 设函数 $f(x)$ 在 $[0,1]$ 上三阶可导,$f(0)=f(1)=0$,$F(x)=x^2f(x)$,求证:存在 $\xi\in(0,1)$ 使得 $F'''(\xi)=0$.

3. 设函数 $f(x)$ 在 $[0,2]$ 上有二阶导数,且 $|f(x)|\leqslant 1$,$|f''(x)|\leqslant 1$,证明:$|f'(x)|\leqslant 2(0\leqslant x\leqslant 2)$.

4. 设函数 $f(x)=e^x+\ln(1-x)-\sin x+ax^2+bx+c$,若 $x\to 0$ 时,$f(x)$ 是比 x^3 高阶的无穷小,求 a,b,c,并求 $f(x)$ 比 x 的无穷小阶数.

5. 试确定常数 a,b,c,使得

$$\lim_{x\to 1}\frac{a(x-1)^2+b(x-1)+c-\sqrt{x^2+3}}{(x-1)^2}=0.$$

6. 设 $f(x)$ 在 $x=0$ 的某邻域内连续,$\lim\limits_{x\to 0}\dfrac{f(x)}{1-\cos x}=1$,试判断 $f(0)$ 是否是极值.

7. 设函数 $f(x)$ 在 $x=0$ 的某个邻域内二阶连续可导,$f'(0)=0$,且 $\lim\limits_{x\to 0}\dfrac{f''(x)}{|x|}=1$,试判断 $f(0)$ 是否是极值,$(0,f(0))$ 是否是拐点,并说明理由.

8. 设函数 $f(x)$ 在 $[a,+\infty)$ 上二阶可导,且 $f(x)$ 在 $[a,+\infty)$ 上的图形是凸的,$f(a)=A>0$,$f'(a)<0$,证明:

(1) $f\left[a-\dfrac{f(a)}{f'(a)}\right]<0$;

(2) 方程 $f(x)=0$ 在 $[a,+\infty)$ 内有且仅有一实根.

9. 设 $f(x)$,$g(x)$ 在点 x_0 的某邻域内具有二阶连续导数,曲线 $y=f(x)$ 和 $y=g(x)$ 具有相同的凹凸性.证明:曲线 $y=f(x)$ 与 $y=g(x)$ 在点 (x_0,y_0) 处相交、相切、具有相同曲率(曲率不为零)的充要条件是当 $x\to x_0$ 时,$f(x)-g(x)$ 是比 $(x-x_0)^2$ 高阶的无穷小.

10. 设 $e<a<b<e^2$,证明:$\ln^2 b-\ln^2 a>\dfrac{4}{e^2}(b-a)$.

11. 设 $y=g(x)$ 由方程 $x^3+y^3-2xy=0$ 确定,试求曲线 $y=g(x)$ 的渐近线.

12. k 为何值时,方程 $x-\ln x+k=0$ 在区间 $0<x<+\infty$ 内

(1) 有相异的两实根;　　(2) 有唯一的根;　　(3) 无实根.

CHAPTER 4 第四章

不定积分

一、目的要求

1. 理解不定积分的概念与性质.
2. 牢记不定积分的基本积分公式.
3. 熟练掌握换元积分法与分部积分法.
4. 掌握较简单的有理函数和三角函数有理式的积分.
5. 注意不定积分的一题多解法.

二、内容提要

1. 常见的12种凑微分形式.

(1) $\int f(ax+b)\mathrm{d}x=\frac{1}{a}\int f(ax+b)\mathrm{d}(ax+b)$;

(2) $\int f(ax^n+b)x^{n-1}\mathrm{d}x=\frac{1}{na}\int f(ax^n+b)\mathrm{d}(ax^n+b)$;

(3) $\int f(\mathrm{e}^x)\mathrm{e}^x\mathrm{d}x=\int f(\mathrm{e}^x)\mathrm{d}(\mathrm{e}^x)$;

(4) $\int f\left(\frac{1}{x}\right)\frac{\mathrm{d}x}{x^2}=-\int f\left(\frac{1}{x}\right)\mathrm{d}\left(\frac{1}{x}\right)$;

(5) $\int f(\ln x)\frac{\mathrm{d}x}{x}=\int f(\ln x)\mathrm{d}(\ln x)$;

(6) $\int f(\sqrt{x})\frac{\mathrm{d}x}{\sqrt{x}}=2\int f(\sqrt{x})\mathrm{d}(\sqrt{x})$;

(7) $\int f(\sin x)\cos x\mathrm{d}x=\int f(\sin x)\mathrm{d}(\sin x)$;

(8) $\int f(\cos x)\sin x\mathrm{d}x=-\int f(\cos x)\mathrm{d}(\cos x)$;

(9) $\int f(\tan x)\sec^2x\mathrm{d}x=\int f(\tan x)\mathrm{d}(\tan x)$;

(10) $\int f(\cot x)\csc^2 x\mathrm{d}x=-\int f(\cot x)\mathrm{d}(\cot x)$;

(11) $\int \dfrac{f(\arcsin x)}{\sqrt{1-x^2}}\mathrm{d}x=\int f(\arcsin x)\mathrm{d}(\arcsin x)$;

(12) $\int \dfrac{f(\arctan x)}{1+x^2}\mathrm{d}x=\int f(\arctan x)\mathrm{d}(\arctan x)$.

2. 常见的变量代换法.

(1) 三角代换.

被积函数 $f(x)$ 含根式	作　代　换	三角形示意图
$\sqrt{a^2-x^2}$	$x=a\sin t$	斜边 a，对边 x，邻边 $\sqrt{a^2-x^2}$，角 t
$\sqrt{a^2+x^2}$	$x=a\tan t$	斜边 $\sqrt{a^2+x^2}$，对边 x，邻边 a，角 t
$\sqrt{x^2-a^2}$	$x=a\sec t$	斜边 x，对边 $\sqrt{x^2-a^2}$，邻边 a，角 t

(2) 倒代换(令 $x=\dfrac{1}{t}$).

适用条件:设 m,n 分别为被积函数的分子、分母关于 x 的最高次数,当 $n-m>1$ 时,用倒代换可望成功.

(3) 指数代换(令 $a^x=t,\mathrm{d}x=\dfrac{1}{\ln a}\cdot\dfrac{\mathrm{d}t}{t}$).

适用条件:被积函数由幂函数构成的代数式.

3. 分部积分法中运用积分式 $\int u\mathrm{d}v=uv-\int v\mathrm{d}u$ 的关键在于 u 与 $\mathrm{d}v$ 的选取,可按"**反、对、幂、三、指**"的顺序前者为 u 后者为 $\mathrm{d}v$.

其中,**反**:反三角函数

对:对数函数

幂:幂函数,也可指多项式函数

三:三角函数

指：指数函数

4. 有理函数的积分总可以化为整式和如下四种类型的积分：

(1) $\int \frac{A}{x-a}\mathrm{d}x = A\ln|x-a|+C$；

(2) $\int \frac{A}{(x-a)^n}\mathrm{d}x = -\frac{A}{n-1}\frac{1}{(x-a)^{n-1}}+C(n\neq 1)$；

(3) $\int \frac{\mathrm{d}x}{(x^2+px+q)^n} = \int \frac{\mathrm{d}x}{\left[\left(x+\frac{p}{2}\right)^2+\frac{4q-p^2}{4}\right]^n} \xlongequal[\text{令}\frac{4q-p^2}{4}=a^2]{\text{令}x+\frac{p}{2}=u} \int \frac{\mathrm{d}u}{(u^2+a^2)^n}$；

(4) $\int \frac{x+a}{(x^2+px+q)^n}\mathrm{d}x = -\frac{1}{2(n-1)}\cdot\frac{1}{(x^2+px+q)^{n-1}}$
$+\left(a-\frac{p}{2}\right)\int \frac{\mathrm{d}x}{(x^2+px+q)^n}$(其中 $p^2-4q<0$).

5. 求简单无理函数的不定积分一般是通过变量代换，去掉根号，化为有理函数的积分进行. 常见的变量代换除三角代换外还有以下常见代换：

类型	积分形式	所作代换
1	$\int R\left(x,\sqrt[n_1]{\frac{ax+b}{cx+d}},\sqrt[n_2]{\frac{ax+b}{cx+d}},\cdots,\sqrt[n_k]{\frac{ax+b}{cx+d}}\right)\mathrm{d}x$	$t^N=\frac{ax+b}{cx+d}$，N 为 $n_1,n_2,\cdots,n_k$ 的最小公倍数
2	$\int R(\sqrt{a-x},\sqrt{b-x})\mathrm{d}x$	$\sqrt{a-x}=\sqrt{b-a}\cdot\tan t$
3	$\int R(\sqrt{x-a},\sqrt{b-x})\mathrm{d}x$	$\sqrt{x-a}=\sqrt{b-a}\cdot\sin t$
4	$\int R(\sqrt{x-a},\sqrt{x-b})\mathrm{d}x$	$\sqrt{x-a}=\sqrt{b-a}\cdot\sec t$

三、复习提问

1. 何谓函数 $f(x)$ 的原函数？何谓 $f(x)$ 的不定积分？不定积分与原函数的关系是什么？

分析 (1) 设函数 $f(x)$ 在区间 I 中有定义，若存在函数 $F(x)$ 使得对于 I 上任一个 x 均有 $F'(x)=f(x)$ 或 $\mathrm{d}F(x)=f(x)\mathrm{d}x$，则称 $F(x)$ 为 $f(x)$ 在 I 上的一个原函数，且其全部原函数记为 $F(x)+C$(C 为任意常数)；

(2) $f(x)$ 在区间 I 上的不定积分即为函数 $f(x)$ 在 I 上的原函数的全体，即

$$\int f(x)\mathrm{d}x = F(x)+C;$$

(3) 不定积分与原函数是两个不同的概念，前者为集合，后者为该集合中的一个元素，因此$\int f(x)\mathrm{d}x \neq F(x)$.

若 $F(x)$，$G(x)$均为 $f(x)$在区间 I 中的原函数，即有

$$\int f(x)\mathrm{d}x = F(x)+C,$$

$$\int f(x)\mathrm{d}x = G(x)+C,$$

则有 $F(x)+C=G(x)+C$，但 $F(x)=G(x)$不一定成立(因为 C 为任意取值，等号两边的 C 不一定相等).

2. $F(x)=\begin{cases} e^x, & x\geqslant 0, \\ -e^{-x}, & x<0 \end{cases}$ 是 $y=e^{|x|}$ $(x\in(-\infty,+\infty))$的原函数吗?

分析 因为 $F(x)$在 $x=0$ 处不连续，不可导，这与原函数的定义矛盾. 正确解法为：令 $G(x)=\begin{cases} e^x, & x\geqslant 0, \\ a-e^{-x}, & x<0, \end{cases}$ 若使 $G(x)$在 $x=0$ 处可导，只能 $a=2$，故$G(x)=\begin{cases} e^x, & x\geqslant 0, \\ 2-e^{-x}, & x<0 \end{cases}$ 才是 $y=e^{|x|}$ 在$(-\infty,+\infty)$上的原函数.

3. 应如何解释下面用分部积分法计算不定积分得到的结论?

因为$\int \frac{\cos x}{\sin x}\mathrm{d}x = \int \frac{1}{\sin x}\mathrm{d}\sin x = \frac{1}{\sin x}\cdot \sin x + \int \frac{\cos x}{\sin^2 x}\sin x\mathrm{d}x = 1+\int \frac{\cos x}{\sin x}\mathrm{d}x$，所以 $0=1$.

分析 虽然$\int \frac{\cos x}{\sin x}\mathrm{d}x = 1+\int \frac{\cos x}{\sin x}\mathrm{d}x$，但不定积分$\int \frac{\cos x}{\sin x}\mathrm{d}x$本身包含任意常数. 事实上，$\int \frac{\cos x}{\sin x}\mathrm{d}x = \ln|\sin x|+C_1+1$ 与$\int \frac{\cos x}{\sin x}\mathrm{d}x = \ln|\sin x|+C_1$ 都是正确的.

四、例题分析

例 1 已知 $f(x)$的原函数为$\frac{\sin x}{x}$，求$\int xf'(2x)\mathrm{d}x$.

分析 此题属于求抽象函数的不定积分，一般采用换元积分法和分部积分法.

解
$$\int xf'(2x)\mathrm{d}x = \frac{1}{2}\int xf'(2x)\mathrm{d}(2x) = \frac{1}{2}\int x\cdot \mathrm{d}[f(2x)]$$
$$= \frac{1}{2}xf(2x) - \frac{1}{2}\int f(2x)\mathrm{d}x$$

$$= \frac{1}{2}xf(2x) - \frac{1}{4}\int f(2x)\mathrm{d}(2x),$$

因为$\frac{\sin x}{x}$为$f(x)$的原函数，所以

$$f(x) = \left(\frac{\sin x}{x}\right)' = \frac{x\cos x - \sin x}{x^2},$$

则
$$f(2x) = \frac{2x\cos x - \sin 2x}{4x^2},$$

故
$$\int xf'(2x)\mathrm{d}x = \frac{2x\cos 2x - \sin 2x}{8x} - \frac{\sin 2x}{8x} + C$$

$$= \frac{1}{4}\cos 2x - \frac{1}{4}\sin 2x + C.$$

例 2 求$\int \max(x^3, x^2, 1)\mathrm{d}x$.

分析 此题属于求分段函数的不定积分，连续函数必有原函数，且原函数连续. 如果分段函数的分界点是函数的第一类间断点，则包含该点在内的区间不存在原函数.

解题步骤：(1) 先分别求出各区间段的不定积分表达式；

(2) 由原函数的连续性确定出各积分常数的关系.

解 令 $f(x) = \max(x^3, x^2, 1) = \begin{cases} x^3, x \geqslant 1, \\ x^2, x \leqslant -1, \\ 1, |x| < 1, \end{cases}$

当 $x \geqslant 1$ 时，$\int f(x)\mathrm{d}x = \int x^3\mathrm{d}x = \frac{1}{4}x^4 + C_1$,

当 $x \leqslant -1$ 时，$\int f(x)\mathrm{d}x = \int x^2\mathrm{d}x = \frac{1}{3}x^3 + C_2$,

当$|x| < 1$ 时，$\int f(x)\mathrm{d}x = \int \mathrm{d}x = x + C_3$.

由原函数的连续性，有

$$\lim_{x \to 1^+}\left(\frac{1}{4}x^4 + C_1\right) = \lim_{x \to 1^-}(x + C_3)，即\frac{1}{4} + C_1 = 1 + C_3. \quad (1)$$

$$又\lim_{x \to -1^+}(x + C_3) = \lim_{x \to -1^-}\left(\frac{1}{3}x^3 + C_2\right)，即 -1 + C_3 = -\frac{1}{3} + C_2. \quad (2)$$

联立(1)、(2)两式，并令 $C_3 = C$，则 $C_1 = \frac{3}{4} + C, C_2 = -\frac{2}{3} + C$，故

$$\int \max(x^3,x^2,1)\mathrm{d}x=\begin{cases}\frac{1}{3}x^3-\frac{2}{3}+C, & x\leqslant -1,\\ x+C, & -1<x<1,\\ \frac{1}{4}x^4+\frac{3}{4}+C, & x\geqslant 1.\end{cases}$$

例 3 求下列不定积分：

(1) $\int \frac{\mathrm{d}x}{x(2+x^{10})}$；(2) $\int \frac{x^{11}\mathrm{d}x}{x^8+3x^4+2}$；(3) $\int \frac{x^{3n-1}}{(x^{2n}+1)^2}\mathrm{d}x$.

分析 求有理函数的不定积分时应先分析被积函数的特点，灵活选择解法，可采用凑微分法或变量代换.

解 (1) $\int \frac{\mathrm{d}x}{x(2+x^{10})}=\int \frac{x^9\mathrm{d}x}{x^{10}(2+x^{10})}=\frac{1}{10}\int \frac{\mathrm{d}(x^{10})}{x^{10}(2+x^{10})}$

$$=\frac{1}{20}\int\left(\frac{1}{x^{10}}-\frac{1}{2+x^{10}}\right)\mathrm{d}(x^{10})$$

$$=\frac{1}{20}[\ln x^{10}-\ln(x^{10}+2)]+C$$

$$=\frac{1}{2}\ln|x|-\frac{1}{20}\ln(x^{10}+2)+C.$$

(2) 令 $x^4=u$，则 $\mathrm{d}u=4x^3\mathrm{d}x$，于是

原式 $=\frac{1}{4}\int \frac{u^2}{u^2+3u+2}\mathrm{d}u=\frac{1}{4}\int\left(1+\frac{1}{u+1}-\frac{4}{u+2}\right)\mathrm{d}u$

$$=\frac{1}{4}(u+\ln|u+1|-4\ln|u+2|)+C$$

$$=\frac{x^4}{4}+\frac{1}{4}\ln(1+x^4)-\ln(x^4+2)+C.$$

(3) 令 $x^n=u$，则 $\mathrm{d}u=nx^{n-1}\mathrm{d}x$，于是

原式 $=\frac{1}{n}\int \frac{u^2\mathrm{d}u}{(1+u^2)^2}=\frac{1}{n}\int \frac{u^2+1-1}{(1+u^2)^2}\mathrm{d}u=\frac{1}{n}\int\left[\frac{1}{1+u^2}-\frac{1}{(1+u^2)^2}\right]\mathrm{d}u$

$$=\frac{1}{n}\arctan u-\frac{1}{n}\int \frac{1}{(1+u^2)^2}\mathrm{d}u,$$

由 $\int \frac{\mathrm{d}u}{(1+u^2)^2}=\int \frac{1+u^2-u^2}{(1+u^2)^2}\mathrm{d}u=\int \frac{\mathrm{d}u}{1+u^2}+\frac{1}{2}\int u\cdot \frac{-2u}{(1+u^2)^2}\mathrm{d}u$

$$=\int \frac{\mathrm{d}u}{1+u^2}+\frac{1}{2}\int u\cdot \mathrm{d}\left(\frac{1}{1+u^2}\right)=\frac{1}{2}\left(\frac{u}{u^2+1}+\int \frac{\mathrm{d}u}{1+u^2}\right),$$

故　原式 $=\frac{1}{n}\arctan u-\frac{1}{n}\left[\frac{u}{2(u^2+1)}+\frac{1}{2}\arctan u\right]+C$

$$=\frac{1}{2n}\arctan(x^n)-\frac{x^n}{2n(x^{2n}+1)}+C.$$

例 4 求下列不定积分：

(1) $\int\frac{\mathrm{d}x}{\sqrt{x}+\sqrt[3]{x}}$；(2) $\int\frac{\mathrm{d}x}{1+\sqrt{x}+\sqrt{x+1}}$；(3) $\int\frac{\sqrt{x(x+1)}}{\sqrt{x}+\sqrt{x+1}}\mathrm{d}x$.

分析 求简单无理函数的不定积分时一般是通过变量代换去掉根号，化为有理函数的积分来进行. 另外，解题时可先尝试将无理函数的分子或分母有理化.

解 (1) $\int\frac{\mathrm{d}x}{\sqrt{x}+\sqrt[3]{x}}\xlongequal{令x=t^6}\int\frac{6t^5}{t^3+t^2}\mathrm{d}t$

$$=6\int\frac{t^3+1-1}{1+t}\mathrm{d}t=6\int\left(t^2-t+1-\frac{1}{1+t}\right)\mathrm{d}t$$

$$=6\left(\frac{1}{3}t^3-\frac{1}{2}t^2+t-\ln|1+t|\right)+C$$

$$=2\sqrt{x}-3\sqrt[3]{x}+6\sqrt[6]{x}-6\ln(1+\sqrt[6]{x})+C.$$

(2) $\int\frac{\mathrm{d}x}{1+\sqrt{x}+\sqrt{x+1}}=\int\frac{1+\sqrt{x}-\sqrt{x+1}}{(1+\sqrt{x}+\sqrt{x+1})(1+\sqrt{x}-\sqrt{x+1})}\mathrm{d}x$

$$=\int\frac{1+\sqrt{x}-\sqrt{x+1}}{2\sqrt{x}}\mathrm{d}x=\sqrt{x}+\frac{1}{2}x-\frac{1}{2}\int\sqrt{\frac{x+1}{x}}\mathrm{d}x,$$

又 $\int\sqrt{\frac{x+1}{x}}\mathrm{d}x=\int\frac{x+1}{\sqrt{x^2+x}}\mathrm{d}x=\int\frac{x+1}{\sqrt{\left(x+\frac{1}{2}\right)^2-\left(\frac{1}{2}\right)^2}}\mathrm{d}x$ （令 $x+\frac{1}{2}=\frac{1}{2}\sec t$）

$$=\int\frac{\frac{1}{2}\sec t+\frac{1}{2}}{\frac{1}{2}\tan t}\cdot\frac{1}{2}\sec t\cdot\tan t\mathrm{d}t=\frac{1}{2}\int(\sec^2t+\sec t)\mathrm{d}t$$

$$=\frac{1}{2}(\tan t+\ln|\sec t+\tan t|)+C$$

$$=\frac{1}{2}(2\sqrt{x^2+x}+\ln|2x+1+2\sqrt{x^2+x}|)+C,$$

故 原积分 $=\sqrt{x}+\frac{1}{2}x-\frac{1}{2}\sqrt{x^2+x}-\frac{1}{4}\ln|2x+1+2\sqrt{x^2+x}|+C.$

(3) $\int\frac{\sqrt{x(x+1)}}{\sqrt{x}+\sqrt{x+1}}\mathrm{d}x=\int\frac{\sqrt{x(x+1)}(\sqrt{x+1}-\sqrt{x})}{(\sqrt{x}+\sqrt{x+1})(\sqrt{x+1}-\sqrt{x})}\mathrm{d}x$

$$=\int(x+1)\sqrt{x}\mathrm{d}x-\int x\sqrt{x+1}\mathrm{d}x$$

$$= \int x^{\frac{3}{2}} \mathrm{d}x + \int x^{\frac{1}{2}} \mathrm{d}x - \int (x+1-1)\sqrt{x+1}\mathrm{d}x$$

$$= \frac{2}{5}x^{\frac{5}{2}} + \frac{2}{3}x^{\frac{3}{2}} - \frac{2}{5}(x+1)^{\frac{5}{2}} + \frac{2}{3}(x+1)^{\frac{3}{2}} + C.$$

例 5 求下列不定积分：

(1) $\int \frac{\mathrm{d}x}{\sin^3 x\cos^5 x}$；(2) $\int \frac{\mathrm{d}x}{1+\sin x+\cos x}$；(3) $\int \sin^5 x\cos^6 x\mathrm{d}x$.

分析 求三角有理式 $\int R(\sin x,\cos x)\mathrm{d}x$ 的积分的基本思路为：

(1) 尽量使分母简单. 为此或将分子、分母同乘以某个因子，把分母化为 $\sin^k x$（或 $\cos^k x$）的单项式，或将分母整个看成一项.

(2) 尽量使 $R(\sin x,\cos x)$ 的幂降低. 为此通常利用倍角公式或积化和差公式以达目的.

解 (1)
$$\frac{1}{\sin^3 x\cos^5 x} = \frac{\sin^2 x+\cos^2 x}{\sin^3 x\cos^5 x} = \frac{1}{\sin x\cos^5 x} + \frac{1}{\sin^3 x\cos^3 x}$$

$$= \frac{\cos^2 x+\sin^2 x}{\sin x\cos^5 x} + \frac{\sin^2 x+\cos^2 x}{\sin^3 x\cos^3 x}$$

$$= \frac{1}{\sin x\cos^3 x} + \frac{\sin x}{\cos^5 x} + \frac{1}{\sin x\cos^3 x} + \frac{1}{\sin^3 x\cos x}$$

$$= \frac{2}{\sin x\cos^3 x} + \frac{\sin x}{\cos^5 x} + \frac{\cos^2 x+\sin^2 x}{\sin^3 x\cos x}$$

$$= \frac{\sin x}{\cos^5 x} + 2\frac{\sin^2 x+\cos^2 x}{\sin x\cos^3 x} + \frac{\cos x}{\sin^3 x} + \frac{1}{\sin x\cos x}$$

$$= \frac{\sin x}{\cos^5 x} + \frac{2\sin x}{\cos^3 x} + \frac{\cos x}{\sin^3 x} + \frac{3}{\sin x\cos x},$$

故 原积分 $= \int \left(\frac{\sin x}{\cos^5 x} + \frac{2\sin x}{\cos^3 x} + \frac{\cos x}{\sin^3 x} + \frac{3}{\sin x\cos x}\right)\mathrm{d}x$

$$= \frac{1}{4\cos^4 x} + \frac{1}{\cos^2 x} - \frac{1}{2\sin^2 x} + 3\ln|\csc 2x - \cot 2x| + C.$$

(2) 因为 $1+\sin x+\cos x = \sin x + (1+\cos x) = 2\sin\frac{x}{2}\cos\frac{x}{2} + 2\cos^2\frac{x}{2}$,

故 原积分 $= \int \frac{\mathrm{d}x}{2\sin\frac{x}{2}\cos\frac{x}{2} + 2\cos^2\frac{x}{2}} = \frac{1}{2}\int \frac{\mathrm{d}x}{\cos^2\frac{x}{2}\left(1+\tan\frac{x}{2}\right)}$

$$= \int \frac{1}{\cos^2\left(\frac{x}{2}\right)\left(1+\tan\frac{x}{2}\right)}\mathrm{d}\left(\frac{x}{2}\right) = \int \frac{1}{1+\tan\frac{x}{2}}\mathrm{d}\left(\tan\frac{x}{2}\right)$$

$$= \ln\left|1+\tan\frac{x}{2}\right|+C.$$

(3) $\int \sin^5 x\cos^6 x\mathrm{d}x = -\int \sin^4 x\cos^6 x\mathrm{d}(\cos x) = -\int (1-\cos^2 x)^2\cos^6 x\mathrm{d}(\cos x)$

$$= -\int (\cos^6 x - 2\cos^8 x + \cos^{10} x)\mathrm{d}(\cos x)$$

$$= -\frac{1}{7}\cos^7 x + \frac{2}{9}\cos^9 x - \frac{1}{11}\cos^{11} x + C.$$

例 6 求下列不定积分：

(1) $\int \frac{\arccos x}{\sqrt{(1-x^2)^3}}\mathrm{d}x$；　　(2) $\int \frac{\operatorname{arccot}(\mathrm{e}^x)}{\mathrm{e}^x}\mathrm{d}x$.

分析 求含有反三角函数的不定积分时一般可直接令反三角函数为一新变量或利用分部积分法.

解 (1) 令 $\arccos x = u, x = \cos u, \mathrm{d}x = -\sin u\mathrm{d}u$，于是

原积分 $= \int \frac{u}{\sin^3 u}(-\sin u\mathrm{d}u) = \int u\mathrm{d}(\cot u)$

$$= u\cot u - \int \cot u\mathrm{d}u = u\cot u - \ln|\sin u| + C$$

$$= \frac{x}{\sqrt{1-x^2}}\arccos x - \frac{1}{2}\ln|1-x^2| + C.$$

(2) $\int \frac{\operatorname{arccot}(\mathrm{e}^x)}{\mathrm{e}^x}\mathrm{d}x = -\mathrm{e}^{-x}\operatorname{arccot}(\mathrm{e}^x) + \int \mathrm{e}^{-x}\left(-\frac{\mathrm{e}^x}{1+\mathrm{e}^{2x}}\right)\mathrm{d}x$

$$= -\mathrm{e}^{-x}\operatorname{arccot}(\mathrm{e}^x) - \int \frac{1}{\mathrm{e}^x(1+\mathrm{e}^{2x})}\mathrm{d}(\mathrm{e}^x)$$

$$= -\mathrm{e}^{-x}\operatorname{arccot}(\mathrm{e}^x) - \int \left(\frac{1}{\mathrm{e}^x} - \frac{\mathrm{e}^x}{1+\mathrm{e}^{2x}}\right)\mathrm{d}(\mathrm{e}^x)$$

$$= -\mathrm{e}^{-x}\operatorname{arccot}(\mathrm{e}^x) - \ln\mathrm{e}^x + \frac{1}{2}\ln(1+\mathrm{e}^{2x}) + C$$

$$= -\mathrm{e}^{-x}\operatorname{arccot}(\mathrm{e}^x) - x + \frac{1}{2}\ln(1+\mathrm{e}^{2x}) + C.$$

例 7 建立下列不定积分的递推公式：

(1) $I_n = \int \frac{1}{(x^2+a^2)^n}\mathrm{d}x$；　　(2) $I_n = \int \tan^n x\mathrm{d}x$.

分析 解决此类题目一般采用分部积分法.

解 (1) $I_n = \frac{x}{(x^2+a^2)^n} + 2n\int \frac{x^2+a^2-a^2}{(x^2+a^2)^{n+1}}\mathrm{d}x$

$$= \frac{x}{(x^2+a^2)^n} + 2nI_n - 2na^2\int\frac{dx}{(x^2+a^2)^{n+1}}$$

$$= \frac{x}{(x^2+a^2)^n} + 2nI_n - 2na^2 I_{n+1},$$

则
$$I_{n+1} = \frac{1}{2na^2}\left[\frac{x}{(x^2+a^2)^n} + (2n-1)I_n\right],$$

所以 $I_n = \frac{1}{2(n-1)a^2}\left[\frac{x}{(x^2+a^2)^{n-1}} + (2n-3)I_{n-1}\right]$.

(2) $I_n = \int\tan^{n-2}x\cdot\tan^2 x\,dx = \int\tan^{n-2}x\cdot(\sec^2 x-1)dx$

$$= \int\tan^{n-2}x\cdot d(\tan x) - \int\tan^{n-2}x\,dx$$

$$= \frac{1}{n-1}\tan^{n-1}x - I_{n-2}.$$

例 8 求下列不定积分：

(1) $\int\frac{\sin x}{\sin x+\cos x}dx$；　　　　(2) $\int\frac{1}{1+x^4}dx$.

分析 不定积分的求解方法并不唯一，应在解题过程中灵活应用.

解 (1) 解法一 令 $\tan\frac{x}{2}=t$，

$$\int\frac{\sin x}{\sin x+\cos x}dx = \int\frac{\frac{2t}{1+t^2}\cdot\frac{2}{1+t^2}}{\frac{2t}{1+t^2}+\frac{1-t^2}{1+t^2}}dt = \int\frac{4t\,dt}{(1+2t-t^2)(1+t^2)}$$

$$= \int\left(\frac{1}{2}\cdot\frac{1}{\sqrt{2}+1-t} - \frac{1}{2}\cdot\frac{1}{\sqrt{2}-1+t} + \frac{1+t}{1+t^2}\right)dt$$

$$= -\frac{1}{2}\ln|\sqrt{2}+1-t| - \frac{1}{2}\ln|\sqrt{2}-1+t|$$

$$+ \frac{1}{2}\ln(1+t^2) + \arctan t + C$$

$$= -\frac{1}{2}\ln\left|1+2\tan\frac{x}{2}-\tan^2\frac{x}{2}\right| + \frac{1}{2}\ln\left(1+\tan^2\frac{x}{2}\right)$$

$$+ \arctan\left(\tan\frac{x}{2}\right) + C.$$

解法二 $\int\frac{\sin x}{\sin x+\cos x}dx = \int\frac{\sin x+\cos x-\cos x}{\sin x+\cos x}dx$

$$= \int\left(1-\frac{\cos x-\sin x+\sin x}{\sin x+\cos x}\right)dx$$

$$= x - \int \frac{d(\sin x + \cos x)}{\sin x + \cos x} - \int \frac{\sin x}{\sin x + \cos x} dx,$$

故　原积分 $= \frac{1}{2}(x - \ln|\sin x + \cos x|) + C$.

解法三　令 $I_1 = \int \frac{\sin x}{\sin x + \cos x} dx, I_2 = \int \frac{\cos x}{\sin x + \cos x} dx$,

所以　　$I_1 + I_2 = \int dx = x + C_1$,

$$I_1 - I_2 = \int \frac{\sin x - \cos x}{\sin x + \cos x} dx = -\ln|\sin x + \cos x| + C_2,$$

于是　　$I_1 = \frac{1}{2}(x - \ln|\sin x + \cos x|) + C$.

(2) 解法一　用待定系数法，设 $\frac{1}{x^4+1} = \frac{Ax+B}{x^2+\sqrt{2}\cdot x+1} + \frac{Cx+D}{x^2-\sqrt{2}\cdot x+1}$，经计算得 $A = \frac{\sqrt{2}}{4}, B = \frac{1}{2}, C = -\frac{\sqrt{2}}{4}, D = \frac{1}{2}$，于是

$$\int \frac{dx}{1+x^4} = \int \frac{\frac{\sqrt{2}}{4}x + \frac{1}{2}}{x^2 + x\sqrt{2} + 1} dx + \int \frac{-\frac{\sqrt{2}}{4}x + \frac{1}{2}}{x^2 - x\sqrt{2} + 1} dx$$

$$= \frac{\sqrt{2}}{4} \int \frac{\left(x + \frac{\sqrt{2}}{2}\right) dx}{\left(x + \frac{\sqrt{2}}{2}\right)^2 + \frac{1}{2}} + \frac{1}{4} \int \frac{dx}{\left(x + \frac{\sqrt{2}}{2}\right)^2 + \frac{1}{2}}$$

$$- \frac{\sqrt{2}}{4} \int \frac{\left(x - \frac{\sqrt{2}}{2}\right) dx}{\left(x - \frac{\sqrt{2}}{2}\right)^2 + \frac{1}{2}} + \frac{1}{4} \int \frac{dx}{\left(x - \frac{\sqrt{2}}{2}\right)^2 + \frac{1}{2}}$$

$$= \frac{1}{4\sqrt{2}} [\ln(x^2 + x\sqrt{2} + 1) - \ln(x^2 - x\sqrt{2} + 1)]$$

$$+ \frac{\sqrt{2}}{4} \left[\arctan\left(\frac{2x + \sqrt{2}}{\sqrt{2}}\right) + \arctan\left(\frac{2x - \sqrt{2}}{\sqrt{2}}\right)\right] + C$$

$$= \frac{1}{4\sqrt{2}} \ln \frac{x^2 + x\sqrt{2} + 1}{x^2 - x\sqrt{2} + 1} + \frac{\sqrt{2}}{4} \arctan\left(\frac{x\sqrt{2}}{1 - x^2}\right) + C.$$

解法二

$$\int \frac{dx}{1+x^4} = \frac{1}{2} \int \frac{x^2+1}{x^4+1} dx - \frac{1}{2} \int \frac{x^2-1}{x^4+1} dx$$

$$=\frac{1}{2}\int\frac{1+\frac{1}{x^2}}{x^2+\frac{1}{x^2}}dx-\frac{1}{2}\int\frac{1-\frac{1}{x^2}}{x^2+\frac{1}{x^2}}dx$$

$$=\frac{1}{2}\left[\int\frac{d\left(x-\frac{1}{x}\right)}{\left(x-\frac{1}{x}\right)^2+2}-\int\frac{d\left(x+\frac{1}{x}\right)}{\left(x+\frac{1}{x}\right)^2-2}\right]$$

$$=\frac{1}{2\sqrt{2}}\arctan\left(\frac{x^2-1}{x\sqrt{2}}\right)-\frac{1}{4\sqrt{2}}\ln\frac{x^2-x\sqrt{2}+1}{x^2+x\sqrt{2}+1}+C_1.$$

注意到 $\arctan\left(\frac{x^2-1}{x\sqrt{2}}\right)=\frac{\pi}{2}+\arctan\left(\frac{x\sqrt{2}}{1-x^2}\right)$，则可得

$$\int\frac{dx}{1+x^4}=\frac{1}{2\sqrt{2}}\arctan\left(\frac{x\sqrt{2}}{1-x^2}\right)+\frac{1}{4\sqrt{2}}\ln\frac{x^2-x\sqrt{2}+1}{x^2+x\sqrt{2}+1}+C.$$

例 9 设 $y(x-y)^2=x$，求 $\int\frac{1}{x-3y}dx$.

解 令 $x-y=t$，则 $y=x-t$，代入 $y(x-y)^2=x$，得 $(x-t)t^2=x$，则 $x=\frac{t^3}{t^2-1}$，$y=\frac{t}{t^2-1}$，$dx=\frac{t^2(t^2-3)}{(t^2-1)^2}dt$.

故 $$I=\int\frac{1}{\frac{t^3}{t^2-1}-\frac{3t}{t^2-1}}\cdot\frac{t^2(t^2-3)}{(t^2-1)^2}dt$$

$$=\int\frac{t^2-1}{t(t^2-3)}\cdot\frac{t^2(t^2-3)}{(t^2-1)^2}dt=\int\frac{t}{t^2-1}dt$$

$$=\frac{1}{2}\ln|t^2-1|+C=\frac{1}{2}\ln|(x-y)^2-1|+C.$$

例 10 设 $f(x^2-1)=\ln\frac{x^2}{x^2-2}$，且 $f[\varphi(x)]=\ln x$，求 $\int\varphi(x)dx$.

解 因为 $f(x^2-1)=\ln\frac{(x^2-1)+1}{(x^2-1)-1}$，所以 $f(x)=\ln\frac{x+1}{x-1}$.

又 $f[\varphi(x)]=\ln\frac{\varphi(x)+1}{\varphi(x)-1}=\ln x$，从而$\frac{\varphi(x)+1}{\varphi(x)-1}=x$，进而 $\varphi(x)=\frac{x+1}{x-1}$，于是

$$\int\varphi(x)dx=\int\frac{x+1}{x-1}dx=\int\left(1+\frac{2}{x-1}\right)dx$$

$$=x+2\ln|x-1|+C.$$

五、自测练习

A 组

1. 求下列不定积分：

(1) $\int e^{-\frac{1}{2}x+1}dx$；

(2) $\int \frac{x^2}{\sqrt{a^2-x^2}}dx$；

(3) $\int x\left(\frac{\sin x}{x}\right)''dx$；

(4) $\int \frac{x-\arctan\sqrt{x}}{\sqrt{x}(1+x)}dx$；

(5) $\int \frac{\sqrt{\ln(x+\sqrt{1+x^2})+5}}{\sqrt{1+x^2}}dx$；

(6) $\int \frac{\arctan\frac{1}{x}}{1+x^2}dx$；

(7) $\int \frac{xdx}{(x^2+1)\sqrt{1-x^2}}$；

(8) $\int \frac{x^3}{(1+x^2)^{\frac{3}{2}}}dx$；

(9) $\int \frac{dx}{x(x^7+2)}$；

(10) $\int \frac{dx}{1+e^{\frac{x}{2}}+e^{\frac{x}{3}}+e^{\frac{x}{6}}}$；

(11) $\int \sin(\ln x)dx$；

(12) $\int \frac{\sin x}{a\sin x+b\cos x}dx(ab\neq 0)$.

2. 设 $f(x)=\begin{cases}1, & x<0,\\ x+1, & 0\leqslant x\leqslant 1,\\ 2x, & x>1,\end{cases}$ 求 $\int f(x)dx$.

3. 求解下列不定积分：

(1) $\int\left[\frac{f(x)}{f'(x)}-\frac{f^2(x)f''(x)}{[f'(x)]^3}\right]dx$；

(2) $\int \frac{f'(\ln x)}{x\sqrt{f(\ln x)}}dx$.

B 组

1. 求下列不定积分：

(1) $\int \frac{\sqrt{x-1}\arctan\sqrt{x-1}}{x}dx$；

(2) $\int \tan^5 x\cdot\sec^3 x dx$；

(3) $\int \frac{1+\cos x}{1+\sin^2 x}dx$；

(4) $\int \frac{1}{\sin^6 x+\cos^6 x}dx$；

(5) $\int x\sqrt{\frac{x}{2a-x}}dx$；

(6) $\int \frac{1}{(x+1)^3\cdot\sqrt{x^2+2x}}dx$；

(7) $\int \frac{\cos^2 x-\sin x}{\cos x(1+\cos x\cdot e^{\sin x})}dx$；

(8) $\int \frac{dx}{\sin x\sqrt{1+\cos x}}$；

(9) $\int \frac{x\ln(x+\sqrt{1+x^2})}{(1-x^2)^2}\mathrm{d}x$；　　(10) $\int \frac{\mathrm{d}x}{\sin(x+a)\sin(x+b)}$.

2. 设 $f'(\mathrm{e}^x)=a\sin x+b\cos x, a^2+b^2\neq 0$，求 $f(x)$.

3. 已知 $f(x), g(x)$ 连续可导，且 $f'(x)=g(x), g'(x)=f(x)+\varphi(x)$，其中 $\varphi(x)$ 为某已知连续函数，$g(x)$ 满足方程 $g'(x)-xg(x)=\cos x+\varphi(x)$，求不定积分 $\int xf''(x)\mathrm{d}x$.

4. 设 $F(x)$ 为 $f(x)$ 的原函数，且 $F(0)=1$，当 $x\geqslant 0$ 时，有 $f(x)F(x)=\sin^2 2x$，$F(x)\geqslant 0$，求 $f(x)$.

5. 设当 $x\neq 0$ 时，$f'(x)$ 连续，求 $\int \frac{xf'(x)-(1+x)f(x)}{x^2\mathrm{e}^x}\mathrm{d}x$.

CHAPTER 5

第五章

定 积 分

一、目的要求

1. 理解定积分的概念与性质,特别是积分中值定理.

2. 了解定积分的可积条件.

3. 理解上限为变量的定积分及其求导定理,掌握变限定积分所表示的函数的求导方法.

4. 了解原函数存在定理,熟练掌握牛顿-莱布尼茨公式.

5. 熟练掌握计算定积分的换元法及分部积分法.

6. 理解广义积分收敛与发散的概念,掌握其基本计算方法.

二、内容提要

1. 定积分的概念.

(1) 定义 $\int_a^b f(x)\mathrm{d}x=\lim\limits_{\lambda\to 0}\sum\limits_{i=1}^{n}f(\xi_i)\Delta x_i$.

注意定积分是与被积函数 $f(x)$ 及积分区间$[a,b]$有关的常数,而与积分变量的选取无关,即

$$\int_a^b f(x)\mathrm{d}x=\int_a^b f(t)\mathrm{d}t.$$

(2) 可积条件(存在条件):

① 若 $f(x)$在$[a,b]$上连续,则 $f(x)$在$[a,b]$上可积;

② 若 $f(x)$是在$[a,b]$上只有有限个间断点的有界函数,则 $f(x)$在$[a,b]$上可积.

2. 定积分的性质.

(1) $\int_a^b[\alpha f(x)+\beta g(x)]\mathrm{d}x=\alpha\int_a^b f(x)\mathrm{d}x+\beta\int_a^b g(x)\mathrm{d}x$ (α,β 为常数);

(2) $\int_a^b f(x)\mathrm{d}x=\int_a^c f(x)\mathrm{d}x+\int_c^b f(x)\mathrm{d}x$;

(3) 若在$[a,b]$上 $f(x)\leqslant g(x)$，则 $\int_a^b f(x)\mathrm{d}x\leqslant\int_a^b g(x)\mathrm{d}x$；

特别地，① $\left|\int_a^b f(x)\mathrm{d}x\right|\leqslant\int_a^b |f(x)|\mathrm{d}x$；

② 若$\forall x\in[a,b]$，有 $m\leqslant f(x)\leqslant M$，则

$$m(b-a)\leqslant\int_a^b f(x)\mathrm{d}x\leqslant M(b-a).$$

(4) 积分中值定理　若 $f(x)$在$[a,b]$上连续，则在$[a,b]$上至少存在一点 ξ，使得

$$\int_a^b f(x)\mathrm{d}x=f(\xi)(b-a).$$

3. 积分变限函数的求导法则.

(1) $\dfrac{\mathrm{d}}{\mathrm{d}x}\int_a^x f(t)\mathrm{d}t=f(x)$；

(2) $\dfrac{\mathrm{d}}{\mathrm{d}x}\int_a^{\beta(x)} f(t)\mathrm{d}t=f[\beta(x)]\beta'(x)$；

(3) $\dfrac{\mathrm{d}}{\mathrm{d}x}\int_{\alpha(x)}^{\beta(x)} f(t)\mathrm{d}t=f[\beta(x)]\beta'(x)-f[\alpha(x)]\alpha'(x)$.

注　$\int_a^x f(t)\mathrm{d}t$ 是$[a,b]$上连续函数 $f(x)$的一个原函数.

4. 牛顿-莱布尼茨公式.

若 $f(x)$在$[a,b]$上连续，$F(x)$为 $f(x)$在$[a,b]$上的一个原函数，则

$$\int_a^b f(x)\mathrm{d}x=F(b)-F(a).$$

5. 定积分的计算方法.

(1) 换元积分法.

若 $f(x)$在$[a,b]$上连续，$x=\varphi(t)$在$[\alpha,\beta]$上单调且具有连续导数，$\varphi(\alpha)=a$，$\varphi(\beta)=b$，则

$$\int_a^b f(x)\mathrm{d}x=\int_\alpha^\beta f[\varphi(t)]\varphi'(t)\mathrm{d}t.$$

(2) 分部积分法.

若 $u'(x)$及 $v'(x)$在$[a,b]$上均连续，则

$$\int_a^b u\mathrm{d}v=[uv]_a^b-\int_a^b v\mathrm{d}u.$$

(3) 常用积分公式.

① $\int_{-a}^a f(x)\mathrm{d}x=\int_0^a[f(x)+f(-x)]\mathrm{d}x$；

② $\int_{-a}^{a} f(x)\mathrm{d}x = \begin{cases} 0, & f(x) \text{ 为奇函数}, \\ 2\int_{0}^{a} f(x)\mathrm{d}x, & f(x) \text{ 为偶函数}; \end{cases}$

③ 若 $f(x)$ 以 T 为周期，则

$$\int_{a}^{a+T} f(x)\mathrm{d}x = \int_{0}^{T} f(x)\mathrm{d}x;$$

④ $\int_{0}^{\pi} x f(\sin x)\mathrm{d}x = \frac{\pi}{2}\int_{0}^{\pi} f(\sin x)\mathrm{d}x$;

⑤ $\int_{0}^{\frac{\pi}{2}} f(\sin x)\mathrm{d}x = \int_{0}^{\frac{\pi}{2}} f(\cos x)\mathrm{d}x$;

⑥ $\int_{0}^{\frac{\pi}{2}} \sin^n x\mathrm{d}x = \int_{0}^{\frac{\pi}{2}} \cos^n x\mathrm{d}x = \begin{cases} \frac{n-1}{n}\cdot\frac{n-3}{n-2}\cdot\cdots\cdot\frac{3}{4}\cdot\frac{1}{2}\cdot\frac{\pi}{2}, n \text{ 为正偶数}, \\ \frac{n-1}{n}\cdot\frac{n-3}{n-2}\cdot\cdots\cdot\frac{4}{5}\cdot\frac{2}{3}\cdot 1, n \text{ 为大于 1 的奇数}. \end{cases}$

6. 广义积分.

(1) 无穷限广义积分.

若 $f(x)$ 在积分区间连续，则

$$\int_{a}^{+\infty} f(x)\mathrm{d}x = \lim_{b\to+\infty}\int_{a}^{b} f(x)\mathrm{d}x \ (a < b);$$

$$\int_{-\infty}^{b} f(x)\mathrm{d}x = \lim_{a\to-\infty}\int_{a}^{b} f(x)\mathrm{d}x \ (a < b);$$

$$\int_{-\infty}^{+\infty} f(x)\mathrm{d}x = \lim_{a\to-\infty}\int_{a}^{0} f(x)\mathrm{d}x + \lim_{b\to+\infty}\int_{0}^{b} f(x)\mathrm{d}x.$$

(2) 无界函数的广义积分.

若 $f(x)$ 在 $(a,b]$ 上连续，在点 a 的右邻域内无界，则

$$\int_{a}^{b} f(x)\mathrm{d}x = \lim_{\varepsilon\to0^+}\int_{a+\varepsilon}^{b} f(x)\mathrm{d}x \ (0 < \varepsilon < b-a);$$

若 $f(x)$ 在 $[a,b)$ 上连续，在点 b 的左邻域内无界，则

$$\int_{a}^{b} f(x)\mathrm{d}x = \lim_{\varepsilon\to0^+}\int_{a}^{b-\varepsilon} f(x)\mathrm{d}x \ (0 < \varepsilon < b-a);$$

若 $f(x)$ 在 $[a,c)$ 及 $(c,b]$ 上连续，在点 c 的邻域内无界，则

$$\int_{a}^{b} f(x)\mathrm{d}x = \lim_{\varepsilon\to0^+}\int_{a}^{c-\varepsilon} f(x)\mathrm{d}x + \lim_{\varepsilon'\to0^+}\int_{c+\varepsilon'}^{b} f(x)\mathrm{d}x (0 < \varepsilon < c-a, 0 < \varepsilon' < b-c).$$

以上各定义中，若极限存在，则称广义积分收敛，否则称其发散.

三、复习提问

1. 建立定积分模型的基本方法与步骤是什么？

2. 你学过的可积的充分条件有哪些？

3. 可积与存在原函数之间有没有蕴含关系？

4. 可积与连续之间的关系如何？

5. 若 $f(x)\leqslant g(x)$，问 $\int_a^b f(x)\mathrm{d}x\leqslant\int_a^b g(x)\mathrm{d}x$ 一定成立吗？

6. 若 $f(x)$ 在 $[a,b]$ 上逐段连续，则积分中值公式

$$\int_a^b f(x)\mathrm{d}x = f(\xi)(b-a)\ (a\leqslant\xi\leqslant b)$$

是否一定成立？若不成立，试举例说明.

7. 定积分与不定积分之间有何区别与联系？它们的几何意义分别是什么？

8. 用不定积分的第二换元积分法，要回到原变量，为什么定积分计算采用第二类换元积分法时可以不回到原变量？二者对换元函数 $x=\varphi(t)$ 有何不同要求？

9. 广义积分与定积分之间有何区别与联系？

10. 判断正误：

(1) $\int_{-1}^{1}\frac{1}{1+x^2}\mathrm{d}x\xlongequal{x=\frac{1}{t}}-\int_{-1}^{1}\frac{1}{1+t^2}\mathrm{d}t=-\frac{\pi}{2}$.

(2) 因 $\frac{1}{x}$ 为奇函数，故 $\int_{-1}^{1}\frac{1}{x}\mathrm{d}x=0$，同理 $\int_{-\infty}^{+\infty}\frac{x}{\sqrt{1+x^2}}\mathrm{d}x=0$.

(3) $\int_{-2}^{-\sqrt{2}}\frac{1}{x\sqrt{x^2-1}}\mathrm{d}x\xlongequal{x=\sec t}\int_{\frac{2}{3}\pi}^{\frac{3}{4}\pi}\frac{\tan t\sec t}{\sec t\tan t}\mathrm{d}t=\frac{\pi}{12}$.

四、例题分析

1. 与定积分的概念及性质有关的问题.

例 1 计算下列极限：

(1) $\lim\limits_{n\to\infty}n\left(\frac{1}{n^2+1^2}+\frac{1}{n^2+2^2}+\cdots+\frac{1}{n^2+n^2}\right)$；

(2) $\lim\limits_{n\to\infty}\ln\sqrt[n]{\left(1+\frac{1}{n}\right)\left(1+\frac{2}{n}\right)\cdots\left(1+\frac{n}{n}\right)}$；

(3) $\lim\limits_{n\to\infty}\left(\frac{\sin\frac{\pi}{n}}{n+1}+\frac{\sin\frac{2\pi}{n}}{n+\frac{1}{2}}+\cdots+\frac{\sin\pi}{n+\frac{1}{n}}\right)$；

(4) $\lim\limits_{n\to\infty}\int_n^{n+2}\frac{x^2}{\mathrm{e}^{x^2}}\mathrm{d}x$.

分析 定积分是特殊结构的和式极限，只要见到这种结构的数列极限就要想

到用定积分处理，如 $\lim\limits_{n\to\infty}\sum\limits_{i=1}^{n}f\left(\frac{i}{n}\right)\frac{1}{n}=\int_0^1 f(x)\mathrm{d}x$，$\lim\limits_{n\to\infty}\sum\limits_{i=1}^{n}f\left(a+\frac{b-a}{n}i\right)\frac{b-a}{n}=\int_a^b f(x)\mathrm{d}x$.

解 (1) 原式 $=\lim\limits_{n\to\infty}\left(\frac{1}{1+\frac{1^2}{n^2}}+\frac{1}{1+\frac{2^2}{n^2}}+\cdots+\frac{1}{1+\frac{n^2}{n^2}}\right)\cdot\frac{1}{n}$

$$=\lim_{n\to\infty}\sum_{i=1}^{n}\frac{1}{1+\left(\frac{i}{n}\right)^2}\cdot\frac{1}{n}=\int_0^1\frac{\mathrm{d}x}{1+x^2}=\frac{\pi}{4}.$$

(2) 原式 $=\lim\limits_{n\to\infty}\frac{1}{n}\left[\ln\left(1+\frac{1}{n}\right)+\ln\left(1+\frac{2}{n}\right)+\cdots+\ln\left(1+\frac{n}{n}\right)\right]$

$$=\lim_{n\to\infty}\sum_{i=1}^{n}\ln\left(1+\frac{i}{n}\right)\frac{1}{n}=\int_1^2\ln x\mathrm{d}x=2\ln 2-1.$$

(3) 因 $\frac{n}{n+1}\sum\limits_{i=1}^{n}\sin\frac{i\pi}{n}\cdot\frac{1}{n}\leqslant\sum\limits_{i=1}^{n}\frac{\sin\frac{i\pi}{n}}{n+\frac{1}{i}}\leqslant\sum\limits_{i=1}^{n}\sin\frac{i\pi}{n}\cdot\frac{1}{n}$，

而 $\lim\limits_{n\to\infty}\sum\limits_{i=1}^{n}\sin\frac{i\pi}{n}\cdot\frac{1}{n}=\int_0^1\sin\pi x\mathrm{d}x=\frac{2}{\pi}$，又 $\lim\limits_{n\to\infty}\frac{n}{n+1}=1$，

故由夹逼准则，原式 $=\frac{2}{\pi}$.

(4) 解法一　由积分中值定理 $\int_n^{n+2}\frac{x^2}{\mathrm{e}^{x^2}}\mathrm{d}x=\frac{2\xi^2}{\mathrm{e}^{\xi^2}}$，$\xi\in[n,n+2]$.

因 $n\to\infty$ 时，$\xi\to+\infty$，于是，原式 $=0$.

解法二　因 $x\in[n,n+2]$ 时，$0\leqslant\frac{x^2}{\mathrm{e}^{x^2}}\leqslant\frac{(n+2)^2}{\mathrm{e}^{n^2}}$，于是

$$0\leqslant\int_n^{n+2}\frac{x^2}{\mathrm{e}^{x^2}}\mathrm{d}x\leqslant\int_n^{n+2}\frac{(n+2)^2}{\mathrm{e}^{n^2}}\mathrm{d}x=\frac{2(n+2)^2}{\mathrm{e}^{n^2}}\to 0\,(n\to\infty),$$

由夹逼准则，原式 $=0$.

注　(2)中和式极限也可表示为 $\int_0^1\ln(1+x)\mathrm{d}x$.

思考　(1) 根据例 1 中(2)的结果，如何计算 $\lim\limits_{n\to\infty}\frac{\sqrt[n]{(1+n)(2+n)\cdots(n+n)}}{n}$？

(答：取对数化乘积为和式，上式 $=\mathrm{e}^{2\ln 2-1}=\frac{4}{\mathrm{e}}$)

(2) 例 1 中(3)式中的和式去掉有限项，和式的极限会改变吗？

（答：不会，其中有限项的和的极限为零）

例 2 设 $n>1$，证明：$\dfrac{1}{2(n+1)}<\displaystyle\int_0^1\dfrac{x^n}{1+x^2}\mathrm{d}x<\dfrac{1}{2n}$.

分析 定积分性质中有比较与估值定理，此题可把不等式两端看成是定积分的值.

证明 $\forall x\in(0,1)$，有

$$\frac{x^n}{1+1}<\frac{x^n}{1+x^2}<\frac{x^n}{2x},$$

而
$$\int_0^1\frac{x^n}{2}\mathrm{d}x=\frac{1}{2(n+1)},\int_0^1\frac{x^n}{2x}\mathrm{d}x=\frac{1}{2n},$$

故
$$\frac{1}{2(n+1)}<\int_0^1\frac{x^n}{1+x^n}\mathrm{d}x<\frac{1}{2n}.$$

2. 与积分变限函数有关的问题.

例 3 设函数 $f(x)$连续，且 $f(0)\neq 0$，求极限：$\lim\limits_{x\to 0}\dfrac{\displaystyle\int_0^x(x-t)f(t)\mathrm{d}t}{x\displaystyle\int_0^x f(x-t)\mathrm{d}t}$.

分析 求解此类问题一般用洛必达法则.

解 因 $\displaystyle\int_0^x f(x-t)\mathrm{d}t\xlongequal{x-t=u}\int_x^0 f(u)(-\mathrm{d}u)=\int_0^x f(u)\mathrm{d}u$,

故
$$\text{原式}=\lim_{x\to 0}\frac{x\displaystyle\int_0^x f(t)\mathrm{d}t-\int_0^x tf(t)\mathrm{d}t}{x\displaystyle\int_0^x f(u)\mathrm{d}u}$$

$$=\lim_{x\to 0}\frac{\displaystyle\int_0^x f(t)\mathrm{d}t+xf(x)-xf(x)}{\displaystyle\int_0^x f(u)\mathrm{d}u+xf(x)}=\lim_{x\to 0}\frac{\displaystyle\int_0^x f(t)\mathrm{d}t}{\displaystyle\int_0^x f(u)\mathrm{d}u+xf(x)}$$

$$\xlongequal{\text{积分中值定理}}\lim_{x\to 0}\frac{xf(\xi)}{xf(\xi)+xf(x)}=\frac{f(0)}{f(0)+f(0)}$$

$$=\frac{1}{2}\text{（因 }x\to 0\text{ 时，}\xi\to 0\text{，且 }f(x)\text{连续）}.$$

注 （1）此被积函数中混杂积分上限变量，必须给予处理. 若显含，则直接提到积分号外；若隐含，则必须进行定积分的第二类换元，使被积函数中的积分上限变量或成为显含形式，或变到积分限上.

（2）此题不可两次使用洛必达法则，因 $f(x)$的可导性未知.

例 4 求可微函数 $f(x)$，使其满足

$$f^2(x)=\int_0^x f(t)\frac{\sin t}{2+\sin t}\mathrm{d}t.$$

分析 此类积分方程问题，一般是求导，变为微分方程，再求解.

解 等式两边对 x 求导，得

$$2f(x)f'(x)=f(x)\frac{\sin x}{2+\cos x},$$

不妨设 $f(x)\neq 0$，则

$$f'(x)=\frac{1}{2}\cdot\frac{\sin x}{2+\cos x},$$

$$f(x)=\int f'(x)\mathrm{d}x=\frac{1}{2}\int\frac{\sin x}{2+\cos x}\mathrm{d}x=-\frac{1}{2}\ln(2+\cos x)+C,$$

而 $f(0)=0$，得 $C=\frac{1}{2}\ln 3$，于是 $f(x)=\frac{1}{2}\ln\frac{3}{2+\cos x}$.

注 容易忽视的问题是 $f(0)=0$，因而不计算常数 C.

3. 定积分与广义积分的计算.

例 5 计算下列定积分：

(1) $\int_{-\frac{\pi}{4}}^{\frac{\pi}{4}}\left(\frac{x^3\sqrt{4-x^2}}{1+\sin^2 x}+\frac{\cos x}{1+\mathrm{e}^x}\right)\mathrm{d}x$； (2) $\int_0^{n\pi}\sqrt{1-\sin 2x}\,\mathrm{d}x$；

(3) $\int_0^1 x\left(\int_1^{x^2}\mathrm{e}^{-t^2}\mathrm{d}t\right)\mathrm{d}x$； (4) $\int_0^{\frac{\pi}{4}}\ln(1+\tan x)\mathrm{d}x$.

解 (1) 由于 $\frac{x^3\sqrt{4-x^2}}{1+\sin^2 x}$ 是奇函数，于是

$$\text{原式}=\int_0^{\frac{\pi}{4}}\left(\frac{\cos x}{1+\mathrm{e}^x}+\frac{\cos x}{1+\mathrm{e}^{-x}}\right)\mathrm{d}x\quad\left(\text{利用}\int_{-a}^{a}f(x)\mathrm{d}x=\int_0^a[f(x)+f(-x)]\mathrm{d}x\right)$$

$$=\int_0^{\frac{\pi}{4}}\left(\frac{\cos x}{1+\mathrm{e}^x}+\frac{\cos x}{1+\mathrm{e}^x}\mathrm{e}^x\right)\mathrm{d}x$$

$$=\int_0^{\frac{\pi}{4}}\cos x\mathrm{d}x=\frac{\sqrt{2}}{2}.$$

(2) $\sqrt{1-\sin 2x}=\sqrt{(\sin x-\cos x)^2}=|\sin x-\cos x|$，它是以 π 为周期的周期函数，故

$$\text{原式}=n\int_0^{\pi}|\sin x-\cos x|\mathrm{d}x$$

$$=n\left[\int_0^{\frac{\pi}{4}}(\cos x-\sin x)\mathrm{d}x+\int_{\frac{\pi}{4}}^{\pi}(\sin x-\cos x)\mathrm{d}x\right]$$

$$=2\sqrt{2}n.$$

(3) 原式 $=\int_0^1\left(\int_1^{x^2}\mathrm{e}^{-t^2}\mathrm{d}t\right)\mathrm{d}\left(\frac{1}{2}x^2\right)$

$$=\left[\frac{1}{2}x^2\int_1^{x^2}\mathrm{e}^{-t^2}\mathrm{d}t\right]_0^1-\int_0^1\frac{1}{2}x^2\cdot\mathrm{e}^{-x^4}\cdot 2x\mathrm{d}x$$

$$=-\int_0^1 x^3\mathrm{e}^{-x^4}\mathrm{d}x=\frac{1}{4}\left(\frac{1}{\mathrm{e}}-1\right).$$

(4) 记 $I=\int_0^{\frac{\pi}{4}}\ln(1+\tan x)\mathrm{d}x$，令 $x=\frac{\pi}{4}-t$，则

$$I=\int_{\frac{\pi}{4}}^0\ln\left[1+\tan\left(\frac{\pi}{4}-t\right)\right](-\mathrm{d}t)$$

$$=\int_0^{\frac{\pi}{4}}\ln\left(1+\frac{1-\tan x}{1+\tan x}\right)\mathrm{d}x$$

$$=\int_0^{\frac{\pi}{4}}\ln\frac{2}{1+\tan x}\mathrm{d}x=\int_0^{\frac{\pi}{4}}[\ln 2-\ln(1+\tan x)]\mathrm{d}x,$$

于是 $2I=\int_0^{\frac{\pi}{4}}\ln 2\mathrm{d}x=\frac{\pi}{4}\ln 2$，即原式 $=\frac{\pi}{8}\ln 2$.

注 (1) 掌握常用的定积分计算公式可加快运算速度.

(2) 题(3)类型常用分部积分方法求解.

(3) 题(4)不易直接计算，作了适当换元，使 $I=\int_a^b f(x)\mathrm{d}x$ 化为 $I=\int_a^b g(x)\mathrm{d}x$，若 $2I=\int_a^b[f(x)+g(x)]\mathrm{d}x$ 易算出，则原问题得解.

例 6 设 $f(x)=x,x\geqslant 0,g(x)=\begin{cases}\sin x, & 0\leqslant x\leqslant\pi,\\ 0, & x>\pi,\end{cases}$ 求 $F(x)=\int_0^x f(t)g(x-t)\mathrm{d}t$ 在 $[0,+\infty)$ 上的表达式.

分析 此类题目是关于被积函数为分段函数的定积分计算问题，应就 x 的不同变化范围，分段积分.

解 令 $x-t=u$，则 $F(x)=\int_0^x f(x-u)g(u)\mathrm{d}u$，其中 $x\geqslant 0,0\leqslant u\leqslant x$，故 $f(x-u)=x-u$，从而 $F(x)=\int_0^x(x-u)g(u)\mathrm{d}u$.

当 $0\leqslant x\leqslant\pi$ 时，

$$F(x)=\int_0^x(x-u)\sin u\mathrm{d}u=x\int_0^x\sin u\mathrm{d}u-\int_0^x u\sin u\mathrm{d}u$$

$$=-x[\cos u]_0^x+[u\cos u]_0^x-\int_0^x\cos u\mathrm{d}u=x-\sin x.$$

当 $x>\pi$ 时，

$$F(x)=\int_0^{\pi}(x-u)g(u)\mathrm{d}u+\int_{\pi}^{x}(x-u)g(u)\mathrm{d}u$$
$$=\int_0^{\pi}(x-u)\sin u\mathrm{d}u+\int_{\pi}^{x}(x-u)\cdot 0\mathrm{d}u=2x-\pi.$$

于是

$$F(x)=\begin{cases}x-\sin x, 0\leqslant x\leqslant\pi,\\ 2x-\pi, \quad x>\pi.\end{cases}$$

注 本题也可先求出 $g(x-t)$，再代入原式求 $F(x)$，但较繁琐.

例 7 计算 $I_n=\int_0^{\frac{\pi}{4}}\tan^n x\mathrm{d}x(n\in\mathbf{N}^*)$.

分析 对此类题目一般利用分部积分法，建立递推关系进行求解.

解 $n>1$ 时，$I_n=\int_0^{\frac{\pi}{4}}\tan^{n-2}x(\sec^2x-1)\mathrm{d}x$

$$=\int_0^{\frac{\pi}{4}}\tan^{n-2}x\sec^2x\mathrm{d}x-\int_0^{\frac{\pi}{4}}\tan^{n-2}x\mathrm{d}x$$
$$=\int_0^{\frac{\pi}{4}}\tan^{n-2}x\mathrm{d}\tan x-I_{n-2}$$
$$=\frac{1}{n-1}\tan^{n-1}x\Big|_0^{\frac{\pi}{4}}-I_{n-2}$$
$$=\frac{1}{n-1}-I_{n-2},$$

而 $$I_0=\int_0^{\frac{\pi}{4}}\mathrm{d}x=\frac{\pi}{4}, I_1=\int_0^{\frac{\pi}{4}}\tan x\mathrm{d}x=\frac{1}{2}\ln 2,$$

于是 $$I_n=\begin{cases}\frac{1}{2k-1}-\frac{1}{2k-3}+\frac{1}{2k-5}-\cdots+(-1)^{k-1}+(-1)^k\frac{\pi}{4}, & n=2k,\\ \frac{1}{2k}-\frac{1}{2k-2}+\frac{1}{2k-4}-\cdots+\frac{(-1)^{k-1}}{2}+(-1)^k\frac{\ln 2}{2}, & n=2k+1,\end{cases}$$ 其中 $k\in\mathbf{N}^*$.

例 8 计算下列广义积分：

(1) $\int_1^{+\infty}\frac{\mathrm{d}x}{x\sqrt{x^2-1}}$； (2) $\int_{\frac{1}{2}}^{\frac{3}{2}}\frac{\mathrm{d}x}{\sqrt{|x-x^2|}}$； (3) $\int_0^{+\infty}\frac{\mathrm{d}x}{1+x^4}$.

解 (1) $x=1$ 为瑕点，此积分为混合型广义积分.

令 $x=\sec t$，则 $\mathrm{d}x=\sec t\tan t\mathrm{d}t$，$x\to1$ 时，$t\to0$，$x\to+\infty$时，$t\to\frac{\pi}{2}$，

于是　　原式 $=\int_0^{\frac{\pi}{2}}\frac{\sec t\cdot\tan t}{\sec t\cdot\tan t}\mathrm{d}t=\frac{\pi}{2}$.

(2) $x=1$ 为瑕点，也是 $x-x^2$ 符号的改变点，故

$$原式=\int_{\frac{1}{2}}^{1}\frac{1}{\sqrt{x-x^2}}\mathrm{d}x+\int_1^{\frac{3}{2}}\frac{1}{\sqrt{x^2-x}}\mathrm{d}x=I_1+I_2,$$

$$I_1=\int_{\frac{1}{2}}^{1}\frac{\mathrm{d}\left(x-\frac{1}{2}\right)}{\sqrt{\frac{1}{4}-\left(x-\frac{1}{2}\right)^2}}=\arcsin(2x-1)\Big|_{\frac{1}{2}}^{1}=\frac{\pi}{2},$$

$$I_2=\int_1^{\frac{3}{2}}\frac{\mathrm{d}\left(x-\frac{1}{2}\right)}{\sqrt{\left(x-\frac{1}{2}\right)^2-\frac{1}{4}}}=\ln\left[\left(x-\frac{1}{2}\right)+\sqrt{x^2-x}\right]\Big|_1^{\frac{3}{2}}=\ln(2+\sqrt{3}),$$

于是　　原式 $=\frac{\pi}{2}+\ln(2+\sqrt{3})$.

(3) 令 $x=\frac{1}{t}$，则

$$\int_0^{+\infty}\frac{\mathrm{d}x}{1+x^4}=\int_{+\infty}^{0}\frac{1}{1+\frac{1}{t^4}}\cdot\left(-\frac{1}{t^2}\right)\mathrm{d}t=\int_0^{+\infty}\frac{t^2}{1+t^4}\mathrm{d}t=\int_0^{+\infty}\frac{x^2}{1+x^4}\mathrm{d}x,$$

于是

$$\begin{aligned}\int_0^{+\infty}\frac{\mathrm{d}x}{1+x^4}+\int_0^{+\infty}\frac{x^2}{1+x^4}\mathrm{d}x&=\int_0^{+\infty}\frac{1+x^2}{1+x^4}\mathrm{d}x=\int_0^{+\infty}\frac{1+\frac{1}{x^2}}{\frac{1}{x^2}+x^2}\mathrm{d}x\\&=\int_0^{+\infty}\frac{\mathrm{d}\left(x-\frac{1}{x}\right)}{\left(x-\frac{1}{x}\right)^2+2}\mathrm{d}x\\&=\frac{1}{\sqrt{2}}\arctan\frac{x-\frac{1}{x}}{\sqrt{2}}\Big|_0^{+\infty}\\&=\frac{1}{\sqrt{2}}\left[\frac{\pi}{2}-\left(-\frac{\pi}{2}\right)\right]=\frac{\pi}{\sqrt{2}},\end{aligned}$$

故　　原式 $=\frac{\pi}{2\sqrt{2}}$.

总结　广义积分是定积分的推广，特别要注意无界函数的广义积分，忽视瑕点存在是常犯的错误. 注意广义积分与定积分的相互转化，在定积分的计算中要

熟练掌握基本方法，尤其注意换元法的使用条件，且换元必换限，而分部积分法要注意 u,v 的选择. 另外结合一些特殊的计算方法与技巧，如利用定积分计算的一些常用公式，或利用换元，再结合 $\int_a^b f(x)\mathrm{d}x$ 与积分变量无关等，可灵活准确地计算出结果.

4. 定积分的证明(等式与不等式).

例 9 设函数 $f(x)$在$[0,1]$上连续，在$(0,1)$内可导，且 $2\int_0^{\frac{1}{2}} xf(x)\mathrm{d}x = f(1)$. 证明：在$(0,1)$内至少存在一点 ξ，使 $f'(\xi)=-\dfrac{f(\xi)}{\xi}$.

分析 要证明 $\xi f'(\xi)+f(\xi)=0$，容易联想到构造辅助函数，在$[0,1]$或其某一子区间上使用罗尔定理.

证明 由积分中值定理，$\exists\, c\in\left[0,\dfrac{1}{2}\right]$，使得

$$f(1) = 2\int_0^{\frac{1}{2}} xf(x)\mathrm{d}x = 2\cdot cf(c)\left(\frac{1}{2}-0\right)= cf(c).$$

设 $F(x) = xf(x), x\in[0,1]$，则 $F(x)$ 在$[c,1]$上连续，在$(c,1)$内可导，且 $F(c)=f(1)=F(1)$. 由罗尔定理，至少存在一点 $\xi\in(c,1)\subset(0,1)$，使 $F'(\xi)=0$，即 $f(\xi)+\xi f'(\xi)=0$，结论得证.

例 10 设 $f(x)$是连续函数，证明：

$$\int_1^a f\left(x^2+\frac{a^2}{x^2}\right)\frac{\mathrm{d}x}{x} = \int_1^a f\left(x+\frac{a^2}{x}\right)\frac{\mathrm{d}x}{x}.$$

分析 此类问题可求助于变量代换，代换可从两个角度考虑. 一是积分限，把原积分限变换为新的积分限；二是被积函数，本题可考虑代换 $x^2=t$.

证明 令 $x^2=t$，则

$$\text{左式} = \int_1^{a^2} \frac{1}{2}f\left(t+\frac{a^2}{t}\right)\frac{\mathrm{d}t}{t} = \frac{1}{2}\int_1^a f\left(t+\frac{a^2}{t}\right)\frac{\mathrm{d}t}{t} + \frac{1}{2}\int_a^{a^2} f\left(t+\frac{a^2}{t}\right)\frac{\mathrm{d}t}{t},$$

对上式中第二个积分，令 $u=\dfrac{a^2}{t}$，则

$$\int_a^{a^2} f\left(t+\frac{a^2}{t}\right)\frac{\mathrm{d}t}{t} = -\int_a^1 f\left(u+\frac{a^2}{u}\right)\frac{\mathrm{d}u}{u} = \int_1^a f\left(u+\frac{a^2}{u}\right)\frac{\mathrm{d}u}{u},$$

故

$$\begin{aligned}\int_1^a f\left(x^2+\frac{a^2}{x^2}\right)\frac{\mathrm{d}x}{x} &= \frac{1}{2}\left[\int_1^a f\left(t+\frac{a^2}{t}\right)\frac{\mathrm{d}t}{t} + \int_1^a f\left(u+\frac{a^2}{u}\right)\frac{\mathrm{d}u}{u}\right]\\ &= \int_1^a f\left(x+\frac{a^2}{x}\right)\frac{\mathrm{d}x}{x}.\end{aligned}$$

例 11 设函数 $f(x)$ 在 $[a,b]$ 上可微，$f'(x)$ 非减，证明：

$$\int_a^b f(x)\mathrm{d}x \leqslant \frac{b-a}{2}[f(a)+f(b)].$$

分析 如果要证明的是函数不等式，则单调性方法及最值方法是常用的方法，而积分变限函数是定积分，由此可将 b 换为 x.

证明 令 $F(x)=\frac{x-a}{2}[f(a)+f(x)]-\int_a^x f(t)\mathrm{d}t, x\in[a,b]$.

由已知得 $F(x)$ 在 $[a,b]$ 上可导，且 $\forall x\in(a,b)$，

$$F'(x)=\frac{1}{2}[f(a)+f(x)]+\frac{x-a}{2}f'(x)-f(x)=\frac{1}{2}[f(a)-f(x)]+\frac{x-a}{2}f'(x).$$

又由拉格朗日中值定理，$\exists\xi\in(a,x)$，使

$$f(a)-f(x)=f'(\xi)(a-x),$$

于是

$$F'(x)=\frac{x-a}{2}[f'(x)-f'(\xi)].$$

由于 $f'(x)$ 非减，于是 $f'(x)\geqslant f'(\xi)$，从而 $F'(x)\geqslant 0(x\in(a,b))$，即 $F(x)$ 非减，故 $F(b)\geqslant F(a)=0$，即

$$\frac{b-a}{2}[f(a)-f(b)]-\int_a^b f(x)\mathrm{d}x\geqslant 0.$$

例 12 设 $f(x)$ 为连续函数，证明：

$$\int_0^x f(t)(x-t)\mathrm{d}t=\int_0^x\left[\int_0^t f(u)\mathrm{d}u\right]\mathrm{d}t.$$

分析 $\frac{\mathrm{d}}{\mathrm{d}t}\left[\int_0^t f(u)\mathrm{d}u\right]$ 易求出，可考虑分部积分法. 另外也可以从左式入手利用 $\int_0^t f(u)\mathrm{d}u$ 是 $f(t)$ 的一个原函数证之，或直接利用证明恒等式的常规方法.

证明 证法一　右式 $=\left[t\int_0^t f(u)\mathrm{d}u\right]_0^x-\int_0^x tf(t)\mathrm{d}t=x\int_0^x f(u)\mathrm{d}u-\int_0^x tf(t)\mathrm{d}t$

$$=\int_0^x (x-t)f(t)\mathrm{d}t=\text{左式}.$$

证法二　令 $F(t)=\int_0^t f(u)\mathrm{d}u$，则 $F'(t)=f(t)$，于是

$$\text{左式}=x\int_0^x f(t)\mathrm{d}t-\int_0^x tf(t)\mathrm{d}t==xF(t)\Big|_0^x-\int_0^x t\mathrm{d}F(t)$$

$$=xF(x)-[tF(t)]_0^x+\int_0^x F(t)\mathrm{d}t=\int_0^x\left[\int_0^t f(u)\mathrm{d}u\right]\mathrm{d}t=\text{右式}.$$

证法三　因 $\left[\int_0^x f(t)(x-t)\mathrm{d}t\right]'=\left[x\int_0^x f(t)\mathrm{d}t-\int_0^x tf(t)\mathrm{d}t\right]'$

$$=\int_0^x f(t)\mathrm{d}t+xf(x)-xf(x)=\int_0^x f(t)\mathrm{d}t,$$

$$\left\{\int_0^x\left[\int_0^t f(u)\mathrm{d}u\right]\mathrm{d}t\right\}'=\int_0^x f(u)\mathrm{d}u=\int_0^x f(t)\mathrm{d}t,$$

于是
$$\int_0^x f(t)(x-t)\mathrm{d}t=\int_0^x\left[\int_0^t f(u)\mathrm{d}u\right]\mathrm{d}t+C,$$

令 $x=0$,得 $C=0$,从而

$$\int_0^x f(t)(x-t)\mathrm{d}t=\int_0^x\left[\int_0^t f(u)\mathrm{d}u\right]\mathrm{d}t.$$

注 证明定积分等式或不等式常用的方法有换元法、分部积分法、构造辅助函数法、公式法等.等式证明常用的定理有闭区间上连续函数的性质、积分中值定理、微分中值定理、泰勒公式、定积分的性质等,不等式证明常用的定理有定积分的不等式的性质、变上限积分的性质、函数的单调性、函数的凹凸性、积分与微分中值定理等.

五、自测练习

A 组

1. 求下列极限:

(1) $\lim\limits_{n\to\infty}\left(\dfrac{1}{n+1}+\dfrac{1}{n+2}+\cdots+\dfrac{1}{2n}\right)$;

(2) $\lim\limits_{n\to\infty}\left(\sqrt{\dfrac{1+n}{n}}+\sqrt{\dfrac{2+n}{n}}+\cdots+\sqrt{\dfrac{2n-1}{n}}\right)\sin\dfrac{1}{n}$;

(3) $\lim\limits_{x\to 0}\dfrac{\int_x^{3x}\sin t^2\mathrm{d}t}{\sin x^2\ln(1-x)}$.

2. 求导数.

(1) 设 $y=y(x)$ 由 $\int_0^{x-y}\sec^2 t\mathrm{d}t=2x-\tan(x-y)$ 确定,求$\dfrac{\mathrm{d}y}{\mathrm{d}x}$.

(2) 设 $y=y(x)$ 由 $\begin{cases}x=1+2t^2,\\ y=\int_1^{2\ln t+1}\dfrac{\mathrm{e}^u}{u}\mathrm{d}u\end{cases}$ $(t>1)$ 所确定,求$\left.\dfrac{\mathrm{d}^2y}{\mathrm{d}x^2}\right|_{x=9}$.

3. 求函数 $F(x)=\int_0^{x^3}\ln(1+t)\mathrm{d}t$ 在$[0,1]$上的最大值与最小值.

4. 设 $f(x)$ 满足 $xf(x)=\ln x+\int_{\mathrm{e}}^{\mathrm{e}^3}f(x)\mathrm{d}x$,求 $f(x)$.

5. 求 $\int_0^1 xf(x)\mathrm{d}x$,其中 $f(x)=\int_1^{x^2}\dfrac{\sin t}{t}\mathrm{d}t$.

6. 已知 $f(\pi)=1$，且 $\int_0^{\pi}[f(x)+f''(x)]\sin x\mathrm{d}x=3$，求 $f(0)$.

7. 计算下列定积分：

(1) $\int_0^3 \arcsin\sqrt{\dfrac{x}{1+x}}\mathrm{d}x$；

(2) $\int_0^{\frac{\pi}{2}} \dfrac{x\sin 2x^2}{1+\sin x^2}\mathrm{d}x$；

(3) $\int_{-\frac{1}{2}}^{\frac{1}{2}} \left[\dfrac{\tan x}{2+\cos^2 x}+\sqrt{\ln^2(1-x)}\right]\mathrm{d}x$；

(4) $\int_{\frac{1}{2}}^{2} f(x-1)\mathrm{d}x$，其中 $f(x)=\begin{cases}\mathrm{e}^{-x}, & x\geqslant 0,\\ 1+x^2, & x<0;\end{cases}$

(5) $\int_0^{\frac{\pi}{2}} \dfrac{f(\sin x)}{f(\cos x)+f(\sin x)}\mathrm{d}x$.

8. 已知 $f'(x)$ 连续，$f(a)=1$，$f(0)=0$，$F(x)=\int_0^x f(t)f'(2a-t)\mathrm{d}t$，求 $F(2a)-2F(a)$.

9. 设 $f(x)$ 在 $[0,1]$ 上连续，在 $(0,1)$ 内可导，且 $5\int_{\frac{4}{5}}^{1} f(x)\mathrm{d}x=f(0)$，证明：至少存在一点 $\xi\in(0,1)$，使得 $f'(\xi)=0$.

10. 设函数 $f(x)$ 在 $[a,b]$ 上连续，且单调增加，证明：

$$(a+b)\int_a^b f(t)\mathrm{d}t\leqslant 2\int_a^b tf(t)\mathrm{d}t.$$

11. 设函数 $f(x)$ 在 $[0,2a]$ 上连续，证明：

$$\int_0^{2a} f(x)\mathrm{d}x=\int_0^a[f(x)+f(2a-x)]\mathrm{d}x.$$

并由此计算 $\int_0^{\pi}\dfrac{x\sin x}{1+\cos^2 x}\mathrm{d}x$.

12. 证明：$1-\dfrac{1}{\mathrm{e}}<\int_0^{+\infty}\mathrm{e}^{-x^2}\mathrm{d}x<1+\dfrac{1}{2\mathrm{e}}$.

13. 求 $\int_0^1 \dfrac{x^{\frac{n}{2}}}{\sqrt{x(1-x)}}$（$n$ 为正奇数）.

14. 计算 $\int_1^{+\infty}\dfrac{\arctan x}{x^2}\mathrm{d}x$.

15. 利用递推公式计算广义积分 $I_n=\int_0^1 x^{\lambda}\ln^n x\,\mathrm{d}x$，其中 $\lambda>0$，$n\in\mathbf{N}^*$.

B 组

1. 计算下列极限：

(1) $\lim\limits_{n\to\infty}\left(\dfrac{\sqrt{1+\cos\frac{\pi}{n}}}{n+1}+\dfrac{\sqrt{1+\cos\frac{2\pi}{n}}}{n+\frac{1}{2}}+\cdots+\dfrac{\sqrt{1+\cos\frac{n\pi}{n}}}{n+\frac{1}{n}}\right)$；

(2) $\lim\limits_{x\to1}\dfrac{\int_1^x\left[t\int_{t^2}^1 f(u)\mathrm{d}u\right]\mathrm{d}t}{\left(\int_1^{x^2}\sqrt{1+t^4}\,\mathrm{d}t\right)^3}$，其中 $f(x)$ 连续，且 $f(1)\neq0$；

(3) $\lim\limits_{a\to0}\int_{-a}^{a}\dfrac{1}{a}\left(1-\dfrac{|x|}{a}\right)\cos(b-x)\mathrm{d}x$，其中 a,b 与 x 无关，$a>0$.

2. 设 $f(x)$ 可微，$f(0)=0$，$f'(0)=1$，记 $F(x)=\int_0^x tf(x^2-t^2)\mathrm{d}t$，问 $x\to0$ 时，$F(x)$ 是 x 的几阶无穷小？

3. 当 $x>0$ 时，可微函数 $f(x)$ 及其反函数 $g(x)$ 满足 $\int_1^{f(x)}g(t)\mathrm{d}t=\dfrac{1}{3}(x^{\frac{3}{2}}-8)$，求 $f(x)$.

4. 设 $f(x)$ 连续，$\varphi(x)=\int_0^1 f(xt)\mathrm{d}t$，且 $\lim\limits_{x\to0}\dfrac{f(x)}{x}=A$（$A$ 为常数），求 $\varphi'(x)$，并讨论 $\varphi'(x)$ 在点 $x=0$ 的连续性.

5. 计算下列定积分：

(1) $\int_0^{200}(x-[x])\mathrm{d}x$；

(2) $\int_{-1}^{3}\dfrac{\sqrt{3-x}}{\sqrt{3-x}+\sqrt{x+1}}\mathrm{d}x$；

(3) $\int_0^1\dfrac{\ln(1+x)}{1+x^2}\mathrm{d}x$；

(4) $\int_0^{2\pi}\dfrac{x+\sin x}{1+\cos x}\mathrm{sgn}(\cos x)\mathrm{d}x$.

6. 已知 $\int_0^{\pi}\dfrac{\cos x}{(x+2)^2}\mathrm{d}x=A$，求 $\int_0^{\frac{\pi}{2}}\dfrac{\sin x\cos x}{x+1}\mathrm{d}x$.

7. 设 $f(x)=\begin{cases}2x+\dfrac{3}{2}x^2, & -1\leqslant x<0,\\ \dfrac{xe^x}{(e^x+1)^2}, & 0\leqslant x\leqslant1,\end{cases}$ 求 $F(x)=\int_{-1}^x f(t)\mathrm{d}t$ 的表达式.

8. 已知 $\lim\limits_{x\to\infty}\left(\dfrac{x-a}{x+a}\right)^x=\int_a^{+\infty}4x^2e^{-2x}\mathrm{d}x$，求 a.

9. 证明：$\int_0^{\frac{\pi}{2}} \ln(\tan\theta)\mathrm{d}\theta = 0$.

10. 设 $f(x)$在$(0,+\infty)$上连续，$f(1)=3$，且对任意 $x,y\in(0,+\infty)$满足

$$\int_1^{xy} f(x)\mathrm{d}x = y\int_1^x f(x)\mathrm{d}x + x\int_1^y f(x)\mathrm{d}x.$$

证明：$f(x)$在$(0,+\infty)$上单调增加.

11. 设 $f(x)$ 在 $[a,b]$ 上连续，在 (a,b) 内可导，且 $f'(x)>0$. 若极限 $\lim\limits_{x\to a^+}\dfrac{f(2x-a)}{x-a}$存在，证明：

(1) 在(a,b)内，$f(x)>0$；

(2) $\exists\xi\in(a,b)$，使 $\dfrac{b^2-a^2}{\int_a^b f(x)\mathrm{d}x} = \dfrac{2\xi}{f(\xi)}$.

12. 设 $f(x)$二阶可导，且 $f''(x)\geqslant 0$，又 $u(t)$为任一连续函数，证明：

$$\frac{1}{a}\int_0^a f[u(t)]\mathrm{d}t \geqslant f\left[\frac{1}{a}\int_0^a u(t)\mathrm{d}t\right]\ (a>0).$$

13. 设 $f(x)$在$[0,1]$上连续，且 $\int_0^1 f(x)\mathrm{d}x = 0$，$\int_0^1 xf(x)\mathrm{d}x = 1$，证明：

(1) $\exists x_0\in[0,1]$，使$|f(x_0)|>4$；

(2) $\exists x_1\in[0,1]$，使$|f(x_1)|=4$.

14. 设 $f(x)$是以 T 为周期的非负连续函数.

(1) 当 $n\in\mathbf{N}^*$，且 $nT\leqslant x<(n+1)T$ 时，证明：

$$n\int_0^T f(t)\mathrm{d}t \leqslant \int_0^x f(t)\mathrm{d}t < (n+1)\int_0^T f(t)\mathrm{d}t;$$

(2) 求 $\lim\limits_{x\to+\infty}\dfrac{\int_0^x f(t)\mathrm{d}t}{x}$；

(3) 由(2)的结果计算 $\lim\limits_{x\to+\infty}\dfrac{\int_0^x |\cos t|\mathrm{d}t}{x}$.

15. 设 $f(x)$及其一阶导函数在$[0,1]$连续，$f(0)=f(1)=0$，证明：

$$\left|\int_0^1 f(x)\mathrm{d}x\right| \leqslant \frac{1}{4}\max_{x\in[0,1]}|f'(x)|.$$

CHAPTER 6 第六章

定积分的应用

一、目的要求

1. 掌握定积分应用的微元分析法(元素法).

2. 掌握应用定积分表达并计算一些几何量,如平面图形的面积、体积以及平面曲线的弧长等.

3. 掌握应用定积分表达并计算一些物理量,如变力做功、液体侧压力及引力等.

二、内容提要

1. 定积分的元素法.

若量 U 与变量 x 的变化区间$[a,b]$有关,且对区间$[a,b]$具有可加性,如果量 U 的部分量 ΔU 的近似值 $\mathrm{d}U=f(x)\mathrm{d}x$,则 $U=\int_a^b f(x)\mathrm{d}x$.

2. 定积分的几何应用.

(1) 平面图形的面积.

① 直角坐标.

设曲边梯形由曲线 $y=f(x)$,$y=g(x)$,$x=a$,$x=b(a<b)$所围成,则面积

$$S=\int_a^b |g(x)-f(x)|\mathrm{d}x.$$

② 参数方程.

设曲边梯形由曲线$\begin{cases}x=x(t),\\ y=y(t)\end{cases}$$(\alpha\leqslant t\leqslant\beta)$及 x 轴,$x=a$,$x=b(a<b)$所围成,且 $a=x(\alpha)$,$b=x(\beta)$,$x'(t)>0$,则面积

$$S=\int_a^b |y|\mathrm{d}x=\int_\alpha^\beta |y(t)|x'(t)\mathrm{d}t.$$

③ 极坐标.

设平面图形由曲线 $r=r_1(\theta)$,$r=r_2(\theta)$,$\theta=\alpha$,$\theta=\beta(\alpha<\beta)$所围成,则面积

$$S = \frac{1}{2}\int_{\alpha}^{\beta} | r_2^2(\theta) - r_1^2(\theta) | \mathrm{d}\theta.$$

（2）体积.

① 旋转体的体积.

由连续曲线 $y=f(x)$，直线 $x=a,x=b(a<b)$ 及 x 轴所围成的平面图形绕 x 轴旋转一周而成的旋转体体积

$$V = \int_a^b \pi f^2(x)\mathrm{d}x.$$

② 已知平行截面面积的立体的体积.

设立体夹在平面 $x=a,x=b(a<b)$ 之间，$A(x)$ 为在 x 处垂直于 x 轴的截面的面积，则立体的体积

$$V = \int_a^b A(x)\mathrm{d}x.$$

（3）平面曲线的弧长.

① 直角坐标.

曲线 L：$y=f(x)(a\leqslant x\leqslant b)$ 的弧长

$$s = \int_a^b \sqrt{1+f'^2(x)}\mathrm{d}x.$$

② 参数方程.

曲线 L：$\begin{cases} x=\varphi(t), \\ y=\psi(t) \end{cases}$ $(\alpha\leqslant t\leqslant\beta)$ 的弧长

$$s = \int_{\alpha}^{\beta} \sqrt{\varphi'^2(t)+\psi'^2(t)}\mathrm{d}t.$$

③ 极坐标.

曲线 L：$r=r(\theta)(\alpha\leqslant\theta\leqslant\beta)$ 的弧长

$$s = \int_{\alpha}^{\beta} \sqrt{r^2(\theta)+r'^2(\theta)}\mathrm{d}\theta.$$

3. 定积分的物理应用.

（1）变力沿直线做功.

若物体在力 $F(x)$（方向不变：沿 x 轴方向）的作用下，由 x 轴上的点 a 移到点 b，则该变力所做的功

$$W = \int_a^b F(x)\mathrm{d}x.$$

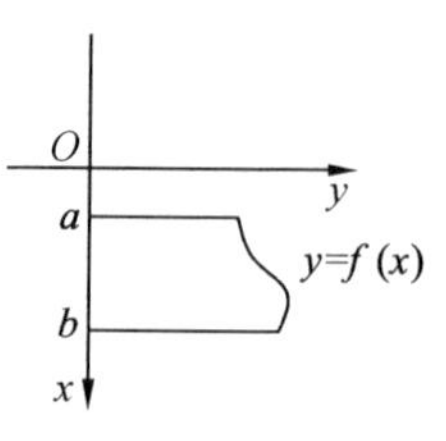

图 6-1

（2）液体的侧压力.

如图 6-1 所示，由 $y=f(x),x=a,x=b(a<b)$ 及 x

轴所围成的曲边梯形平板铅直放在密度为 γ 的液体中，则该平板一侧所受的液体压力

$$P=\int_a^b \gamma x f(x)\mathrm{d}x.$$

三、复习提问

1. 一个量 U 要表示为定积分需具备哪些条件？

2. 定积分元素法的理论依据、具体步骤分别是什么？量 U 的元素 $\mathrm{d}U$ 应如何选取？

3. 曲线 $y=\sin x$ 在 $[0,2\pi]$ 上与 x 轴所围平面图形的面积能否用定积分 $\int_0^{2\pi}\sin x\mathrm{d}x$ 或 $\left|\int_0^{2\pi}\sin x\mathrm{d}x\right|$ 来表示？

4. 用元素法求由曲线 $y=f(x)$，直线 $x=a,x=b$ 及 x 轴所围成的平面图形绕 x 轴旋转而成的旋转体的体积时，在 $[x,x+\mathrm{d}x]$ 上，用薄圆柱体的体积作近似值，即 $\mathrm{d}V=\pi r^2\mathrm{d}x=\pi f^2(x)\mathrm{d}x$. 现要求旋转体的侧面积，问 $[x,x+\mathrm{d}x]$ 上，能否用薄圆柱体的侧面积作为其近似值，即能否取 $\mathrm{d}S=2\pi r\mathrm{d}x=2\pi f(x)\mathrm{d}x$，为什么？

四、例题分析

例 1 设 C_1 和 C_2 是通过原点的曲线，曲线 C 介于 C_1 与 C_2 之间，如果过 C 的任意点 P 引平行于 x 轴、y 轴的直线段，得如图 6-2 所示的区域 A 与 B 有相等的面积，假设 C 的方程为 $y=x^2$，C_1 的方程为 $y=\frac{1}{2}x^2$，求曲线 C_2 的方程.

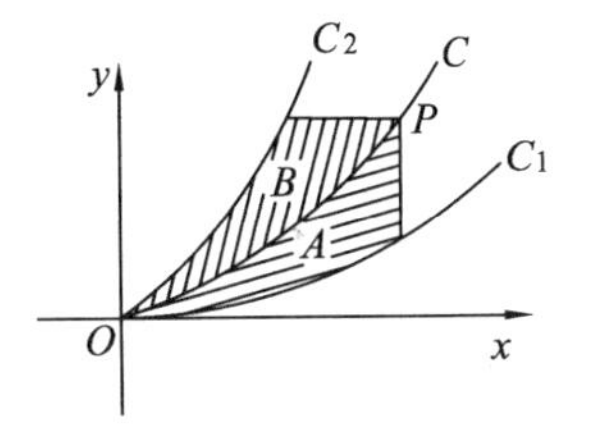

图 6-2

分析 先确定 A,B 的面积，建立积分等式，再求导即可.

解 设 C_2 的方程为 $x=\varphi(y)$，点 P 的坐标为 (x,y)，则 A 与 B 的面积分别为

$$S_1=\int_0^x\left(t^2-\frac{1}{2}t^2\right)\mathrm{d}t=\frac{x^3}{6},$$

$$S_2=\int_o^y[\sqrt{t}-\varphi(t)]\mathrm{d}t.$$

由题设知
$$\frac{x^3}{6}=\int_0^y[\sqrt{t}-\varphi(t)]\mathrm{d}t,$$

而 $y=x^2$，于是上式化为

$$\frac{1}{6}y^{\frac{3}{2}}=\int_0^y[\sqrt{t}-\varphi(t)]\mathrm{d}t,$$

两边对 y 求导，得

$$\frac{\sqrt{y}}{4}=\sqrt{y}-\varphi(y),$$

于是 $x=\varphi(y)=\frac{3}{4}\sqrt{y}$ 或 $y=\frac{16}{9}x^2$.

例 2 求双纽线 $(x^2+y^2)^2=a^2(x^2-y^2)$ 在圆 $x^2+y^2=\frac{a^2}{2}$ 内部分图形的面积.

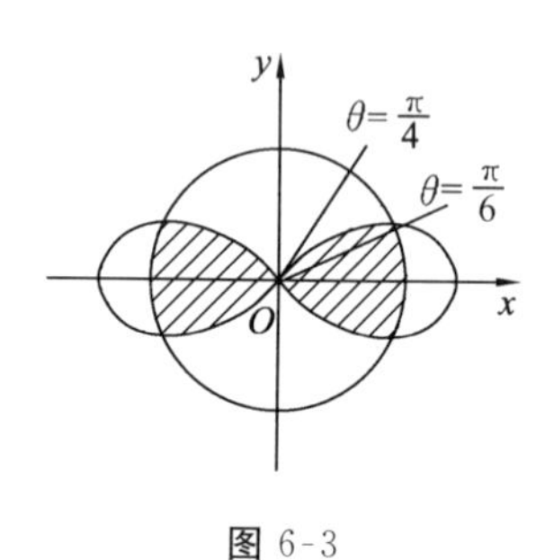

图 6-3

分析 用极坐标计算较简单.

解 两曲线的极坐标方程分别为

$$r^2=a^2\cos2\theta,r^2=\frac{a^2}{2}.$$

求交点，由 $\frac{a^2}{2}=a^2\cos2\theta$，得 $\theta=\pm\frac{\pi}{6},\pm\frac{5}{6}\pi$.

利用对称性，所求面积

$$A=4\left(\int_0^{\frac{\pi}{6}}\frac{1}{2}\cdot\frac{a^2}{2}\mathrm{d}\theta+\int_{\frac{\pi}{6}}^{\frac{\pi}{4}}\frac{1}{2}a^2\cos2\theta\mathrm{d}\theta\right)$$

$$=\frac{\pi}{6}a^2+a^2\sin2\theta\Big|_{\frac{\pi}{6}}^{\frac{\pi}{4}}=\left(\frac{\pi}{6}+1-\frac{\sqrt{3}}{2}\right)a^2.$$

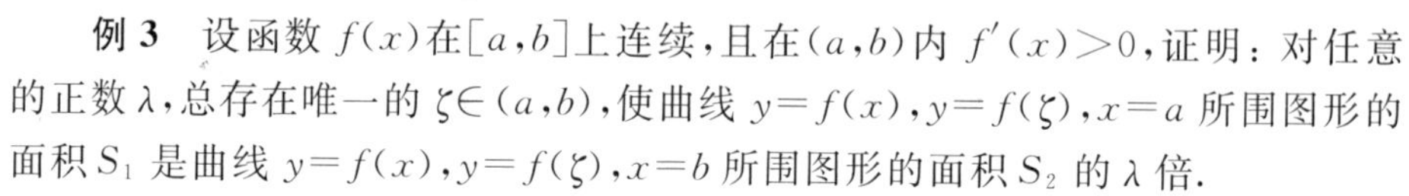
例 3 设函数 $f(x)$ 在 $[a,b]$ 上连续，且在 (a,b) 内 $f'(x)>0$，证明：对任意的正数 λ，总存在唯一的 $\zeta\in(a,b)$，使曲线 $y=f(x)$，$y=f(\zeta)$，$x=a$ 所围图形的面积 S_1 是曲线 $y=f(x)$，$y=f(\zeta)$，$x=b$ 所围图形的面积 S_2 的 λ 倍.

分析 即证存在唯一 $\zeta\in(a,b)$ 使

$$\int_a^{\zeta}[f(\zeta)-f(x)]\mathrm{d}x=\lambda\int_{\zeta}^b[f(x)-f(\zeta)]\mathrm{d}x.$$

证明 令

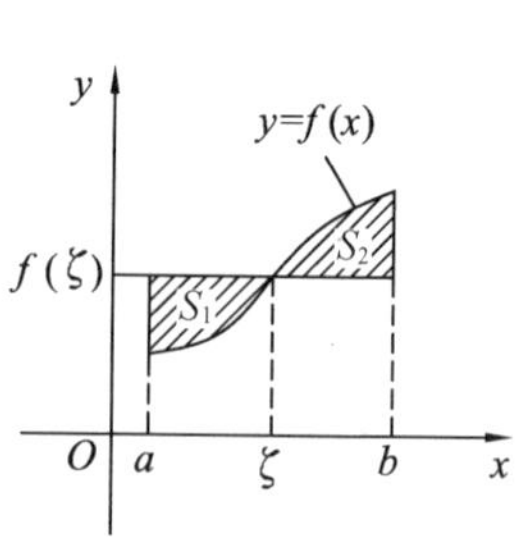

图 6-4

$F(t)=\int_a^t[f(t)-f(x)]\mathrm{d}x-\lambda\int_t^b[f(x)-f(t)]\mathrm{d}x$. 显然 $F(t)$ 在 $[a,b]$ 上连续，由 (a,b) 内 $f'(x)>0$，知 $f(x)$ 在 (a,b) 上单调增加，于是

$$F(a)=-\lambda\int_a^b[f(x)-f(a)]\mathrm{d}x<0,$$

$$F(b)=\int_a^b[f(b)-f(x)]\mathrm{d}x>0,$$

由闭区间上连续函数的介值定理，存在 $\zeta\in(a,b)$，使

$$F(\zeta)=0.$$

对任意 $t\in(a,b)$，有 $F'(t)=f'(t)[(t-a)+\lambda(b-t)]>0$，于是 $F(t)$ 在 (a,b) 内单调增加，从而存在唯一 $\zeta\in(a,b)$，使 $F(\zeta)=0$，即 $S_1=\lambda S_2$.

例 4 如图 6-5 所示，求：

(1) 由 D_1 绕 x 轴旋转一周而成的旋转体的体积 V_1；

(2) 由 D_2 绕 y 轴旋转一周而成的旋转体的体积 V_2；

(3) 使 V_1+V_2 最大的 a.

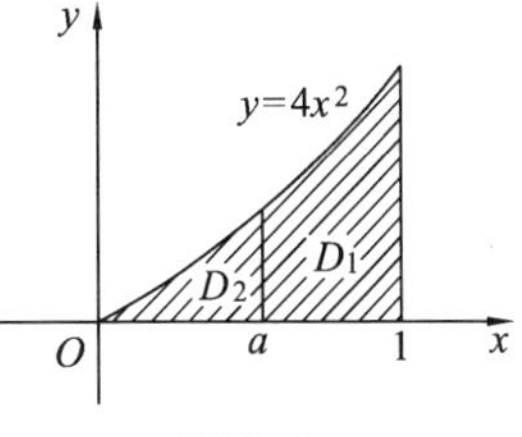

图 6-5

解 (1) $V_1=\pi\int_a^1(4x^2)^2\mathrm{d}x=\frac{16}{5}\pi(1-a^5)$.

(2) $V_2=2\pi\int_0^a x\cdot 4x^2\mathrm{d}x=2\pi a^4$（或 $V_2=\pi a^2\cdot 4a^2-\pi\int_0^{4a^2}\frac{y}{4}\mathrm{d}y=2\pi a^4$）.

(3) $V(a)=V_1+V_2=\frac{16}{5}\pi(1-a^5)+2\pi a^4$，

$V'(a)=-16\pi a^4+8\pi a^3$，令 $V'(a)=0$，得 $(0,1)$ 内的解 $a=\frac{1}{2}$.

$V''\left(\frac{1}{2}\right)=-2\pi<0$，于是 $a=\frac{1}{2}$ 为极大值点，由于在 $(0,1)$ 内驻点唯一，且 V_1+V_2 的最大值一定存在，从而 $a=\frac{1}{2}$ 时，V_1+V_2 取最大值.

例 5 一变动的圆，其圆心沿椭圆 $\frac{x^2}{a^2}+\frac{y^2}{b^2}=1(a>0,b>0)$ 运动，设动圆所在平面与 y 轴垂直，且动圆圆周仅与 y 轴相交于一点，如图 6-6 所示，求此动圆所形成的立体的体积.

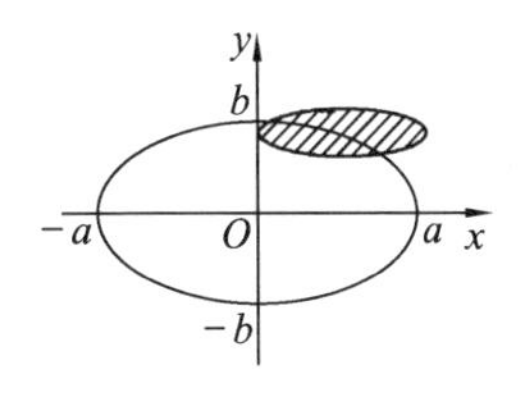

图 6-6

解 用过 y 轴上的任意点 $y(-b\leqslant y\leqslant b)$ 且垂直于 y 轴的平面去截立体，所得截面是圆心 (x,y) 在椭圆 $\frac{x^2}{a^2}+\frac{y^2}{b^2}=1$ 上的两个动圆，面积皆为 $A(y)=\pi\left(\frac{a}{b}\sqrt{b^2-y^2}\right)^2$，体积元素均为 $\mathrm{d}V=A(y)\mathrm{d}y=\frac{\pi a^2}{b^2}(b^2-y^2)\mathrm{d}y$.

于是所求立体的体积

$$V=2\int_{-b}^{b}\frac{\pi a^2}{b^2}(b^2-y^2)\mathrm{d}y=\frac{8}{3}\pi a^2 b.$$

例 6 （1）证明：由 $0\leqslant r\leqslant r(\theta),0\leqslant\alpha\leqslant\theta\leqslant\beta\leqslant\pi$ 绕极轴旋转一周而成的旋转体体积

$$V=\frac{2}{3}\pi\int_{\alpha}^{\beta}r^{3}(\theta)\sin\theta\mathrm{d}\theta.$$

（2）求 $r=a(1+\cos\theta)(a>0)$ 绕极轴旋转而成的旋转体的体积.

分析 所证体积是以 θ 为积分变量的定积分，想到以 $[\theta,\theta+\mathrm{d}\theta]$ 上相应曲边扇形为微元来求体积元素.

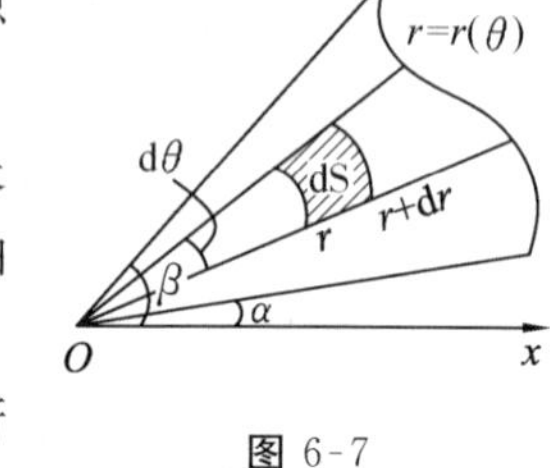

图 6-7

证明 （1）如图 6-7 所示，选取中心角为 $\mathrm{d}\theta$，边长分别为 $\mathrm{d}r,r\mathrm{d}\theta$ 的微元，它的面积 $\mathrm{d}S=r\mathrm{d}r\mathrm{d}\theta$，它绕极轴旋转一周所得体积 $\mathrm{d}V'=2\pi y\mathrm{d}S=2\pi r^{2}\sin\theta\mathrm{d}r\mathrm{d}\theta$.

于是中心角为 $\mathrm{d}\theta$ 的曲边扇形绕极轴旋转一周所得旋转体体积

$$\mathrm{d}V=\int_{0}^{r(\theta)}\mathrm{d}V'=\int_{0}^{r(\theta)}(2\pi r^{2}\sin\theta\mathrm{d}\theta)\mathrm{d}r=\frac{2}{3}\pi r^{3}(\theta)\sin\theta\mathrm{d}\theta,$$

于是所求体积 $V=\int_{\alpha}^{\beta}\mathrm{d}V=\frac{2}{3}\pi\int_{\alpha}^{\beta}r^{3}(\theta)\sin\theta\mathrm{d}\theta.$

（2）由（1）得 $V=\frac{2}{3}\pi\int_{0}^{\pi}a^{3}(1+\cos\theta)^{3}\sin\theta\mathrm{d}\theta=\frac{8}{3}\pi a^{3}.$

例 7 设 $r=r(x)$ 是抛物线 $y=\sqrt{x}$ 上任一点 $M(x,y)(x\geqslant1)$ 处的曲率半径，$s=s(x)$ 是该抛物线上介于点 $A(1,1)$ 与 M 之间的弧长，求 $\frac{\mathrm{d}^{2}r}{\mathrm{d}s^{2}}$.

分析 将 r,s 表示为 x 的函数，再用参数求导法求解.

解 因 $y'=\frac{1}{2\sqrt{x}},y''=-\frac{1}{4\sqrt{x^{3}}}$，于是

$$r(x)=\frac{1}{k}=\frac{(1+y'^{2})^{\frac{3}{2}}}{|y''|}=\frac{1}{2}(4x+1)^{\frac{3}{2}},$$

$$s(x)=\int_{1}^{x}\sqrt{1+y'^{2}}\mathrm{d}x=\int_{1}^{x}\sqrt{1+\frac{1}{4x}}\mathrm{d}x,$$

故

$$\frac{\mathrm{d}r}{\mathrm{d}s}=\frac{r'(x)}{s'(x)}=6\sqrt{x},$$

$$\frac{\mathrm{d}^{2}r}{\mathrm{d}s^{2}}=\frac{(6\sqrt{x})'}{s'(x)}=\frac{6}{\sqrt{4x+1}}.$$

例 8 设有半径为 R 的半球形容器，如图 6-8 所示.

（1）以每秒 a 升的速度向空容器中注水，求水深为 h $(0<h<R)$ 时，水面上

升的速度.

(2) 设容器中已注满水,问将其全部抽出所做的功最少应为多少?

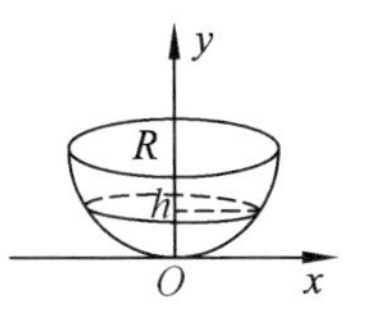

图 6-8

解 建立坐标系如图 6-8 所示,半圆方程为 $x^2+(y-R)^2=R^2$,设经过 t 秒容器内水深为 h,则 $h=h(t)$.

(1) 由题设,t 秒后,容器内水量为 at 升,而高为 h 的球缺的体积

$$V(h)=\int_0^h \pi x^2\,\mathrm{d}y=\int_0^h \pi(2Ry-y^2)\,\mathrm{d}y,$$

于是

$$\int_0^h \pi(2Ry-y^2)\,\mathrm{d}y=at.$$

两边对 t 求导,得

$$\pi(2Rh-h^2)\frac{\mathrm{d}h}{\mathrm{d}t}=a,$$

故

$$\frac{\mathrm{d}h}{\mathrm{d}t}=\frac{a}{\pi(2Rh-h^2)}.$$

(2) 只需求将水全部提到池沿高度所做的功即可.

对应于$[y,y+\mathrm{d}y]$薄层所需的功元素

$$\begin{aligned}\mathrm{d}W&=g\rho\pi x^2\mathrm{d}y(R-y)\ (\text{其中水的密度 }\rho=1)\\&=g\pi(2Ry-y^2)(R-y)\mathrm{d}y,\end{aligned}$$

故所求功

$$\begin{aligned}W&=g\pi\int_0^R(2R^2y-3Ry^2+y^3)\,\mathrm{d}y\\&=\frac{\pi}{4}R^4g.\end{aligned}$$

例 9 有一半径为 R、长度为 l 的圆柱体平放在深度为 $2R$ 的水池中(圆柱体的侧面与水面相切).设圆柱体的密度 $\rho>1$,现将圆柱体从水中取出,需做多少功?

分析 在水面上、下圆柱体受力不同,要分别考虑.

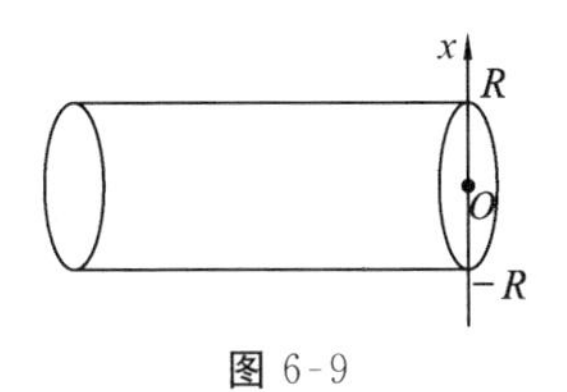

图 6-9

解 建立如图 6-9 所示的坐标系,$[x,x+\mathrm{d}x]$上相应圆柱薄片体积近似为 $l\cdot 2\sqrt{R^2-x^2}\mathrm{d}x$,水中受力近似为 $l\cdot 2\sqrt{R^2-x^2}\mathrm{d}x(\rho-1)g$.要移出水面需移动 $R-x$,要将整个圆柱体全移出水面,此薄片还要上移 $R+x$,于是功元素

$$\mathrm{d}W=2l\sqrt{R^2-x^2}\mathrm{d}x(\rho-1)g(R-x)+2l\sqrt{R^2-x^2}\mathrm{d}x\rho g(R+x),$$

所求功 $W=\int_{-R}^{R}\mathrm{d}W=\int_{-R}^{R}[2l(\rho-1)(R-x)+2l\rho(R+x)]g\sqrt{R^2-x^2}\,\mathrm{d}x$

$=\pi lR^3(2\rho-1)g.$

例 10 边长为 3m 和 2m 的矩形薄板，与液面成$\frac{\pi}{6}$角斜沉入液体内，长边平行于液面而位于深 1m 处，液体的密度为 ρ，在薄板一侧面上作一条水平直线，把这个侧面分成两部分，使每一部分所受的液体压力相等，问这条直线应作在何处？

解 建立坐标系如图 6-10 所示. 设所求直线离液面距离为 h(m)，取 x 为积分变量，区间$[1,2]$上任意小区间$[x,x+\mathrm{d}x]$相应薄板一侧所受的液体压力大小近似为

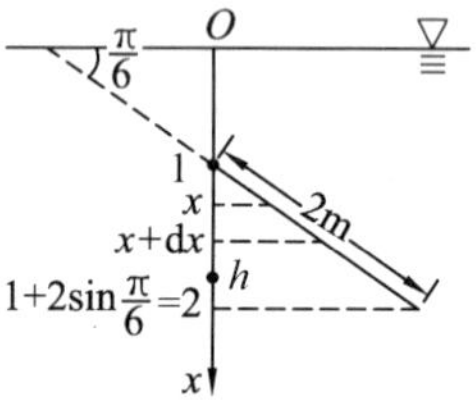

$$\mathrm{d}P=x\rho g\cdot 3\frac{\mathrm{d}x}{\sin\frac{\pi}{6}}，即\ \mathrm{d}P=6\rho gx\,\mathrm{d}x.$$

图 6-10

由题意 $\int_1^h 6\rho gx\,\mathrm{d}x=\int_h^2 6\rho gx\,\mathrm{d}x,$

解得 $h=\frac{\sqrt{10}}{2}$，即所作直线位于离液面$\frac{\sqrt{10}}{2}$m 处.

例 11 设一根半径为 R 的圆环金属丝，其线密度 ρ 为常数. 它以等角速度 ω 绕其一条直径旋转，求其动能.

解 解法一 坐标系如图 6-11 所示，以 x 为积分变量. 动能的元素

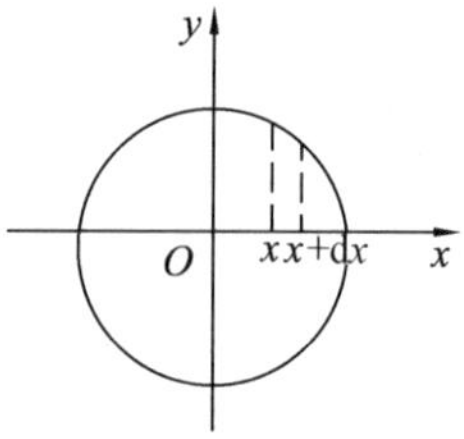

$$\mathrm{d}E=\frac{1}{2}(\omega x)^2\rho\mathrm{d}s=\frac{1}{2}\omega^2\rho x^2\sqrt{1+y'^2}\,\mathrm{d}x$$

$$=\frac{1}{2}R\rho\omega^2\frac{x^2}{\sqrt{R^2-x^2}}\mathrm{d}x,$$

图 6-11

则 $E=4\int_0^R\mathrm{d}E=4\cdot\frac{1}{2}R\rho\omega^2\int_0^R\frac{x^2}{\sqrt{R^2-x^2}}\mathrm{d}x$

$=\frac{\pi}{2}\rho\omega^2R^3.$

解法二 建立极坐标系如图 6-12 所示，以 θ 为积分量.

$$\mathrm{d}E=\frac{1}{2}(\omega x)^2\rho R\mathrm{d}\theta=\frac{1}{2}\omega^2\rho R(R\cos\theta)^2\mathrm{d}\theta$$

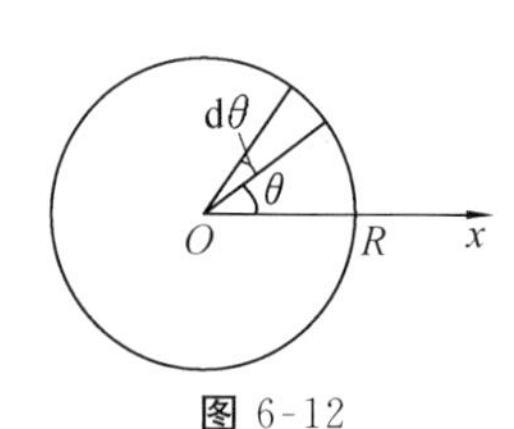

图 6-12

$$=\frac{1}{2}\rho\omega^2R^3\cos^2\theta\mathrm{d}\theta,$$

则 $$E=\int_0^{2\pi}\mathrm{d}E=\frac{1}{2}\rho\omega^2R^3\int_0^{2\pi}\cos^2\theta\mathrm{d}\theta=\frac{\pi}{2}\rho\omega^2R^3.$$

例 12 设有密度为 1 的薄圆环形板，其内半径为 r_0，外半径为 R_0，一质量为 m 的质点 P 位于圆环中心的垂直线上，且离中心的距离为 $\bar{z}$，求圆环对质点 P 的引力.

解 坐标系如图 6-13 所示，由对称性，引力在 x 轴、y 轴上的分力为零，即 $F_x=F_y=0$. 在圆环内，任取一内半径为 r，外半径为 $r+\mathrm{d}r$ 的小圆环为微元，则

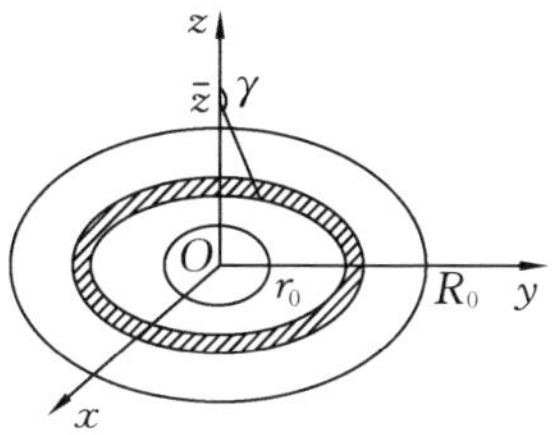

$$\mathrm{d}F_z=\frac{G2\pi rm}{\bar{z}^2+r^2}\cos\gamma\mathrm{d}r,\text{而 }\cos\gamma=\frac{-\bar{z}}{\sqrt{\bar{z}^2+r^2}},$$

图 6-13

故 $$\mathrm{d}F_z=-\frac{2\pi mrG\bar{z}\mathrm{d}r}{(\bar{z}^2+r^2)^{3/2}},$$

$$F_z=\int_{r_0}^{R_0}2\pi mG\bar{z}\ \frac{-r}{\sqrt{(\bar{z}^2+r^2)^3}}\mathrm{d}r$$

$$=-2\pi Gm\bar{z}\left(\frac{1}{\sqrt{\bar{z}^2+r_0^2}}-\frac{1}{\sqrt{\bar{z}^2+R_0^2}}\right),$$

于是 $$\boldsymbol{F}=-2\pi Gm\bar{z}\left(\frac{1}{\sqrt{\bar{z}^2+r_0^2}}-\frac{1}{\sqrt{\bar{z}^2+R_0^2}}\right)\boldsymbol{k}.$$

总结 用定积分表达一些量的关键是建立适当的坐标系，确定积分变量及积分区间，用元素法找出所求量的微元式，一般微元的形状可以是条、段、带、片、扇、环、壳等.

五、自测练习

A 组

1. 求曲线 $y=|\ln x|$ 与直线 $x=\frac{1}{\mathrm{e}}$，$x=\mathrm{e}$，$y=0$ 所围图形的面积.

2. 求抛物线 $y^2=4(x+1)$ 与 $y^2=4(1-x)$ 所围图形的面积.

3. 在曲线族 $y=a(1-x^2)(a>0)$ 中选一条曲线，使该曲线与它在 $(-1,0)$ 和 $(1,0)$ 两点处的法线所围成的平面图形面积最小.

4. 求由曲线 $y=\frac{4}{x}$ 与 $y=(x-3)^2$ 所围平面图形的面积，并求此图形绕 x 轴旋转而成的旋转体的体积.

5. 由曲线 $y=\dfrac{\sqrt{x}}{1+x^2}$ 绕 x 轴旋转一周得一旋转体，若把 $x=0$，$x=\zeta(\zeta>0)$ 之间的旋转体体积记为 $V(\zeta)$，问 a 为何值时，$V(a)=\dfrac{1}{2}\lim\limits_{\zeta\to+\infty}V(\zeta)$.

6. 求曲线 $y=x^2$ 及 $y=4$ 所围平面图形绕直线 $x=-2$ 旋转而成的旋转体的体积.

7. 求球面 $x^2+y^2+z^2=9$ 与圆锥面 $x^2+y^2=8z^2$ 之间包含 z 轴的部分的体积.

8. 求曲线 $r=\sqrt{2}\sin\theta$ 与 $r^2=\cos2\theta$ 所围图形的公共部分的面积.

9. 求曲线 $r=a\sin^3\dfrac{\theta}{3}(a>0,0\leqslant\theta\leqslant3\pi)$ 的弧长.

10. 证明：曲线 $y=\sin x$，$x\in[0,2\pi]$ 的弧长等于长半轴为 $\sqrt{2}$，短半轴为 1 的椭圆周长.

11. 设星形线的参数方程为 $\begin{cases}x=a\cos^3t,\\y=a\sin^3t\end{cases}(a>0,0\leqslant t\leqslant2\pi)$，试求：(1) 它所围图形的面积；(2) 它的弧长；(3) 它所围图形绕 x 轴旋转而成的旋转体的体积.

12. 半径为 R 的圆板，其上每一点所受的载荷分别按下列两种规律分布：

(1) $\lambda=\ln(1+r)$，r 为圆板上任一点到圆心的距离；

(2) $\lambda=1+\sin^2\theta$，θ 为圆板上任一点的极角.

试求出圆板相应所受的总载荷.

13. 薄板形状为椭圆，其轴为 $2a$，$2b(a>b)$，此薄板被垂直沉入水中长轴与水面平齐，且离水面的距离为 $h(h>b)$，求薄板一侧所受的压力（水的密度为 1）.

14. 设均匀细杆 AB 质量为 M，长度为 l，质量为 m 的质点位于 AB 的延长线上，将质点从距 B 点 r_1 处移到距 B 点 r_2 处 $(r_2>r_1)$，求引力所做的功.

15. 一容器的内表面是由曲线 $x=y+\sin y\left(0\leqslant y\leqslant\dfrac{\pi}{2}\right)$ 绕 y 轴旋转所得的旋转曲面，如果以 $\pi\mathrm{m}^3/\mathrm{s}$ 的速率向空容器内注入液体，求当液面高为 $\dfrac{\pi}{4}\mathrm{m}$ 时，液面上升的速度.

B 组

1. 求椭圆 $\dfrac{x^2}{a^2}+\dfrac{y^2}{b^2}=1$ 与 $\dfrac{x^2}{b^2}+\dfrac{y^2}{a^2}=1(a>0,b>0)$ 所围公共部分的面积.

2. 已知抛物线 $y=px^2+qx(p<0,q>0)$ 在第一象限内与直线 $x+y=5$ 相

切，且此抛物线与 x 轴所围成的平面图形的面积为 S，问 p,q 为何值时，S 达到最大值？

3. 求由曲线 $y=\lim\limits_{a\to+\infty}\dfrac{x}{1+x^2-e^{ax}}$，$y=\dfrac{1}{2}x$ 及 $x=1$ 围成的平面图形的面积.

4. 求由曲线 $y=3-|x^2-1|$ 与 x 轴围成的图形绕直线 $y=3$ 旋转而成的旋转体的体积.

5. 过坐标原点作曲线 $y=\ln x$ 的切线，该切线与曲线 $y=\ln x$ 及 x 轴围成平面图形 D.

(1) 求 D 的面积 S；

(2) 求 D 绕直线 $x=e$ 旋转一周所得旋转体的体积.

6. 求直线 L：$\dfrac{x-1}{0}=\dfrac{y}{1}=\dfrac{z-1}{2}$ 绕 z 轴旋转所得旋转曲面与两平面 $z=0$，$z=1$ 所围立体的体积.

7. 设曲线 $y=ax^2(a>0,x\geqslant0)$ 与 $y=1-x^2$ 交于 A 点，过原点 O 和点 A 的直线与曲线 $y=ax^2$ 围成一平面图形，问 a 为何值时，该图形绕 x 轴旋转所得旋转体体积最大？

8. 在由椭圆域 $\dfrac{x^2}{a^2}+\dfrac{y^2}{b^2}\leqslant1$ 绕 x 轴旋转而成的椭球体上，以 x 轴为中心轴打一个穿心圆孔，使剩下的环形体体积恰好等于椭球体体积的一半，求钻孔的半径 r.

9. 求曲线 $y=\int_0^{\frac{x}{n}}n\sqrt{\sin\theta}\,d\theta\,(0\leqslant x\leqslant n\pi)$ 的弧长.

10. 求曲线 $\begin{cases}x=a(\cos t+t\sin t),\\ y=a(\sin t-t\cos t)\end{cases}(0\leqslant t\leqslant\pi)$ 上分曲线的长为 1∶3 的分点坐标.

11. (1) 证明：由光滑曲线弧段 $y=y(x)(a\leqslant x\leqslant b,y(x)\geqslant0)$ 绕 x 轴旋转而得的旋转曲面的面积为 $S=2\pi\int_a^b y\sqrt{1+y'^2}\,dx$.

(2) 设有曲线 $y=\sqrt{x-1}$，过原点作其切线，求此曲线、切线及 x 轴围成的平面图形绕 x 轴旋转而得旋转体的表面积.

12. 设 $f(x)$ 在 $[0,1]$ 非负连续，且 $f(x)$ 在 $(0,1)$ 内导，$f'(x)>-\dfrac{2f(x)}{x}$. 证明：存在唯一的 $x_0\in(0,1)$，使得在区间 $[0,x_0]$ 上以 $f(x_0)$ 为高的矩形面积等于区间 $[x_0,1]$ 上以 $f(x)$ 为曲边的曲边梯形的面积.

13. 设有铅直倒立的等腰三角形水闸，其底长为 1m，高为 2m，底与水面相齐，作一水平线将闸门分为两部分，要使这两部分所受的压力相等，这条水平线应作在何处？

14. 一半径为 R，密度为 $\rho(>1)$ 的球沉在深为 $H(>2R)$ 的水池底，若将球从水中取出需做多少功？

15. 两根长度均为 l，质量均为 m 的均匀细棒，位于同一直线上，最近的两端点距离为 a，求两棒间的引力.

CHAPTER 7

第七章 常微分方程

一、目的要求

1. 了解微分方程,微分方程的解、通解、特解和初始条件等概念.

2. 识别下列几种一阶微分方程:可分离变量方程、齐次方程、一阶线性方程、伯努利方程和全微分方程.

3. 熟练掌握可分离变量方程及一阶线性方程的解法.

4. 会解齐次方程和伯努利方程,从中领会用变量代换解方程的思想.

5. 会解简单的全微分方程.

6. 会用降阶法解形如 $y^{(n)}(x)=f(x)$, $y''=f(y',y)$ 和 $y''=f(x,y')$ 的高阶方程.

7. 了解线性微分方程解的结构.

8. 熟练掌握二阶常系数齐次线性微分方程的解法,并知道高阶常系数齐次线性微分方程的解法;会用特征方程处理,尤其是对于重特征根的处理.

9. 熟练掌握用待定系数法求解自由项为多项式、正弦函数、余弦函数、指数函数及它们的乘积形式下的非齐次特解,了解并应用常数变易法.

10. 能解决简单的几何与物理问题.

二、内容提要

1. 一阶微分方程的类型及通解.

表 7-1

方程类型	通解(或求通解的方法)
(1) 可分离变量方程 $f_1(x)g_1(y)\mathrm{d}x+f_2(x)g_2(y)\mathrm{d}y=0$	两边同除 $g_1(y)f_2(x)\neq 0$,得 $\frac{f_1(x)}{f_2(x)}\mathrm{d}x+\frac{g_2(y)}{g_1(y)}\mathrm{d}y=0$, $\int\frac{f_1(x)}{f_2(x)}\mathrm{d}x+\int\frac{g_2(y)}{g_1(y)}\mathrm{d}y=C$

续表

方程类型	通解（或求通解的方法）
(2) 齐次方程 $y'=f\left(\frac{y}{x}\right)$	令 $u=\frac{y}{x}$，则 $y=ux, y'=u+x\frac{\mathrm{d}u}{\mathrm{d}x}$， 于是，原方程 $\Rightarrow u+x\frac{\mathrm{d}u}{\mathrm{d}x}=f(u)$ $\Rightarrow \frac{\mathrm{d}u}{f(u)-u}=\frac{\mathrm{d}x}{x}\Rightarrow \int\frac{\mathrm{d}u}{f(u)-u}=\ln x+C$
(3)* 可化为齐次型的方程 $\frac{\mathrm{d}y}{\mathrm{d}x}=f\left(\frac{a_1x+b_1y+c_1}{a_2x+b_2y+c_2}\right)$	1° 当 $c_1=c_2=0$ 时， $\frac{\mathrm{d}y}{\mathrm{d}x}=f\left(\frac{a_1x+b_1y}{a_2x+b_2y}\right)=f\left(\frac{a_1+b_1\frac{y}{x}}{a_2+b_2\frac{y}{x}}\right)=g\left(\frac{y}{x}\right)$ 属于(2) 2° $\begin{vmatrix}a_1 & b_1\\ a_2 & b_2\end{vmatrix}=0$，即 $\frac{a_1}{a_2}=\frac{b_1}{b_2}=\lambda$，则 $\frac{\mathrm{d}y}{\mathrm{d}x}=f\left(\frac{\lambda(a_2x+b_2y)+c_1}{a_2x+b_2y+c_2}\right)=g(a_2x+b_2y)$， 令 $a_2x+b_2y=u$，则 $\frac{\mathrm{d}y}{\mathrm{d}x}=a_2+b_2g(u)$ 属于(1) 3° $\begin{vmatrix}a_1 & b_1\\ a_2 & b_2\end{vmatrix}\neq0, c_2, c_2$ 不全为 0， 解方程组 $\begin{cases}a_1x+b_1y+c_1=0,\\ a_2x+b_2y+c_2=0,\end{cases}$ 求交点 (α,β)， 令 $x=X+\alpha, y=Y+\beta$，则原方程 $\Rightarrow$ $\frac{\mathrm{d}Y}{\mathrm{d}X}=\varphi\left(\frac{Y}{X}\right)$ 属于(2)
(4) 一阶线性方程 $y'+p(x)y=q(x)$	用常数变异法求 1° 求对应齐次方程 $y'+p(x)y=0$ 的通解 $y=Ce^{-\int p(x)\mathrm{d}x}$ 2° 令原方程的解为 $y=C(x)e^{-\int p(x)\mathrm{d}x}$ 3° 代入原方程整理得 $C'(x)e^{-\int p(x)\mathrm{d}x}=q(x)$ $\Rightarrow C(x)=\int q(x)e^{\int p(x)\mathrm{d}x}\mathrm{d}x+C$ 4° 原方程通解 $y=\left[\int q(x)e^{\int p(x)\mathrm{d}x}\mathrm{d}x+C\right]e^{-\int p(x)\mathrm{d}x}$ ① 或直接应用公式①式求解
(5)* 伯努利方程 $y'+p(x)y=q(x)y^n$， 其中 $n\neq0,1$	令 $z=y^{1-n}$，则方程 $\Rightarrow\frac{1}{1-n}\frac{\mathrm{d}z}{\mathrm{d}x}+p(x)z=q(x)$， $\frac{\mathrm{d}z}{\mathrm{d}x}+(1-n)p(x)z=(1-n)q(x)$ 属于(4)
(6)* 全微分方程 $M(x,y)\mathrm{d}x+N(x,y)\mathrm{d}y=0$ 为全微分方程 $\Leftrightarrow\frac{\partial M}{\partial y}=\frac{\partial N}{\partial x}$	通解为 $\int_{x_0}^{x}M(x,y_0)\mathrm{d}x+\int_{y_0}^{y}N(x,y)\mathrm{d}y=C$

2. 可降价高次方程的类型与通解.

表 7-2

方程类型	解法及解的表达式
$y^{(n)}=f(x)$	通解为 $y=\underbrace{\int\cdots\int}_{n\text{次}}f(x)\,(\mathrm{d}x)^n+C_1x^{n-1}+C_2x^{n-2}+\cdots+C_{n-1}x+C_n$
不显含 y 的二阶方程 $y''=f(x,y')$	令 $y'=p$,则 $y''=p'$,原方程$\Rightarrow$ $p'=f(x,p)$——一阶方程,设其解为 $p=\varphi(x,C_1)$, 即 $y'=\varphi(x,C_1)$,则原方程的通解为 $y=\int\varphi(x,C_1)\mathrm{d}x+C_2$
不显含 x 的二阶方程 $y''=f(y,y')$	令 $y'=p$,把 p 看做 y 的函数,则 $y''=\frac{\mathrm{d}p}{\mathrm{d}x}=\frac{\mathrm{d}p}{\mathrm{d}y}\cdot\frac{\mathrm{d}y}{\mathrm{d}x}=p\frac{\mathrm{d}p}{\mathrm{d}y}$,把 y',y''的表达式代入原方程, 得$\frac{\mathrm{d}p}{\mathrm{d}x}=\frac{1}{p}f(y,p)$——一阶方程 设其解为 $p=\varphi(y,C_1)$,即$\frac{\mathrm{d}y}{\mathrm{d}x}=\varphi(y,C_1)$,则原方程的通解为 $\int\frac{\mathrm{d}y}{\varphi(y,c_1)}=x+C_2$

3. 二阶常系数线性方程的类型及通解.

表 7-3

方程类型	通解(特解)的形式及其求法
二阶常系数线性齐次方程 $y''+py'+qy=0$,(1) 其中 p,q 均为常数	特征方程:$\lambda^2+p\lambda+q=0$ 1° 当 λ_1,λ_2 为相异特征根时,方程(1)通解为 $y(x)=C_1e^{\lambda_1x}+C_2e^{\lambda_2x}$ 2° 当 $\lambda_1=\lambda_2$ 时,通解为 $y(x)=(C_1+C_2x)e^{\lambda_1x}$ 3° 当 $\lambda=a\pm i\beta$(复根)时,通解为 $y(x)=e^{ax}(C_1\cos\beta x+C_2\sin\beta x)$
二阶常系数线性非齐次方程 $y''+py'+qy=f(x)$,(2) 其中 p,q 均为常数	通解的求法程序: 1° 求对应齐次方程的通解 $Y(x)$ 2° 求出(2)的特解 $y^*(x)$ 3° 方程(2)的通解 $y=Y(x)+y^*(x)$ 方程(2)特解 $y^*(x)$的求法有三种: 1° 微分算子法 2° 常数变易法 3° 特定系数法(常见类型见下表)

二阶常系数非齐次线性方程的非齐次项 $f(x)$ 与特解 y^* 的关系

$y''+py'+qy=f(x)$	特解 $y^*(x)$ 的形式
$f(x)=p_n(x)$，其中 p_n 为 x 的 n 次多项式	0 不是特征根，$y^*(x)=n$ 次多项式 $R_n(x)$ 0 是特征方程的单根，$y^*(x)=xR_n(x)$ 0 是特征方程的重根，$y^*(x)=x^2R_n(x)$
$f(x)=Ae^{ax}$，其中 A 为常数	a 不是特征根，$y^*(x)=Be^{ax}$，B 为常数 a 是特征方程的单根，$y^*(x)=Bxe^{ax}$ a 是特征方程的重根，$y^*(x)=Bx^2e^{ax}$
$f(x)=p_n(x)e^{ax}$，其中 $p_n(x)$ 为 x 的几次多项式	a 不是特征根，$y^*(x)=R_n(x)e^{ax}$，$R_n(x)$ 为 n 次多项式 a 是特征方程的单根，$y^*(x)=xR_n(x)e^{ax}$ a 是特征方程的重根，$y^*(x)=x^2R_n(x)e^{ax}$
$f(x)=A\sin wx$ 或 $A\cos wx$，其中 A,w 均为常数	iw 不是特征根，$y^*=M\cos wx+N\sin wx$，M,N 为常数 iw 是特征根，$y^*=x(M\cos wx+N\sin wx)$
$f(x)=Ae^{\alpha x}\sin\beta x$ 或 $Ae^{\alpha x}\cos\beta x$，其中 A,α,β 均为常数	$\alpha\pm i\beta$ 不是特征根，$y^*=e^{\alpha x}(M\cos\beta x+N\sin\beta x)$ $\alpha\pm i\beta$ 是特征根，$y^*=xe^{\alpha x}(M\cos\beta x+N\sin\beta x)$，$M,N$ 为常数

4. 高阶常系数线性齐次方程的通解.

n 阶常系数齐次线性微分方程的一般形式为：

$$y^{(n)}+p_1y^{(n-1)}+\cdots+p_{n-1}y'+p_ny=0\,(p_1,p_2,\cdots,p_n\ 为常数),\tag{1}$$

其特征方程为

$$\lambda^n+p_1\lambda^{n-1}+\cdots+p_{n-1}\lambda+p_n=0.\tag{2}$$

特征根	方程(1)中通解的形式或所含的项
$\lambda_i(i=1,2,\cdots,n)$ 为(2)的 n 个相异的实根	通常为 $y=C_1e^{\lambda_1x}+C_2e^{\lambda_2x}+\cdots+C_ne^{\lambda_nx}$
$\lambda=k$ 为(2)的 $m(m\leqslant n)$ 重实根	通解中含有的项为 $(C_1+C_2+\cdots+C_mx^{m-1})e^{kx}$
$\lambda=\alpha\pm i\beta$ 为(2)的 $m(m<n)$ 重复数根	通解中含有的项为 $e^{\alpha x}[(C_1+C_2x+\cdots+C_mx^{m-1})\cos\beta x+(D_1+D_2x+\cdots+D_{m-1}x^{m-1})\sin\beta x]$，其中 $C_i,D_i(i=1,2,\cdots,m)$ 均为常数

三、复习提问

1. 什么是微分方程及微分方程的解、通解、特解、初始条件、积分曲线？
2. 一阶微分方程常见的类型有哪些？它们的解的情况如何？
3. 高阶微分方程常见类型有哪些？它们的通解情况如何？
4. 过 xOy 面上任何一点最多只有一条微分方程的积分曲线吗？

分析 不一定，如方程 $y=xy'+\ln y'$ 易验证其通解为 $y=Cx+\ln C$. (1)

特别地，$y=x$ 是(1)中的一条积分曲线，但函数

$$y=-1-\ln(-x) \tag{2}$$

不在(1)中，而将(2)中等号两边对 x 求导，有 $y'=-\frac{1}{x}$. 将(2)式和 $y'=-\frac{1}{x}$ 代入原方程，右边 $=x\left(-\frac{1}{x}\right)+\ln\left(-\frac{1}{x}\right)=$ 左边，所以(2)式也是方程的解. 显然，$y=x$ 与 $y=-1-\ln(-x)$ 都经过点 $(-1,-1)$，可见原方程有两条积分曲线均过 $(-1,-1)$ 点.

解(2)不在通解(1)中，称为方程的奇解.

5. 能迅速指出下列式子是哪一个函数的全微分吗？

(1) $y\mathrm{d}x+x\mathrm{d}y=\mathrm{d}(\quad)$；　　(2) $\frac{x\mathrm{d}y-y\mathrm{d}x}{y^2}=\mathrm{d}(\quad)$；

(3) $\frac{y\mathrm{d}x-x\mathrm{d}y}{x^2+y^2}=\mathrm{d}(\quad)$；　　(4) $\frac{x\mathrm{d}x+y\mathrm{d}y}{\sqrt{x^2+y^2}}=\mathrm{d}(\quad)$；

(5) $xy^2\mathrm{d}x+x^2y\mathrm{d}y=\mathrm{d}(\quad)$；　　(6) $\frac{2xy\mathrm{d}y-y^2\mathrm{d}x}{x^2}=\mathrm{d}(\quad)$.

6. 对下述论断判断其正误，对于错误的，请改正：

(1) $(y')^2+y=x$ 是二阶线性微分方程；

(2) $x^3y''+x^2y'-(x+\sin x)y=1$ 是二阶线性微分方程；

(3) 对于 n 阶微分方程，若有含 n 个任意常数的解，则该解必为通解；

(4) 由于 $y_1=x,y_2=\mathrm{e}^x$ 是微分分程 $(x-1)y''-xy'+y=0$ 的两个特解，则 $y=C_1x+C_2\mathrm{e}^x$ 是其通解(C_1,C_2 为任意常数)；

(5) 若函数 y_1,y_2 是二阶线性方程 $y''+p(x)y'+q(x)y=0$ 的两个特解，则当 $y_1y_2'-y_1'y_2\neq 0$ 时，由 y_1,y_2 可构成方程的通解 $y=C_1y_1+C_2y_2$.

7. 若线性无关的函数 y_1,y_2,y_3 都是二阶非齐次线性方程 $y''+P(x)y'+Q(x)y=f(x)$ 的特解，是否可由 $C_1y_1+C_2y_2+y_3$ 构成通解？是否可由 $C_1y_1+C_2y_2+(1-C_1-C_2)y_3$ 构成通解(C_1,C_2 为任意常数)？

8. 已知 $y_1(x)$ 是 $y''+P(x)y'+Q(x)y=0$ 的一个特解，请问另一个线性无关的特解可用什么方法求出？试写出之.

四、例题分析

微分方程的各类方程都有固有的解法，因此，重要的是判别方程的类型，然后用相应的方法求解.

例 1　求解 $\frac{\mathrm{d}y}{\mathrm{d}x}=3(y+2x)+1$.

解 解法一 将方程化为$\frac{\mathrm{d}y}{\mathrm{d}x}-3y=6x+1$，这是一阶线性方程，于是

$$y=\mathrm{e}^{\int 3\mathrm{d}x}\left[\int(6x+1)\mathrm{e}^{-\int 3\mathrm{d}x}\mathrm{d}x+C\right]=\mathrm{e}^{3x}\left[\int(6x+1)\mathrm{e}^{-3x}\mathrm{d}x+C\right]$$

$$=\mathrm{e}^{3x}\left[-\frac{1}{3}(6x+1)\mathrm{e}^{-3x}-\frac{2}{3}\mathrm{e}^{-3x}+C\right]=C\mathrm{e}^{3x}-(2x+1).$$

解法二 令$z=y+2x$，则$\frac{\mathrm{d}z}{\mathrm{d}x}=\frac{\mathrm{d}y}{\mathrm{d}x}+2$，原方程化为

$$\frac{\mathrm{d}z}{\mathrm{d}x}=3z+3,$$

上式为可分离变量方程，即 $$\frac{\mathrm{d}z}{z+1}=3\mathrm{d}x,$$

两边积分，得 $$\ln(z+1)=3x+\ln C,$$

故$z=C\mathrm{e}^{3x}-1$，即 $$y=C\mathrm{e}^{3x}-(2x+1).$$

例 2 解下列微分方程：

(1) $x(\ln x-\ln y)\mathrm{d}y-y\mathrm{d}x=0$；

(2) $(1+\mathrm{e}^{-\frac{x}{y}})y\mathrm{d}x+(y-x)\mathrm{d}y=0$.

解 (1) 原方程变为$x\ln\frac{x}{y}\mathrm{d}y-y\mathrm{d}x=0$，

即 $$\frac{\mathrm{d}y}{\mathrm{d}x}=\frac{y}{x\ln\frac{x}{y}}=\frac{\frac{y}{x}}{\ln\frac{x}{y}}.$$

令$y=ux$，$y_x'=u+xu_x'$代入方程，得

$$u+xu_x'=\frac{u}{\ln\frac{1}{u}}\Rightarrow xu_x'=-u-\frac{u}{\ln u}\Rightarrow\frac{-\ln u\mathrm{d}u}{u(1+u)}=\frac{\mathrm{d}x}{x},$$

即 $$-\left(1-\frac{1}{1+\ln u}\right)\mathrm{d}(\ln u)=\frac{\mathrm{d}x}{x},$$

两边积分，得

$$-[\ln u-\ln(1+\ln u)]=\ln x+\ln C,$$

故 $$Cy=1+\ln\frac{y}{x}.$$

(2) $\frac{\mathrm{d}y}{\mathrm{d}x}=\frac{y(1+\mathrm{e}^{-\frac{x}{y}})}{x-y}=\frac{1+\mathrm{e}^{-\frac{x}{y}}}{\frac{x}{y}-1}$，令$u=\frac{x}{y}$，则$x=uy$，$\frac{\mathrm{d}x}{\mathrm{d}y}=u+y\frac{\mathrm{d}u}{\mathrm{d}y}$，

原方程变形为 $$u+y\frac{\mathrm{d}u}{\mathrm{d}y}=\frac{u-1}{1+\mathrm{e}^{-u}},$$

即 $$\frac{1+\mathrm{e}^{u}}{u+\mathrm{e}^{u}}\mathrm{d}u+\frac{\mathrm{d}y}{y}=0,$$

两边积分，得 $$\ln(\mathrm{e}^{u}+u)+\ln y=\ln C,$$

故 $$y(u+\mathrm{e}^{u})=C.$$

变量还原，得 $$y\mathrm{e}^{\frac{x}{y}}+x=C.$$

例 3 求解 $y'=(x+y+1)^2$.

解 这是 $y'=f(ax+by+c)$ 型方程，令 $u=x+y+1$，则 $y'=u'-1$，代入原方程，得

$$\frac{\mathrm{d}u}{\mathrm{d}x}-1=u^2.$$

分离变量，得 $$\frac{\mathrm{d}u}{u^2+1}=\mathrm{d}x,$$

两边积分，得 $$\arctan u=x+C,$$

以 $u=x+y+1$ 代入，得原方程的解为

$$\arctan(x+y+1)=x+C.$$

例 4 求解 $(x-\sin y)\mathrm{d}y+\tan y\mathrm{d}x=0,y\Big|_{x=1}=\frac{\pi}{6}$.

解 $(x-\sin y)\mathrm{d}y+\frac{\sin y}{\cos y}\mathrm{d}x=0$，所以

$$\frac{\mathrm{d}y}{\mathrm{d}x}=\frac{\sin y}{\cos y(\sin y-x)},$$

即 $$\frac{\mathrm{d}(\sin y)}{\mathrm{d}x}=\frac{\sin y}{\sin y-x}.$$

将 x 看做 $\sin y$ 的函数，于是 $\frac{\mathrm{d}x}{\mathrm{d}(\sin y)}=\frac{\sin y-x}{\sin y}$. 令 $u=\sin y$，得

$$\frac{\mathrm{d}x}{\mathrm{d}u}=1-\frac{1}{u}x\text{（一阶线性方程）},$$

则 $$x=\mathrm{e}^{-\int\frac{1}{u}\mathrm{d}u}\left(\int\mathrm{e}^{\int\frac{1}{u}\mathrm{d}u}\mathrm{d}u+c\right)=\frac{1}{u}\left(\frac{1}{2}u^2+C\right),$$

故原方程的通解为 $x=\frac{1}{\sin y}\left(\frac{1}{2}\sin^2 y+C\right)$.

将初始条件 $y\Big|_{x=1}=\frac{\pi}{6}$ 代入，得 $C=\frac{3}{8}$，故所求特解为

$$x=\left(\frac{1}{2}\sin^2 y+\frac{3}{8}\right)\cdot\frac{1}{\sin y}.$$

例 5 求解下列微分方程：

(1) $(3x^2+2xe^{-y})dx+(3y^2-x^2e^{-y})dy=0$；

(2) $(xy+\sqrt{1-x^2y^2})dx+x^2dy=0$.

分析 全微分方程的解法有三种：(1) 原函数法；(2) 曲线积分法；(3) 分项组合法. 分项组合法即先把方程中那些本身已构成全微分的项分出，再将剩余的项凑成全微分. 分项组合法是非常重要的方法，不仅可以求解全微分方程，而且还可以从中发现非全微分方程的解题契机. 要熟练掌握这种方法必须牢记以下公式：

$$xdy+ydx=d(xy)；\qquad xdx+ydy=\frac{1}{2}d(x^2+y^2)；$$

$$\frac{ydx-xdy}{y^2}=d\left(\frac{x}{y}\right)；\qquad \frac{ydx-xdy}{x^2+y^2}=d\left(\text{acrtan}\,\frac{x}{y}\right)；$$

$$\frac{xdy-ydx}{x^2}=d\left(\frac{y}{x}\right)；\qquad \frac{ydx-xdy}{xy}=d\left(\ln\frac{x}{y}\right).$$

解 (1) $P(x,y)=3x^2+2xe^{-y}$，$Q(x,y)=3y^2-x^2e^{-y}$，

$\frac{\partial P}{\partial y}=-2xe^{-y}$，$\frac{\partial Q}{\partial x}=-2xe^{-y}$，所以$\frac{\partial P}{\partial y}\equiv\frac{\partial Q}{\partial x}$.

于是，该方程为全微分方程，本题分别用原函数法及分项组合法做.

设 $du(x,y)=\frac{\partial u}{\partial x}dx+\frac{\partial u}{\partial y}dy=P(x,y)dx+Q(x,y)dy$，

故通解为

$$\int_{x_0}^{x}P(x,y_0)dx+\int_{y_0}^{y}Q(x,y)dy=C.$$

将 $P(x,y)$，$Q(x,y)$代入，得 $x^3+x^2e^{-y}+y^3=C$.

用分项组合法解. 显然方程中 $3x^2dx$，$3y^2dy$ 是构成全微分的项，而 $2xe^{-y}dx-x^2e^{-y}dy$ 可凑成 $d(x^2e^{-y})$，故原方程可写成 $d(x^3)+d(y^3)+d(x^2e^{-y})=0$，从而 $x^3+y^2+x^2e^{-y}=C$.

(2) $P(x,y)=xy+\sqrt{1-x^2y^2}$，$Q(x,y)=x^2$，

$$\frac{\partial P}{\partial y}=x-\frac{yx^2}{\sqrt{1-x^2y^2}}，\frac{\partial Q}{\partial x}=2x，$$

因此方程不是全微分方程，用分项组合法求解. 方程可变形为

$$\frac{ydx+xdy}{\sqrt{1-(xy)^2}}+\frac{dx}{x}=0，$$

即 $$\frac{\mathrm{d}(xy)}{\sqrt{1-(xy)^2}}+\frac{\mathrm{d}x}{x}=0,\arcsin(xy)+\ln x=C.$$

例 6 求解 $x\mathrm{d}y+y\mathrm{d}x-xy^2\ln x\mathrm{d}x=0$.

解 解法一 原方程可化为$\frac{\mathrm{d}y}{\mathrm{d}x}+\frac{y}{x}=y^2\ln x$,这是伯努利方程.

令 $z=y^{-1}$,则$\frac{\mathrm{d}z}{\mathrm{d}x}=-y^{-2}\frac{\mathrm{d}y}{\mathrm{d}x}$,代入上式,得

$$-\frac{\mathrm{d}z}{\mathrm{d}x}+\frac{1}{x}\cdot z=\ln x,$$

即 $$\frac{\mathrm{d}z}{\mathrm{d}x}-\frac{1}{x}\cdot z=-\ln x.$$

解之,得 $$z=\mathrm{e}^{\int\frac{1}{x}\mathrm{d}x}\left(-\int\ln x\mathrm{e}^{-\int\frac{1}{x}\mathrm{d}x}+C\right)=x\left[-\int(\ln x)x^{-1}\mathrm{d}x+C\right]$$
$$=x\left(-\frac{1}{2}\ln^2x+C\right),$$

所求解为 $$xy\left(-\frac{1}{2}\ln^2x+C\right)=1.$$

解法二 原方程可化为 $(x\mathrm{d}y+y\mathrm{d}x)-xy^2\ln x\mathrm{d}x=0$,

将方程两边同乘以$\frac{1}{x^2y^2}$,则方程变为

$$\frac{x\mathrm{d}y+y\mathrm{d}x}{x^2y^2}-\frac{\ln x}{x}\mathrm{d}x=0,$$

即 $$\mathrm{d}\left(-\frac{1}{xy}\right)-\frac{1}{2}\mathrm{d}(\ln^2x)=0,$$

于是 $$\frac{1}{xy}+\frac{1}{2}\ln^2x+C=0.$$

例 7 $y(x)$ 满足 $y(x)=\cos2x+\int_0^x y(t)\sin t\mathrm{d}t$,求解 $y(x)$.

解 两边关于 x 求导,得

$$y'(x)=-2\sin2x+y(x)\sin x.$$

将 $x=0$ 代入原方程可知 $y(0)=1$,于是得微分方程定解问题

$$\begin{cases}y'-y\sin x=-2\sin2x,\\ y(0)=1\end{cases}\text{——一阶线性方程}$$

解得 $$y(x)=\mathrm{e}^{1-\cos x}+4(\cos x-1).$$

例 8 设 $f(x)$在$[0,+\infty)$上连续,且 $\lim\limits_{x\to+\infty}f(x)=b>0$,又 $a>0$,求证:方程 $\frac{\mathrm{d}y}{\mathrm{d}x}+ay=f(x)$的一切解 $y(x)$均有 $\lim\limits_{x\to+\infty}y(x)=\frac{b}{a}$.

证明 线性方程的通解为

$$y = e^{-ax}\left[C+\int_0^x f(t)e^{at}\,dt\right],$$

因此有
$$\lim_{x\to+\infty} y(x) = \lim_{x\to+\infty}\frac{\int_0^x f(t)e^{at}\,dt}{e^{ax}}.$$

易知，分母趋向$+\infty$，可证分子也趋向$+\infty$，由洛必达法则，得

$$\lim_{x\to+\infty} y(x) = \lim_{x\to+\infty}\frac{f(x)e^{ax}}{a e^{ax}} = \frac{b}{a}.$$

例 9 设曲线上任一点的切线垂直于由原点到切点的连线，且曲线过点$M_0(1,2)$，求曲线的方程.

解 设曲线方程为$y=y(x)$，在切点(x,y)处的切线斜率为y'，由原点到切点的连线的斜率为$\frac{y}{x}$，于是由题意得曲线的微分方程

$$y' = \frac{-1}{\frac{y}{x}} = -\frac{x}{y},$$

再由曲线过点$M_0(1,2)$，得定解问题$\begin{cases} y' = -\dfrac{x}{y}, \\ y\big|_{x=1} = 2, \end{cases}$

求得通解为
$$x^2+y^2=C,$$
代入初始条件，得$C=5$，故所求曲线为圆

$$x^2+y^2=5.$$

例 10 枪弹垂直射穿厚度为δ的钢板，入板的速度为a，出板速度为b，$a>b$. 设枪弹在板内受到的阻力与速度成正比，则枪弹穿过钢板的时间是多少？

解 设枪弹速度为$v=v(t)$，由牛顿第二定律得微分方程为$m\frac{dv}{dt}=-kv$，其中m为枪弹质量，k为阻尼系数，解得

$$v=Ce^{-\frac{k}{m}t}. \tag{1}$$

由$v(0)=a$，得$v=ae^{-\frac{k}{m}t}$.

设枪弹穿过钢板的时间为T，则有$v(T)=b$，代入(1)式，有$b=ae^{-\frac{k}{m}T}$，求得

$$T=\frac{m}{k}\ln\frac{a}{b}.$$

因为m未给出，需要设法求出$\frac{m}{k}$.

因为 $v=\frac{\mathrm{d}s}{\mathrm{d}t}$,所以

$$\delta=\int_0^T v\mathrm{d}t=a\int_0^T \mathrm{e}^{-\frac{k}{m}t}\mathrm{d}t=\frac{am}{k}(1-\mathrm{e}^{-\frac{k}{m}T})=\frac{m}{k}(a-b),$$

从而 $\frac{m}{k}=\frac{\delta}{a-b}$,故 $T=\frac{\delta}{a-b}\ln\frac{a}{b}$.

例 11 求解下列方程:

(1) $y''=\frac{1}{x}y'+x\mathrm{e}^x\sin x$;　　(2) $y''=\frac{1+y'^2}{2y}$.

解 (1) 此为不显含 y 的二阶方程,令 $y'=P$,则 $y''=P'$,代入原方程,得

$$P'=\frac{1}{x}P+x\mathrm{e}^x\sin x \qquad \text{——一阶线性方程},$$

求解,得

$$\begin{aligned}P&=\mathrm{e}^{\int\frac{1}{x}\mathrm{d}x}\left[\int x\mathrm{e}^x\sin x\cdot\mathrm{e}^{\int(-\frac{1}{x})\mathrm{d}x}\mathrm{d}x+C_1\right]\\&=\frac{1}{2}x\mathrm{e}^x(\sin x-\cos x)+C_1x,\end{aligned}$$

即 $\frac{\mathrm{d}y}{\mathrm{d}x}=\frac{1}{2}x\mathrm{e}^x(\sin x-\cos x)+C_1x$.

故原方程的解为 $y=\frac{1}{2}\left[-x\mathrm{e}^x\cos x+\frac{1}{2}\mathrm{e}^x(\cos x+\sin x)\right]+\frac{1}{2}C_1x^2+C_2$.

(2) 此为不显含 x 的二阶方程,令 $y'=P$,$y''=P\frac{\mathrm{d}P}{\mathrm{d}y}$,代入方程,得

$$\begin{aligned}P\cdot\frac{\mathrm{d}P}{\mathrm{d}y}=\frac{1+P^2}{2y}&\Rightarrow\frac{2P\mathrm{d}P}{1+P^2}=\frac{\mathrm{d}y}{y}\Rightarrow\ln(1+P^2)=\ln y+\ln C_1\\&\Rightarrow 1+P^2=C_1y\Rightarrow P=\pm\sqrt{C_1y-1},\end{aligned}$$

即

$$\frac{\mathrm{d}y}{\mathrm{d}x}=\pm\sqrt{C_1y-1}\Rightarrow\frac{\mathrm{d}y}{\sqrt{C_1y-1}}=\pm\mathrm{d}x,$$

故原方程的解为 $\frac{2}{C_1}\sqrt{C_1y-1}=\pm x+C_2$.

例 12 求 $y''-y=\sin^2x$ 的通解.

解 先求齐次通解 Y. 由 $y''-y=0$ 有特征方程 $\lambda^2-1=0$,所以 $\lambda_{1,2}=\pm1$,$y_1=\mathrm{e}^x$,$y_2=\mathrm{e}^{-x}$,故 $Y=C_1\mathrm{e}^x+C_2\mathrm{e}^{-x}$.

再求非齐次特解 y^*.

解法一　用待定系数法求 y^*.

因为

$$f(x)=\sin^2x=\frac{1}{2}-\frac{1}{2}\cos2x,$$

所以令 $y^*=A+B\cos 2x+C\sin 2x$，代入方程并比较系数得

$$A=-\frac{1}{2},B=\frac{1}{10},C=0.$$

故 $y^*=-\frac{1}{2}+\frac{1}{10}\cos 2x$.

解法二　用常数变易法求 y^*.

令 $y^*=v_1(x)e^x+v_2(x)e^{-x}$，由

$$\begin{cases}e^x\cdot v_1'+e^{-x}v_2'=0,\\ e^x\cdot v_1'-e^{-x}\cdot v_2'=\sin^2 x,\end{cases}$$

解得
$$v_1'=\frac{1}{2}e^{-x}\sin^2 x,v_2'=-\frac{1}{2}e^x\sin^2 x,$$

于是 $v_1(x)=\int\frac{1}{2}e^{-x}\sin^2 x\,dx=\frac{1}{5}e^{-x}\sin 2x-\frac{1}{10}e^{-x}\cos 2x$,

$$v_2(x)=-\int\frac{1}{2}e^x\sin^2 x\,dx=-\frac{1}{10}e^x\cos 2x+\frac{1}{5}e^x\sin 2x,$$

$$y^*=e^x v_1+e^{-x}v_2=-\frac{1}{2}+\frac{1}{10}\cos 2x,$$

故原方程的通解为 $y=C_1e^x+C_2e^{-x}-\frac{1}{2}+\frac{1}{10}\cos 2x$.

例 13　设二阶常系数线性方程 $y''+\alpha y'+\beta y=\gamma e^x$ 的一个特解为 $y=e^{2x}+(1+x)e^x$，试确定常数 α,β,γ，并求该方程的通解.

解　将 $y=e^{2x}+(1+x)e^x$，代入方程，得

$$(4+2\alpha+\beta)e^{2x}+(3+2\alpha+\beta)e^x+(1+\alpha+\beta)xe^x=\gamma e^x,$$

比较系数有
$$\alpha=-3,\beta=2,\gamma=-1,$$

故原方程为
$$y''-3y'+2y=-e^x,$$

其特征方程为　$\lambda^2-3\lambda+2=0$，特征根为 $\lambda_1=1,\lambda_2=2$，

对应齐次方程通解为　$Y=C_1e^x+C_2e^{2x}$.

令 $y^*=Bxe^x$，代入得通解为

$$Y=C_1e^x+C_2e^{2x}+xe^x.$$

例 14　设 $y_1=x,y_2=x+e^{2x},y_3=x(1+e^{2x})$ 是二阶常系数线性非齐次方程的特解，求该方程的通解及该方程.

解　设所求的二阶常系数线性非齐次方程为

$$y''+a_1y'+a_2y=f(x),\tag{1}$$

对应的齐次方程为 $y''+a_1y'+a_2y=0$.　　(2)

由非齐次与齐次方程解的关系，可知 $y_2-y_1=e^{2x},y_3-y_1=xe^{2x}$ 是方程(2)

的解.

又$\frac{xe^{2x}}{e^{2x}}=x\neq k$(常数),故方程(2)的通解为

$$y=C_1e^{2x}+C_2xe^{2x}=(C_1+C_2x)e^{2x},$$

由非齐次方程解的结构定理,其通解为

$$y=(C_1+C_2x)e^{2x}+x.$$

再求方程(1).

由齐次方程(2)的通解形式可知$\lambda=2$为特征方程$\lambda^2+a_1\lambda+a_2=0$的重根.由根与系数的关系可得$a_1=-4,a_2=4$,于是方程(1)为

$$y''-4y'+4y=f(x).$$

又因$y_1=x$为其解,故$(x)''-4(x)'+4x=f(x)$,即$f(x)=4(x-1)$.故所求方程为 $y''-4y'+4y=4(x-1)$.

例 15 设$y''+2my'+n^2y=0,y(0)=a,y'(0)=b$,求$\int_0^{+\infty}y(x)dx$(其中$a,b,m,n$均为常数,$m>n,n>0$).

解 特征方程为$\lambda^2+2m\lambda+n^2=0$,特证根为$\lambda_{1,2}=-m\pm\sqrt{m^2-n^2}$,原方程通解为

$$y=C_1e^{\lambda_1x}+C_2e^{\lambda_2x}.$$

由初始条件,有

$$C_1+C_2=a,\lambda_1C_1+\lambda_2C_2=b,$$

故$\int_0^{+\infty}y(x)dx=\int_0^{+\infty}(C_1e^{\lambda_1x}+C_2e^{\lambda_2x})dx=-\left(\frac{C_1}{\lambda_1}+\frac{C_2}{\lambda_2}\right)$

$$=-\frac{1}{\lambda_1\lambda_2}[(\lambda_1+\lambda_2)(C_1+C_2)-(\lambda_1C_1+\lambda_2C_2)]$$

$$=-\frac{1}{n^2}(-2ma-b)=\frac{1}{n^2}(2ma+b).$$

五、自测练习

A组

1. 求解下列一阶微分方程:

(1) $\frac{dy}{dx}=xe^{y-2x}$;　　(2) $(y-x\sin x)dx+xdy=0$;

(3) $sds+(s+2t)dt=0$;　　(4) $xydx+(y^4-x^2)dy=0$;

(5) $(\ln x-\ln y-1)ydx+xdy=0$;

(6) $2x\ln x\mathrm{d}y+y(y^2\ln x-1)\mathrm{d}x=0$；

(7) $y'+\frac{1}{y_2}\mathrm{e}^{y^3+x}=0$； (8) $xy'=\sqrt{x^2-y^2}+y$；

(9) $y'=\frac{1}{2x-y^2}$； (10) $y'=-\frac{6x^3+3xy^2}{3x^2y+2y^3}$.

2. 设有一个一阶微分方程的通解为$(x^2+y^2)^2=C(x^2-y^2)$，求此一阶微分方程.

3. 设 $y=y(x)$ 满足$\int_0^x ty(t)\mathrm{d}t=x^2+y(x)$，求 $y(x)$.

4. 设有一条宽度为 $2l$ 的河流，河水的流速 v 与离河中心线的距离 x 成函数关系，$v=v_0\left(1-\frac{x^2}{l^2}\right)$，$-l\leqslant x\leqslant l$，现有一只船以匀速 a 从岸边的 A 点向对岸驶去，方向始终垂直对岸，试求船在河中的轨迹方程，并求船在对岸的登陆地点 B.

5. 求解下列微分方程：

(1) $x^2y''=(y')^2+2xy'$； (2) $yy''-(y')^2+(y')^3=0$；

(3) $yy''-y'^2=y^2\ln y$； (4) $y''+2y'-3y=\mathrm{e}^{2x}$；

(5) $y''+4y'+5y=\sin 2x$； (6) $y''-6y'+9y=(x+1)\mathrm{e}^{3x}$；

(7) $y^{(5)}+y^{(4)}+2y'''+2y''+y'+y=0$； (8) $x^2y''+xy'+y=2\sin(\ln x)$.

B 组

1. 求初值问题 $y''+y=3|\sin 2x|$，$y\left(\frac{\pi}{4}\right)=0$，$y'\left(\frac{\pi}{4}\right)=1$，$-\frac{\pi}{2}\leqslant x\leqslant\frac{\pi}{2}$.

2. 求解下列微分方程：

(1) $y'=\sqrt{2x+y-3}$； (2) $(1+\mathrm{e}^x)yy'=\mathrm{e}^x$，$y\Big|_{x=0}=1$；

(3) $\mathrm{e}^{-y}(y'+1)=x\mathrm{e}^x$； (4) $(1-x)y'+y=x$；

(5) $\frac{\mathrm{d}y}{\mathrm{d}x}=\frac{x+y^3}{2xy}$.

3. 求适合关系式 $y(x)=x^2+\int_1^x\frac{y(t)}{t}\mathrm{d}t\,(x>0)$ 的连续函数 $y(x)$.

4. 通过变量代换化方程 $x^4\frac{\mathrm{d}^2y}{\mathrm{d}x^2}+2x^3\frac{\mathrm{d}y}{\mathrm{d}x}+n^2x=0$ 为常系数线性方程，并求其通解.

5. 已知曲线 $y=f(x)(x>0)$ 是微分方程 $2y''+y'-y=(4-6x)\mathrm{e}^{-x}$ 的一条积分曲线，此曲线通过原点且在原点处斜率为 0. 试求：(1) 曲线 $y=f(x)$ 到 x 轴的最大距离；(2) 计算$\int_0^{+\infty}f(x)\mathrm{d}x$.

6. 设 $F(x)=f(x)g(x)$,其中函数 $f(x),g(x)$ 在 $(-\infty,+\infty)$ 内满足条件:$f'(x)=g(x),g'(x)=f(x)$,且 $f(0)=0,f(x)+g(x)=2e^x$.

(1) 求 $F(x)$ 所满足的一阶微分方程;

(2) 求出 $F(x)$ 的表达式.

7. 求微分方程 $\begin{cases} y''+y=x, & x\leqslant\dfrac{\pi}{2}, \\ y''+4y=0, & x>\dfrac{\pi}{2} \end{cases}$ 满足条件 $y|_{x=0}=0,y'|_{x=0}=0$,在 $x=\dfrac{\pi}{2}$ 处连续且可微的解.

8. 设 $f(x)$ 二阶导数连续,且满足方程

$$f(x)=\sin x-\int_0^x(x-t)f(t)\mathrm{d}t,$$

求 $f(x)$.

9. 设函数 $y=y(x)$ 在 $(-\infty,+\infty)$ 内具有连续二阶导数,且 $y'\neq0$,$x=x(y)$ 是 $y=y(x)$ 的函数.

(1) 试将 $x=x(y)$ 所满足的微分方程

$$\frac{\mathrm{d}^2x}{\mathrm{d}y^2}+(y+\sin x)\left(\frac{\mathrm{d}x}{\mathrm{d}y}\right)^3=0$$

变换为 $y=y(x)$ 所满足的微分方程;

(2) 求变换后的微分方程满足条件 $y(0)=0,y'(0)=\dfrac{3}{2}$ 的解.

10. (1) 验证函数 $y(x)=1+\dfrac{x^3}{3!}+\dfrac{x^6}{6!}+\dfrac{x^9}{9!}+\cdots+\dfrac{x^{3n}}{(3n)!}+\cdots$ 满足微分方程 $y''+y'+y=e^x(-\infty<x<+\infty)$;

(2) 利用(1)的结果求幂级数 $\sum\limits_{n=0}^{\infty}\dfrac{x^{3n}}{(3n)!}$ 的和.

第八章 CHAPTER 8
空间解析几何与向量代数

一、目的要求

1. 掌握向量的线性运算，熟练掌握应用向量坐标进行向量的代数运算，掌握两向量平行、垂直的条件及两向量夹角的求法.

2. 能利用向量建立平面及空间直线方程，能利用平面的法向量和直线的方向向量研究它们之间的位置关系.

3. 理解空间曲线的一般式和参数式方程，掌握空间曲线在坐标面上的投影.

4. 掌握母线平行于坐标轴的柱面方程及坐标面上的曲线绕该面上坐标轴旋转而成的旋转曲面方程，掌握球面、椭球面、圆锥面、椭圆抛物面等二次曲面的方程及图形. 了解平行平面截割法.

二、内容提要

1. 点 M 的坐标为 $(x,y,z)\Leftrightarrow$ 矢径 $\boldsymbol{a}=\overrightarrow{OM}$ 的坐标为 $(x,y,z)\Leftrightarrow\boldsymbol{a}$ 的坐标分解式为 $\boldsymbol{a}=x\boldsymbol{i}+y\boldsymbol{j}+z\boldsymbol{k}$.

2. 设点 A 的坐标为 (x_1,y_1,z_1)，点 B 的坐标为 (x_2,y_2,z_2)，则 $\overrightarrow{AB}=(x_2-x_1)\boldsymbol{i}+(y_2-y_1)\boldsymbol{j}+(z_2-z_1)\boldsymbol{k}$.

3. 设 $\boldsymbol{a}=(a_x,a_y,a_z)$，$\boldsymbol{b}=(b_x,b_y,b_z)$，则

$$\boldsymbol{a}\pm\boldsymbol{b}=(a_x\pm b_x,a_x\pm b_y,a_z\pm b_z),$$

$$\lambda\boldsymbol{a}=(\lambda a_x,\lambda a_y,\lambda a_z),$$

其中 λ 为实数.

4. 设 $\boldsymbol{a}=(a_x,a_y,a_z)$，则 $|\boldsymbol{a}|=\sqrt{{a_x}^2+{a_y}^2+{a_z}^2}$，$\boldsymbol{a}$ 的方向余弦为 $\cos\alpha=\dfrac{a_x}{|\boldsymbol{a}|}$，$\cos\beta=\dfrac{a_y}{|\boldsymbol{a}|}$，$\cos\gamma=\dfrac{a_z}{|\boldsymbol{a}|}$，与 $\boldsymbol{a}$ 同向的单位向量 $\boldsymbol{a}=\dfrac{\boldsymbol{a}}{|\boldsymbol{a}|}=(\cos\alpha,\cos\beta,\cos\gamma)$.

5. $\boldsymbol{a}\cdot\boldsymbol{b}=|\boldsymbol{a}||\boldsymbol{b}|\cos(\widehat{\boldsymbol{a},\boldsymbol{b}})$，其中 $0\leqslant(\widehat{\boldsymbol{a},\boldsymbol{b}})\leqslant\pi$，$\boldsymbol{a}\cdot\boldsymbol{b}=|\boldsymbol{a}|\cdot\mathrm{Prj}_{\boldsymbol{a}}\boldsymbol{b}=|\boldsymbol{b}|\cdot\mathrm{Prj}_{\boldsymbol{b}}\boldsymbol{a}$，

$\boldsymbol{a}\cdot\boldsymbol{a}=\boldsymbol{a}^2=|\boldsymbol{a}|^2$.

若 $\boldsymbol{a}=(a_x,a_y,a_z)$，$\boldsymbol{b}=(b_x,b_y,b_z)$，则 $\boldsymbol{a}\cdot\boldsymbol{b}=a_xb_x+a_yb_y+a_zb_z$.

6. $\boldsymbol{a}$ 与 $\boldsymbol{b}$ 的向量积 $\boldsymbol{a}\times\boldsymbol{b}$ 是一个向量，其模：$|\boldsymbol{a}\times\boldsymbol{b}|=|\boldsymbol{a}||\boldsymbol{b}|\sin(\widehat{\boldsymbol{a},\boldsymbol{b}})$. 其方向：$\boldsymbol{a}\times\boldsymbol{b}\perp\boldsymbol{a}$，$\boldsymbol{a}\times\boldsymbol{b}\perp\boldsymbol{b}$，且 $\boldsymbol{a},\boldsymbol{b},\boldsymbol{a}\times\boldsymbol{b}$ 成右手系.

若 $\boldsymbol{a}=(a_x,a_y,a_z)$，$\boldsymbol{b}=(b_x,b_y,b_z)$，则

$$\boldsymbol{a}\times\boldsymbol{b}=\begin{vmatrix}\boldsymbol{i}&\boldsymbol{j}&\boldsymbol{k}\\a_x&a_y&a_z\\b_x&b_y&b_z\end{vmatrix}=(a_yb_z-a_zb_y,a_zb_x-a_xb_z,a_xb_y-a_yb_x).$$

7. 向量的线性运算满足交换律、结合律；

向量的数量积满足交换律、与数的结合律和分配律；

向量的向量积满足反交换律、与数的结合律和分配律.

8. (1) $\boldsymbol{a}\perp\boldsymbol{b}\Leftrightarrow\boldsymbol{a}\cdot\boldsymbol{b}=0\Leftrightarrow a_xb_x+a_yb_y+a_zb_z=0$.

(2) $\boldsymbol{a}/\!/\boldsymbol{b}\Leftrightarrow\boldsymbol{a}\times\boldsymbol{b}=\boldsymbol{0}\Leftrightarrow\dfrac{a_x}{b_x}=\dfrac{a_y}{b_y}=\dfrac{a_z}{b_z}$.

若 $\boldsymbol{b}\neq\boldsymbol{0}$，则 $\boldsymbol{a}/\!/\boldsymbol{b}\Leftrightarrow$存在唯一实数 λ，使 $\boldsymbol{a}=\lambda\boldsymbol{b}$.

(3) $\boldsymbol{a},\boldsymbol{b},\boldsymbol{c}$ 共面$\Leftrightarrow(\boldsymbol{a}\times\boldsymbol{b})\cdot\boldsymbol{c}=0$.

9. 平面方程.

(1) 点法式　$A(x-x_0)+B(y-y_0)+C(z-z_0)=0$.

(2) 一般式　$Ax+By+Cz+D=0$.

这里 $\boldsymbol{n}=(A,B,C)$ 为平面的法向量.

(3) 截距式　$\dfrac{x}{a}+\dfrac{y}{b}+\dfrac{z}{c}=1$.

这里 a,b,c（全不为零）分别为平面在 x 轴，y 轴和 z 轴上的截距.

10. 直线方程.

(1) 对称式　$\dfrac{x-x_0}{l}=\dfrac{y-y_0}{m}=\dfrac{z-z_0}{n}$.

(2) 参数式　$x=x_0+lt$，$y=y_0+mt$，$z=z_0+nt$.

这里 $\boldsymbol{s}=(l,m,n)$ 为直线的方向向量.

(3) 一般式 $\begin{cases}A_1x+B_1y+C_1z+D_1=0,\\A_2x+B_2y+C_2z+D_2=0.\end{cases}$

11. 平面与平面的位置关系可通过两平面的法向量进行讨论；

直线与直线的位置关系可通过两直线的方向向量进行讨论；

平面与直线的位置关系可通过平面的法向量和直线的方向向量进行讨论.

12. 点(x_0,y_0,z_0)到平面$Ax+By+Cz+D=0$的距离

$$d=\frac{|Ax_0+By_0+Cz_0+D|}{\sqrt{A^2+B^3+C^2}}.$$

点$M_1(x_1,y_1,z_1)$到直线$\frac{x-x_0}{l}=\frac{y-y_0}{m}=\frac{z-z_0}{n}$的距离

$$d=\frac{|\overrightarrow{M_0M_1}\times \boldsymbol{s}|}{|\boldsymbol{s}|}.$$

这里$\overrightarrow{M_0M_1}=(x_1-x_0,y_1-y_0,z_1-z_0)$，$\boldsymbol{s}=(l,m,n)$.

13. 平行于平面$Ax+By+Cz+D=0$的平面束方程为$Ax+By+Cz+k=0$，这里k为任意实数；过直线$\begin{cases}A_1x+B_1y+C_1z+D_1=0,\\A_2x+B_2y+C_2z+D_2=0\end{cases}$的平面束方程为$\lambda(A_1x+B_1y+C_1z+D_1)+\mu(A_2x+B_2y+C_2z+D_2)=0$，这里$\lambda,\mu$为不全为零的任意实数.

14. 柱面.

在空间解析几何中，缺少一个变量的方程表示的图形为柱面，其母线平行所缺变量代表的坐标轴，其一条准线为该方程在平面解析几何意义下所表示的曲线.

(1) 椭圆柱面　$\frac{x^2}{a^2}+\frac{y^2}{b^2}=1$($a=b$时为圆柱面).

(2) 双曲柱面　$\frac{x^2}{a^2}-\frac{y^2}{b^2}=1$.

(3) 抛物柱面　$x^2=2py$.

15. 旋转曲面.

要求坐标面上的曲线绕该面上的一条坐标轴旋转而成的旋转曲面方程，可利用该曲线在平面解析几何意义下的方程，保留与旋转轴同名的坐标，而将另一坐标用与旋转轴不同名的两个坐标平方和的平方根代替.

曲线$\begin{cases}f(x,y)=0,\\z=0\end{cases}$绕$x(y)$轴旋转所形成的旋转曲面方程为$f(x,\pm\sqrt{y^2+z^2})=0$ $(f(\pm\sqrt{x^2+z^2},y)=0)$.

16. 常用二次曲面.

球面　$(x-a)^2+(y-b)^2+(z-c)^2=r^2$.

椭球面　$\frac{x^2}{a^2}+\frac{y^2}{b^2}+\frac{z^2}{c^2}=1$.

锥面 $\frac{x^2}{a^2}+\frac{y^2}{b^2}-\frac{z^2}{c^2}=0$($a=b$ 时为圆锥面).

椭圆抛物面 $\frac{x^2}{a^2}+\frac{y^2}{b^2}=z$.

双曲抛物面 $\frac{x^2}{a^2}-\frac{y^2}{b^2}=z$.

单叶双曲面 $\frac{x^2}{a^2}+\frac{y^2}{b^2}-\frac{z^2}{c^2}=1$.

双叶双曲面 $\frac{x^2}{a^2}+\frac{y^2}{b^2}-\frac{z^2}{c^2}=-1$.

17. 空间曲线 Γ:$\begin{cases}f(x,y,z)=0,\\g(x,y,z)=0\end{cases}\xrightarrow{\text{消去 } z}h(x,y)=0$ 为 Γ 关于 xOy 面的投影柱面,$\begin{cases}h(x,y)=0,\\z=0\end{cases}$ 为 Γ 在 xOy 面上的投影曲线方程.类似有另外两种情形.

三、复习提问

1. 下列判断是否正确,为什么?

(1) $\boldsymbol{i}+\boldsymbol{j}+\boldsymbol{k}$ 是单位向量;

(2) 与 x 轴,y 轴和 z 轴的正向夹角相等的向量,其方向角为 $\left(\frac{\pi}{3},\frac{\pi}{3},\frac{\pi}{3}\right)$;

(3) $2\boldsymbol{i}>\boldsymbol{j}$;

(4) 若 $\boldsymbol{a}\neq\boldsymbol{0}$,且 $\boldsymbol{a}\cdot\boldsymbol{b}=\boldsymbol{a}\cdot\boldsymbol{c}$,则 $\boldsymbol{b}=\boldsymbol{c}$;

(5) 若 $\boldsymbol{a}\neq\boldsymbol{0}$,且 $\boldsymbol{a}\times\boldsymbol{b}=\boldsymbol{a}\times\boldsymbol{c}$,则 $\boldsymbol{b}=\boldsymbol{c}$.

2. 在空间直角坐标系中,三坐标面的法向量如何表示?三坐标轴的方向向量如何表示?

3. 要求直线 L:$\begin{cases}a_1x+b_1y+c_1z+d_1=0,\\a_2x+b_2y+c_2z+d_2=0\end{cases}$(1) 过原点;(2) 平行于 y 轴;(3) 与 z 轴重合;(4) 与 x 轴相交,其系数分别应满足什么条件?

4. 方程组 $\begin{cases}x^2+(y-1)^2+z^2=1,\\y^2+z^2=y\end{cases}$ 在空间表示什么图形?

四、例题分析

例 1 设 $\boldsymbol{a},\boldsymbol{b},\boldsymbol{c}$ 均为非零向量,其中任意两个向量不共线,但 $\boldsymbol{a}+\boldsymbol{b}$ 与 $\boldsymbol{c}$ 共线,$\boldsymbol{b}+\boldsymbol{c}$ 与 $\boldsymbol{a}$ 共线,试证:$\boldsymbol{a}+\boldsymbol{b}+\boldsymbol{c}=\boldsymbol{0}$.

分析 两非零向量共线则成比例，不共线则不成比例.

证明 因为$\boldsymbol{a}+\boldsymbol{b}/\!/\boldsymbol{c}$，$\boldsymbol{b}+\boldsymbol{c}/\!/\boldsymbol{a}$，所以$\boldsymbol{a}+\boldsymbol{b}=\lambda\boldsymbol{c}$，$\boldsymbol{b}+\boldsymbol{c}=\mu\boldsymbol{a}$，其中$\lambda,\mu$为常数，以上两式相减，得

$$\boldsymbol{a}-\boldsymbol{c}=\lambda\boldsymbol{c}-\mu\boldsymbol{a},$$

即

$$(1+\mu)\boldsymbol{a}=(1+\lambda)\boldsymbol{c}.$$

因为$\boldsymbol{a}$不平行于$\boldsymbol{c}$，且$\boldsymbol{a}\neq\boldsymbol{0}$，$\boldsymbol{c}\neq\boldsymbol{0}$，所以

$$1+\mu=0,1+\lambda=0,$$

即$\mu=-1$，$\lambda=-1$，故有$\boldsymbol{a}+\boldsymbol{b}=-\boldsymbol{c}$（或$\boldsymbol{b}+\boldsymbol{c}=-\boldsymbol{a}$），从而$\boldsymbol{a}+\boldsymbol{b}+\boldsymbol{c}=\boldsymbol{0}$.

例 2 设向量$\boldsymbol{a}$的模为2，且$\boldsymbol{a}$同时垂直于向量$\boldsymbol{b}$和x轴，其中$\boldsymbol{b}=\{3,6,8\}$，求向量$\boldsymbol{a}$.

解 解法一 设所求向量$\boldsymbol{a}=\{x,y,z\}$，由$|\boldsymbol{a}|=2$，得

$$\sqrt{x^2+y^2+z^2}=2. \tag{1}$$

由$\boldsymbol{a}\perp\boldsymbol{b}$，得

$$\boldsymbol{a}\cdot\boldsymbol{b}=3x+6y+8z=0. \tag{2}$$

由$\boldsymbol{a}\perp x$轴，得

$$\boldsymbol{a}\cdot\boldsymbol{i}=\{x,y,z\}\cdot\{1,0,0\}=x=0. \tag{3}$$

解由(1)、(2)、(3)组成的方程组，得

$$x=0,y=-\frac{8}{5},z=\frac{6}{5}\text{或}x=0,y=\frac{8}{5},z=-\frac{6}{5},$$

故所求向量 $\boldsymbol{a}=\left\{0,-\frac{8}{5},\frac{6}{5}\right\}$或$\left\{0,\frac{8}{5},-\frac{6}{5}\right\}$.

解法二 因为$\boldsymbol{a}\perp\boldsymbol{b}$，$\boldsymbol{a}\perp\boldsymbol{i}$，所以$\boldsymbol{a}/\!/(\boldsymbol{b}\times\boldsymbol{i})$，即

$$\boldsymbol{a}=\lambda(\boldsymbol{b}\times\boldsymbol{i})=\lambda\begin{vmatrix}\boldsymbol{i}&\boldsymbol{j}&\boldsymbol{k}\\3&6&8\\1&0&0\end{vmatrix}=\lambda(8\boldsymbol{j}-6\boldsymbol{k}).$$

又由$|\boldsymbol{a}|=2$，得$\lambda^2(8^2+6^2)=4$，$\lambda=\pm\frac{1}{5}$，即有

$$\boldsymbol{a}=\pm\frac{1}{5}(8\boldsymbol{j}-6\boldsymbol{k}).$$

注 解法二较解法一更注重向量平行和垂直的条件.

例 3 设$2\boldsymbol{a}+5\boldsymbol{b}$与$\boldsymbol{a}-\boldsymbol{b}$垂直，$2\boldsymbol{a}+3\boldsymbol{b}$与$\boldsymbol{a}-5\boldsymbol{b}$垂直，求$\boldsymbol{a}$与$\boldsymbol{b}$之间的夹角.

分析 向量与向量垂直的条件会联想到数量积的性质，而要求两向量的夹角亦与数量积的计算有关.

解
$$\begin{cases}(2\boldsymbol{a}+5\boldsymbol{b})\cdot(\boldsymbol{a}-\boldsymbol{b})=0,\\(2\boldsymbol{a}+3\boldsymbol{b})\cdot(\boldsymbol{a}-5\boldsymbol{b})=0,\end{cases}$$

即
$$\begin{cases}2|\boldsymbol{a}|^2+3\boldsymbol{a}\cdot\boldsymbol{b}-5|\boldsymbol{b}|^2=0,\\2|\boldsymbol{a}|^2-7\boldsymbol{a}\cdot\boldsymbol{b}-15|\boldsymbol{b}|^2=0,\end{cases}$$

从而
$$\boldsymbol{a}\cdot\boldsymbol{b}=-|\boldsymbol{b}|^2,|\boldsymbol{a}|=2|\boldsymbol{b}|,$$

则
$$\cos(\widehat{\boldsymbol{a},\boldsymbol{b}})=\frac{\boldsymbol{a}\cdot\boldsymbol{b}}{|\boldsymbol{a}||\boldsymbol{b}|}=\frac{-|\boldsymbol{b}|^2}{2|\boldsymbol{b}|\cdot|\boldsymbol{b}|}=-\frac{1}{2},$$

故 $\boldsymbol{a}$ 与 $\boldsymbol{b}$ 之间的夹角为$\frac{2}{3}\pi$.

例 4 设 $\boldsymbol{a},\boldsymbol{b}$ 为非零向量,且$|\boldsymbol{b}|=2$,$(\widehat{\boldsymbol{a},\boldsymbol{b}})=\frac{\pi}{6}$,求 $\lim\limits_{x\to0}\frac{|\boldsymbol{a}+x\boldsymbol{b}|-|\boldsymbol{a}|}{x}$.

分析 此极限为$\frac{0}{0}$型未定式.为消去零因子可利用数量积的性质:$|\boldsymbol{a}|^2=\boldsymbol{a}^2$.

解
$$\begin{aligned}\lim_{x\to0}\frac{|\boldsymbol{a}+x\boldsymbol{b}|-|\boldsymbol{a}|}{x}&=\lim_{x\to0}\frac{|\boldsymbol{a}+x\boldsymbol{b}|^2-|\boldsymbol{a}|^2}{x(|\boldsymbol{a}+x\boldsymbol{b}|+|\boldsymbol{a}|)}\\&=\lim_{x\to0}\frac{2x\boldsymbol{a}\cdot\boldsymbol{b}+x^2|\boldsymbol{b}|^2}{2|\boldsymbol{a}|\cdot x}=\frac{\boldsymbol{a}\cdot\boldsymbol{b}}{|\boldsymbol{a}|}\\&=|\boldsymbol{b}|\cos(\widehat{\boldsymbol{a},\boldsymbol{b}})=\sqrt{3}.\end{aligned}$$

例 5 设 $\boldsymbol{a},\boldsymbol{b}$ 为非零向量,证明:$(\boldsymbol{a}\times\boldsymbol{b})^2+(\boldsymbol{a}\cdot\boldsymbol{b})^2=\boldsymbol{a}^2\boldsymbol{b}^2$.并由此推出求三角形面积的海伦(Heron)公式
$$S_{\triangle ABC}=\sqrt{p(p-a)(p-b)(p-c)}.$$
这里 a,b,c 是$\triangle ABC$ 三边之长,p 为$\triangle ABC$ 的周长之半.

分析 要证明等式$(\boldsymbol{a}\times\boldsymbol{b})^2+(\boldsymbol{a}\times\boldsymbol{b})=\boldsymbol{a}^2\boldsymbol{b}^2$,只要利用数量积和向量积定义即可.Heron 公式的证明一方面要利用以上等式,另一方面要联想到向量积模的几何意义.

证明 因为
$$(\boldsymbol{a}\times\boldsymbol{b})^2=|\boldsymbol{a}\times\boldsymbol{b}|^2=\boldsymbol{a}^2\boldsymbol{b}^2\sin^2(\widehat{\boldsymbol{a},\boldsymbol{b}}),$$
$$(\boldsymbol{a}\cdot\boldsymbol{b})^2=|\boldsymbol{a}|^2|\boldsymbol{b}|^2\cos^2(\widehat{\boldsymbol{a},\boldsymbol{b}})=\boldsymbol{a}^2\boldsymbol{b}^2\cos^2(\widehat{\boldsymbol{a},\boldsymbol{b}}),$$
所以
$$(\boldsymbol{a}\times\boldsymbol{b})^2+(\boldsymbol{a}\cdot\boldsymbol{b})^2=\boldsymbol{a}^2\boldsymbol{b}^2.$$

在$\triangle ABC$ 中,设$\overrightarrow{BC}=\boldsymbol{a}$,$\overrightarrow{CA}=\boldsymbol{b}$,$\overrightarrow{AB}=\boldsymbol{c}$,并记$|\boldsymbol{a}|=a$,$|\boldsymbol{b}|=b$,$|\boldsymbol{c}|=c$,则
$$\boldsymbol{a}+\boldsymbol{b}+\boldsymbol{c}=\boldsymbol{0},\boldsymbol{c}=-(\boldsymbol{a}+\boldsymbol{b}),$$
$$\boldsymbol{c}^2=(\boldsymbol{a}+\boldsymbol{b})^2=\boldsymbol{a}^2+\boldsymbol{b}^2+2\boldsymbol{a}\cdot\boldsymbol{b},$$
$$\boldsymbol{a}\cdot\boldsymbol{b}=\frac{1}{2}(\boldsymbol{c}^2-\boldsymbol{a}^2-\boldsymbol{b}^2).$$

由向量积模的几何意义，$S_{\triangle ABC}=\frac{1}{2}|\boldsymbol{a}\times\boldsymbol{b}|$，从而

$$\begin{aligned}(S_{\triangle ABC})^2&=\frac{1}{4}(\boldsymbol{a}\times\boldsymbol{b})^2=\frac{1}{4}[\boldsymbol{a}^2\boldsymbol{b}^2-(\boldsymbol{a}\cdot\boldsymbol{b})^2]\\&=\frac{1}{4}\left[\boldsymbol{a}^2\boldsymbol{b}^2-\frac{1}{4}(\boldsymbol{c}^2-\boldsymbol{a}^2-\boldsymbol{b}^2)^2\right]\\&=\frac{1}{16}[2ab+(c^2-a^2-b^2)][2ab-(c^2-a^2-b^2)]\\&=\frac{1}{16}(c+a-b)(c-a+b)(a+b+c)(a+b-c),\end{aligned}$$

将 $p=\frac{1}{2}(a+b+c)$ 代入，得

$$S_{\triangle ABC}=\sqrt{p(p-a)(p-b)(p-c)}.$$

例 6 已知向量 $\boldsymbol{a}$ 和 $\boldsymbol{b}$ 为非零向量，且不共线. 作 $\boldsymbol{c}=\lambda\boldsymbol{a}+\boldsymbol{b}$，$\lambda$ 是实数. 证明：使 $|\boldsymbol{c}|$ 最小的向量 $\boldsymbol{c}$ 垂直于 $\boldsymbol{a}$. 并求当 $\boldsymbol{a}=\{1,2,-2\}$，$\boldsymbol{b}=\{1,-1,1\}$ 时，使 $|\boldsymbol{c}|$ 最小的向量 $\boldsymbol{c}$.

分析 要求出使 $|\boldsymbol{c}|$ 最小的 λ，易想到应利用性质 $\boldsymbol{a}\cdot\boldsymbol{a}=\boldsymbol{a}^2=|\boldsymbol{a}|^2$.

证明 使 $|\boldsymbol{c}|$ 最小，也就是使 $|\boldsymbol{c}|^2$ 最小.

$$\begin{aligned}|\boldsymbol{c}|^2&=(\lambda\boldsymbol{a}+\boldsymbol{b})^2=(\lambda\boldsymbol{a}+\boldsymbol{b})\cdot(\lambda\boldsymbol{a}+\boldsymbol{b})\\&=\lambda^2\boldsymbol{a}^2+2(\boldsymbol{a}\cdot\boldsymbol{b})\lambda+\boldsymbol{b}^2.\end{aligned}$$

因 $\boldsymbol{a}^2,\boldsymbol{b}^2,\boldsymbol{a}\cdot\boldsymbol{b}$ 都是数，上式是关于 λ 的二次三项式，配方，得

$$|\boldsymbol{c}|^2=\boldsymbol{a}^2\left(\lambda+\frac{\boldsymbol{a}\cdot\boldsymbol{b}}{\boldsymbol{a}^2}\right)^2+\boldsymbol{b}^2-\frac{(\boldsymbol{a}\cdot\boldsymbol{b})^2}{\boldsymbol{a}^2},$$

故当 $\lambda=-\frac{\boldsymbol{a}\cdot\boldsymbol{b}}{\boldsymbol{a}^2}$ 时，$|\boldsymbol{c}|$ 最小.

$$|\boldsymbol{c}|_{\min}=\sqrt{\boldsymbol{b}^2-\frac{(\boldsymbol{a}\cdot\boldsymbol{b})^2}{\boldsymbol{a}^2}}\left(\text{其中 }\boldsymbol{b}^2-\frac{\boldsymbol{a}\cdot\boldsymbol{b}}{\boldsymbol{a}^2}\geqslant 0\right),$$

故使 $|\boldsymbol{c}|$ 最小的向量 $\boldsymbol{c}$ 为

$$\boldsymbol{c}=\lambda\boldsymbol{a}+\boldsymbol{b}=-\frac{\boldsymbol{a}\cdot\boldsymbol{b}}{\boldsymbol{a}^2}\boldsymbol{a}+\boldsymbol{b}.$$

因为 $\boldsymbol{c}\cdot\boldsymbol{a}=\left(-\frac{\boldsymbol{a}\cdot\boldsymbol{b}}{\boldsymbol{a}^2}\boldsymbol{a}+\boldsymbol{b}\right)\cdot\boldsymbol{a}=-\frac{\boldsymbol{a}\cdot\boldsymbol{b}}{\boldsymbol{a}^2}\boldsymbol{a}^2+\boldsymbol{b}\cdot\boldsymbol{a}=0$，

所以使 $|\boldsymbol{c}|$ 最小的 $\boldsymbol{c}$ 垂直于 $\boldsymbol{a}$.

当 $\boldsymbol{a}=\{1,2,-2\}$，$\boldsymbol{b}=\{1,-1,1\}$ 时，使 $|\boldsymbol{c}|$ 最小的 $\boldsymbol{c}$ 为：

$$\begin{aligned}\boldsymbol{c}&=-\frac{\boldsymbol{a}\cdot\boldsymbol{b}}{\boldsymbol{a}^2}\boldsymbol{a}+\boldsymbol{b}\\&=-\frac{-3}{9}\boldsymbol{a}+\boldsymbol{b}=\frac{1}{3}\{1,2,-2\}+\{1,-1,1\}\\&=\frac{4}{3}\boldsymbol{i}-\frac{1}{3}\boldsymbol{j}+\frac{1}{3}\boldsymbol{k}.\end{aligned}$$

例 7 求过直线 $L:\begin{cases}x+5y+z=0,\\x-z+4=0\end{cases}$ 且与平面 $x-4y-8z+12=0$ 组成 $\frac{\pi}{4}$ 角的平面方程.

解 解法一 利用平面的点法式方程，设法找出所求平面上一个点的坐标(可在 L 上取)和法向量.

首先在 L 上取一点 $\left(-4,\frac{4}{5},0\right)$，其次设所求平面的法向量 $\boldsymbol{n}=\{A,B,C\}$.

已知直线 L 的方向向量为

$$\boldsymbol{s}=\begin{vmatrix}\boldsymbol{i}&\boldsymbol{j}&\boldsymbol{k}\\1&5&1\\1&0&-1\end{vmatrix}=\{-5,2,-5\},$$

由题意，知 $\boldsymbol{n}\perp\boldsymbol{s}$，即

$$-5A+2B-5C=0. \tag{1}$$

又
$$\cos\frac{\pi}{4}=\frac{1\cdot A-4\cdot B-8\cdot C}{\sqrt{A^2+B^2+C^2}\cdot\sqrt{1^2+4^2+8^2}},$$

即
$$\sqrt{A^2+B^2+C^2}\cdot 9\cdot\frac{\sqrt{2}}{2}=A-4B-8C. \tag{2}$$

解(1)、(2)，得 $B=20A,C=7A$，故得 $\boldsymbol{n}=\{1,20,7\}$.

所求平面方程为 $(x+4)+20\left(y-\frac{4}{5}\right)+7z=0$，即

$$x+20y+7z-12=0.$$

解法二 利用平面束定理.

作过 L 的平面束方程：$x+5y+z+\lambda(x-z+4)=0$，即

$$(1+\lambda)x+5y+(1-\lambda)z+4\lambda=0,$$

$$\cos\frac{\pi}{4}=\frac{(1+\lambda)-20-8(1-\lambda)}{\sqrt{(1+\lambda)^2+5^2+(1-\lambda)^2}\sqrt{1^2+4^2+8^2}},$$

即 $\frac{\sqrt{2}}{2}=\frac{9(\lambda-3)}{9\sqrt{2\lambda^2+27}}$，解得 $\lambda=-\frac{3}{4}$.

代入平面束方程，得$\left(1-\frac{3}{4}\right)x+5y+\left(1+\frac{3}{4}z\right)-3=0$，

即
$$x+20y+7z-12=0.$$

注 此题用平面束方程较为简便.

例 8 通过点$A(-2,3,0)$作直线L_1，使L_1平行于平面Π: $x-2y-z+4=0$，且和直线L: $\frac{x+1}{3}=\frac{y-3}{1}=\frac{z}{2}$相交，求直线$L_1$的方程.

解 解法一 用待定法. 设直线L_1的方程为
$$\frac{x+2}{m}=\frac{y-3}{n}=\frac{z}{p}.$$

因为$L_1 /\!/ \Pi$，所以L_1的方向向量$\boldsymbol{s}_1=\{m,n,p\}$垂直于$\Pi$的法向量$\boldsymbol{n}=\{1,-2,-1\}$，即有
$$\boldsymbol{s}_1 \cdot \boldsymbol{n}=0 \text{ 或 } m-2p-n=0. \tag{1}$$

直线L过点$B(-1,3,0)$，且方向向量$\boldsymbol{s}=\{3,1,2\}$. 由于L_1与L相交，故$\overrightarrow{AB},\boldsymbol{s},\boldsymbol{s}_1$共面，从而$\overrightarrow{AB}\cdot(\boldsymbol{s}\times\boldsymbol{s}_1)=0$，即有
$$2n-p=0. \tag{2}$$

解(1)、(2)两式，得$p=2n,m=4n$，即有$\frac{m}{4}=\frac{n}{1}=\frac{p}{2}$. 从而$L_1$的方程为
$$\frac{x+2}{4}=\frac{y-3}{1}=\frac{z}{2}.$$

解法二 设直线L_1与直线L的交点为P，将L化为参数式$x=3t-1$，$y=t+3$，$z=2t$，设交点$P(3t-1,t+3,2t)$.

因为$L_1 /\!/ \Pi$，所以$\overrightarrow{AP}$与Π的法向量$\boldsymbol{n}$垂直，于是
$$\overrightarrow{AP}\cdot\boldsymbol{n}=(3t+1)-2t-2t=1-t=0, t=1,$$
从而交点为$P(2,4,2)$.

由点A,P在L_1上知，L_1的方程为$\frac{x+2}{4}=\frac{y-3}{1}=\frac{z}{2}$.

解法三 因为过点$A(-2,3,0)$的直线L_1平行于平面Π，故L_1应在过点A且平行于平面Π的平面Π_1上，Π_1过点$A(-2,3,0)$，且法向量$\boldsymbol{n}_1=\boldsymbol{n}=\{1,2,-1\}$，所以$\Pi_1$的方程
$$(x+2)-2(y-3)-z=0 \text{ 或 } x-2y-z+8=0.$$

又设过点A和直线L的平面为Π_2，因为L过点$B(-1,3,0)$，且方向向量$\boldsymbol{s}=\{3,1,2\}$，于是Π_2的法向量可取为$\boldsymbol{n}_2=\overrightarrow{AB}\times\boldsymbol{s}=\{0,-2,1\}$，所以$\Pi_2$的方程为

$$-2(y-3)+z=0,$$

即

$$2y-z-6=0.$$

易见 L_1 为 Π_1 与 Π_2 的交线，故 L_1 的方程为

$$\begin{cases} x-2y-z+8=0, \\ 2y-z-6=0. \end{cases}$$

注 解法二是设法求出 L 与 L_1 的交点坐标，还可用其他方法来求交点坐标.

例 9 求下列旋转面的方程：

(1) $L:\begin{cases} z^2=5x, \\ y=0 \end{cases}$ 绕 x 轴旋转的旋转面方程；

(2) $L:\begin{cases} x=\varphi(t), \\ y=\phi(t), \\ z=\omega(t) \end{cases}$ 绕 z 轴旋转的旋转面方程，并求直线 $\frac{x}{1}=\frac{y-1}{0}=\frac{z-1}{2}$ 绕 z 轴旋转的旋转面方程.

解 (1) 绕 x 轴旋转，x 坐标不变，以 $\pm\sqrt{y^2+z^2}$ 代替方程中的 z，得方程 $y^2+z^2=5x$ 即为所求.

(2) 设 $M(x,y,z)$ 为旋转面上任一点，则它是由曲线 L 上某点 $M_0(x_0,y_0,z_0)$ 绕 z 轴旋转得到的，故有关系

$$\begin{cases} z=z_0\ (M,M_0 \text{ 在同一水平面上}), \\ x^2+y^2={x_0}^2+{y_0}^2\ (M,M_0 \text{ 到 } z \text{ 轴距离相等}). \end{cases}$$

而 $M_0(x_0,y_0,z_0)$ 是曲线 L 上的点，故有

$$\begin{cases} z=\omega(t), \\ x^2+y^2=\varphi^2(t)+\psi^2(t). \end{cases}$$

消去 t，即可得 L 绕 z 轴旋转的旋转面曲方程.

当 L 为直线 $\frac{x}{1}=\frac{y-1}{0}=\frac{z-1}{2}$ 时，将 L 化为参数式

$$x=t,y=1,z=2t+1,$$

则 L 绕 z 轴旋转的旋转曲面方程为 $\begin{cases} z=2t+1, \\ x^2+y^2=1+t^2, \end{cases}$

消去 t，得
$$x^2+y^2-1=\left(\frac{z-1}{2}\right)^2,$$

即
$$4x^2+4y^2-(z-1)^2=4.$$

例 10 一个半径为 a 的球面与一个直径等于球面半径的圆柱面，如果圆柱面通过球心，那么这时球面与圆柱面的交线叫做维维安尼（Viviani）曲线，这条曲线的方程可以写为

$$\begin{cases}x^2+y^2+z^2=a^2,\\x^2+y^2-ax=0.\end{cases}$$

试求此曲线对三个坐标面的射影柱面方程.

分析 求曲线对于坐标面的射影柱的方程一般通过消变量的方法，这里要注意变量的范围.

解 显见，曲线对 xOy 面的射影柱面为圆柱面 $x^2+y^2-ax=0$，消去 y 得

$$z^2=-a(x-a),$$

由 $\left(x-\frac{a}{2}\right)^2+y=\left(\frac{a}{2}\right)^2$，知 $|y|\leqslant\frac{a}{2}$，$|x-\frac{a}{2}|\leqslant\frac{a}{2}$，故 $0\leqslant x\leqslant a$.

从而曲线对 xOz 面的射影柱面是抛物柱面 $z^2=-a(x-a)$ 满足 $0\leqslant x\leqslant a$ 的部分. 消去 x 得

$$z^4-a^2z^2+a^2y^2=0,$$

从而曲线对 yOz 面的射影柱面方程为

$$z^4-a^2z^2+a^2y^2=0,\quad |y|\leqslant\frac{a}{2}.$$

例 11 试求经过不共线的三点 $P(1,0,0)$，$Q(0,1,0)$，$R(0,0,1)$ 的圆的方程，并求圆心的坐标及半径.

分析 空间圆可看做球面与平面的交线. 三点确定的平面方程易求，而过此三点的球面方程可取另一特殊点求之.

解 取与 P,Q,R 不共面的点 $O(0,0,0)$，则过 P,Q,R,O 四点的球面方程为 $x^2+y^2+z^2-x-y-z=0$.

又 P,Q,R 三点所确定的平面 Π 的方程为

$$x+y+z-1=0,$$

所以过 P,Q,R 三点的圆的方程为

$$\begin{cases}x^2+y^2+z^2-x-y-z=0,\\x+y+z-1=0.\end{cases}$$

又球心坐标为 $\left(\frac{1}{2},\frac{1}{2},\frac{1}{2}\right)$，球面半径 $R=\frac{\sqrt{3}}{2}$，则过球心且与平面 Π 垂直的直线 L 的方程为

$$\frac{x-\frac{1}{2}}{1}=\frac{y-\frac{1}{2}}{1}=\frac{z-\frac{1}{2}}{1},$$

直线 L 与平面 Π 的交点 $\left(\frac{1}{3},\frac{1}{3},\frac{1}{3}\right)$ 即为圆心.

球心到平面 Π 的距离 $d=\frac{\left|\frac{1}{2}+\frac{1}{2}+\frac{1}{2}-1\right|}{\sqrt{3}}=\frac{1}{2\sqrt{3}}$,

从而圆半径 $r=\sqrt{R^2-d^2}=\sqrt{\left(\frac{\sqrt{3}}{2}\right)^2-\left(\frac{1}{2\sqrt{3}}\right)}=\frac{\sqrt{6}}{3}$.

例 12 已知入射光线路径为 L：$\frac{x-1}{4}=\frac{y-1}{3}=\frac{z-2}{1}$，求该光线经平面 Π：$x+2y+5z+17=0$ 反射后的反射线方程.

分析 反射线可看做这样两个点的直线：一点是直线 L 与平面 Π 的交点，另一点可取 L 上某一点关于平面 Π 的对称点.

解 先求 L 与 Π 的交点 A.

将 L 用参数式表示

$$x=4t+1,y=3t+1,z=t+2.$$

代入平面 Π 的方程，得 $t=-2$，从而 A 点坐标为 $(-7,-5,0)$.

点 $P(1,1,2)$ 为 L 上的一点，过 P 作垂直于平面 Π 的直线

$$L_1: \frac{x-1}{1}=\frac{y-1}{2}=\frac{z-2}{5},$$

即

$$x=t+1,y=2t+1,z=5t+2,$$

代入平面 Π 的方程得 $t=-1$，从而得 L_1 与 Π 的交点 $B(0,-1,-3)$.

由 $P(1,1,2)$，$B(0,-1,-3)$，得点 P 关于平面 Π 的对称点 $P'(-1,-3,-8)$，过 P'，A 两点的直线为

$$\frac{x+7}{6}=\frac{y+5}{2}=\frac{z}{-8} \text{或} \frac{x+7}{3}=\frac{y+5}{1}=\frac{z}{-4},$$

即为所求的反射线方程.

五、自测练习

A 组

1. 求证：向量 $\boldsymbol{a}$ 和 $\boldsymbol{b}-\frac{\boldsymbol{a}(\boldsymbol{a}\cdot\boldsymbol{b})}{\boldsymbol{a}^2}$ 互相垂直.

2. 从点 $A(2,-1,7)$ 沿向量 $\boldsymbol{a}=8\boldsymbol{i}+9\boldsymbol{i}-12\boldsymbol{k}$ 的方向取线段长 $|AB|=34$，求 B 点坐标.

3. 设 $\overrightarrow{OA}=3\boldsymbol{i}+4\boldsymbol{k}$，$\overrightarrow{OB}=-4\boldsymbol{i}+3\boldsymbol{j}$，以 $\overrightarrow{OA}$，$\overrightarrow{OB}$ 为边作平行四边形 $OACB$.

（1）证明该平行四边形的对角线互相垂直；

（2）求平行四边形的面积.

4. 试求与向量 $\boldsymbol{a}=2\boldsymbol{i}+\boldsymbol{j}-\boldsymbol{k}$ 平行，且满足 $\boldsymbol{a}\cdot\boldsymbol{x}=3$ 的向量 $\boldsymbol{x}$.

5. 已知向量 $\boldsymbol{a}=(x,y,-2)$ 与向量 $\boldsymbol{b}=(4,1,3)$ 垂直，且 $\boldsymbol{a}$ 的模等于 $\boldsymbol{b}$ 在 z 轴上的投影，求 x,y 的值.

6. 求过点 $(1,1,1)$ 及 $(2,2,2)$ 且与平面 $x+y-z=0$ 垂直的平面方程.

7. 试证：直线 $\frac{x+3}{5}=\frac{y+1}{2}=\frac{z-2}{4}$ 和直线 $\frac{x-8}{3}=\frac{y-1}{1}=\frac{z-6}{2}$ 相交，并写出由此两直线决定的平面方程.

8. 求原点关于平面 $6x+2y-9z+121=0$ 的对称点.

9. 求通过直线 $\frac{x-1}{2}=\frac{y+2}{3}=\frac{z+3}{4}$ 且平行于直线 $x=y=\frac{z}{2}$ 的平面方程.

10. 经过平面 $x+28y-2z+17=0$ 和平面 $5x+8y-z+1=0$ 的交线，作球面 $x^2+y^2+z^2=1$ 的切平面，求切平面方程.

B 组

1. 若向量 $\boldsymbol{a}+3\boldsymbol{b}$ 垂直于向量 $7\boldsymbol{a}-5\boldsymbol{b}$，向量 $\boldsymbol{a}-4\boldsymbol{b}$ 垂直于向量 $7\boldsymbol{a}-2\boldsymbol{b}$，求两向量 $\boldsymbol{a}$ 与 $\boldsymbol{b}$ 的夹角.

2. 设 $\boldsymbol{c}=2\boldsymbol{a}+\boldsymbol{b}$，$\boldsymbol{d}=k\boldsymbol{a}+\boldsymbol{b}$，其中 $|\boldsymbol{a}|=1$，$|\boldsymbol{b}|=2$，且 $\boldsymbol{a}\perp\boldsymbol{b}$，试问：

（1）k 为何值时，$\boldsymbol{c}\perp\boldsymbol{d}$；

（2）k 为何值时，以 $\boldsymbol{c},\boldsymbol{d}$ 为邻边的平行四边形的面积为 6.

3. 已知 $|\boldsymbol{p}|=2$，$|\boldsymbol{q}|=3$，$(\widehat{\boldsymbol{p},\boldsymbol{q}})=\frac{\pi}{3}$，求以 $\boldsymbol{a}=3\boldsymbol{p}-4\boldsymbol{q}$ 和 $\boldsymbol{b}=\boldsymbol{p}+2\boldsymbol{q}$ 为邻边的平行四边形的周长.

4. 设向量 $\boldsymbol{a},\boldsymbol{b},\boldsymbol{c}$ 两两垂直，且 $|\boldsymbol{a}|=1$，$|\boldsymbol{b}|=\sqrt{2}$，$|\boldsymbol{c}|=3$，求 $\boldsymbol{s}=\boldsymbol{a}+\boldsymbol{b}+\boldsymbol{c}$ 与 $\boldsymbol{c}$ 的夹角.

5. 求过点 $(1,-1,1)$ 且垂直于平面 $\Pi_1: x-y+z-1=0$ 和 $\Pi_2: 2x+y+z+1=0$ 的平面方程.

6. 求两平行直线 $\begin{cases}x=t+1,\\ y=2t-1,\\ z=t\end{cases}$ 与 $\begin{cases}x=t+2,\\ y=2t-1,\\ z=t+1\end{cases}$ 间的距离.

7. 求点 $(2,3,1)$ 在直线 $\frac{x+7}{1}=\frac{y+2}{2}=\frac{z+2}{3}$ 上的投影.

8. 在由平面 $2x+y-3z+2=0$ 和 $5x+5y-4z+3=0$ 所决定的有轴平面束内，求两个互相垂直的平面，其中一个平面经过点 $(4,-3,1)$.

9. 过点 $B(1,-2,3)$ 作一直线，使其和 z 轴相交，且和直线 $\frac{x}{4}=\frac{y-3}{3}=\frac{z-2}{-2}$ 垂直，求此直线方程.

10. 一平面通过两直线 $L_1:\frac{x-1}{1}=\frac{y+2}{2}=\frac{z-5}{1}$ 和 $L_2:\frac{x}{1}=\frac{y+3}{3}=\frac{z+1}{2}$ 的公垂线 L，且平行于向量 $\boldsymbol{s}=(1,0,-1)$，求此平面方程.

11. 求顶点在原点，母线和 z 轴正向夹角保持 $\frac{\pi}{6}$ 的锥面方程.

12. 试证曲面 $S:(x^2+y^2)(1+z^2)=1$ 是旋转曲面，并指出它的旋转轴及母线.

第九章 CHAPTER 9

多元函数微分法及其应用

一、目的要求

1. 理解多元函数的概念,知道二元函数的极限、连续性等概念,以及有界闭区域上连续函数的性质.

2. 理解偏导数、全微分等概念,了解全微分存在的必要条件与充分条件.

3. 熟练掌握复合函数的求导法则,会求二阶偏导数.

4. 会求隐函数(包括由方程组确定的隐函数)的偏导数.

5. 了解方向导数与梯度的概念及其计算方法,会求曲线的切线和法平面及曲面的切平面与法线.

6. 理解多元函数极值和条件极值的概念,会求二元函数的极值;了解求条件极值的拉格朗日乘数法,会求解一些较简单的最大值和最小值的应用问题.

二、内容提要

1. 二重极限.

二重极限 $\lim\limits_{P\to P_0} f(P)=A$ 或 $\lim\limits_{(x,y)\to(x_0,y_0)} f(x,y)=A$:$\forall\varepsilon>0$,$\exists\delta>0$,当 $P(x,y)\in D\cap\mathring{U}(P_0,\delta)$,都有

$$|f(P)-A|=|f(x,y)-A|<\varepsilon.$$

注意 $P\to P_0$ 的方式是任意的.

2. 二元函数的连续性.

若
$$\lim_{(x,y)\to(x_0,y_0)} f(x,y)=f(x_0,y_0),$$
则称 $f(x,y)$ 在点 $P(x_0,y_0)$ 处连续,若 f 在 D 的每一点连续,则称 f 在 D 上连续,记作 $f\in C(D)$.

二元连续函数的和、差、积、商(分母不为零)及复合函数仍连续;一切多元初等函数在定义区域内连续.

有界闭区域 D 上的二元连续函数具有有界性、最大和最小值可达性(在 D

上存在最大、最小值)、介值性(必取得介于最大、最小值之间的任何值).

3. 偏导数.

$z=f(x,y)$在点(x_0,y_0)处对x和对y的偏导数分别定义如下:

$$\left.\frac{\partial z}{\partial x}\right|_{(x_0,y_0)}=\lim_{\Delta x\to 0}\frac{f(x_0+\Delta x,y_0)-f(x_0,y_0)}{\Delta x},$$

$$\left.\frac{\partial z}{\partial y}\right|_{(x_0,y_0)}=\lim_{\Delta y\to 0}\frac{f(x_0,y_0+\Delta y)-f(x_0,y_0)}{\Delta y}.$$

4. 高阶偏导数.

$z=f(x,y)$的偏导数$f_x(x,y)$,$f_y(x,y)$的偏导数称为二阶偏导数,二阶偏导数的偏导数称为三阶偏导数,如此类推. 二阶偏导数依求导次序不同,有如下4个:

$$\frac{\partial^2 z}{\partial x^2},\frac{\partial^2 z}{\partial y^2},\frac{\partial^2 z}{\partial x\partial y},\frac{\partial^2 z}{\partial y\partial x},$$

其中后两个称为混合偏导数.

若两个混合偏导数皆为连续函数,则它们相等,即可交换求偏导的次序,高阶混合偏导数也有类似的性质.

5. 全微分.

(1) 定义:若函数$z=f(x,y)$在点(x_0,y_0)处的全增量Δz可表达成

$$\Delta z=A\Delta x+B\Delta y+o(\rho),\rho=\sqrt{(\Delta x)^2+(\Delta y)^2},$$

则称$z=f(x,y)$在点(x_0,y_0)可微,并称

$$A\Delta x+B\Delta y=A\mathrm{d}x+B\mathrm{d}y$$

为$z=f(x,y)$在(x_0,y_0)的全微分,记作$\mathrm{d}z$.

(2) 可微的必要条件:若$z=f(x,y)$在(x_0,y_0)可微,则:① $f(x,y)$在(x_0,y_0)处连续;② $f(x,y)$在(x_0,y_0)处可偏导,且

$$A=f_x(x_0,y_0),B=f_y(x_0,y_0),$$

从而

$$\mathrm{d}z=f_x(x_0,y_0)\mathrm{d}x+f_y(x_0,y_0)\mathrm{d}y$$

一般地,对区域D内的(处处)可微函数$z=f(x,y)$,

$$\mathrm{d}z=f_x(x,y)\mathrm{d}x+f_y(x,y)\mathrm{d}y.$$

(3) 可微的充分条件:若$z=f(x,y)$在(x_0,y_0)的某邻域内可偏导且偏导数在点(x_0,y_0)处连续,则$f(x,y)$在点(x_0,y_0)可微.

全微分的定义和可微分的必要条件、充分条件可推广到三元及三元以上的多元函数.

6. 复合函数的求导法则.

(1) $z=f(u,v),u=\varphi(t),v=\psi(t)$均为$C^{(1)}$类函数,则有全导数公式:

$$\frac{dz}{dt}=\frac{\partial z}{\partial u}\cdot\frac{du}{dt}+\frac{\partial z}{\partial v}\cdot\frac{dv}{dt}.$$

(2) $z=f(u,v),u=\varphi(x,y),v=\psi(x,y)$均为$C^{(1)}$类函数,则有偏导数公式:

$$\frac{\partial z}{\partial x}=\frac{\partial z}{\partial u}\cdot\frac{\partial u}{\partial x}+\frac{\partial z}{\partial v}\cdot\frac{\partial v}{\partial x},$$

$$\frac{\partial z}{\partial y}=\frac{\partial z}{\partial u}\cdot\frac{\partial u}{\partial y}+\frac{\partial z}{\partial v}\cdot\frac{\partial v}{\partial y}.$$

7. 隐函数的求导公式.

(1) 一个方程的情形.

① 设二元函数$F(x,y)\in C^{(1)}(D)$,点$(x_0,y_0)\in D$且满足$F(x_0,y_0)=0$,$F_y(x_0,y_0)\neq0$,则方程$F(x,y)=0$在点(x_0,y_0)的某邻域内唯一确定了一个$C^{(1)}$类函数$y=y(x)$,它满足$y_0=y(x_0)$,且有$\frac{dy}{dx}=-\frac{F_x}{F_y}$.

(以下其他情形的隐函数存在定理的叙述略去,只给出求导公式)

② 若$F(x,y,z)=0$确定隐函数$z=z(x,y)$,则

$$\frac{\partial z}{\partial x}=-\frac{F_x}{F_z},\ \frac{\partial z}{\partial y}=-\frac{F_y}{F_z}.$$

(2) 方程组的情形.

① 若$\begin{cases}F(x,y,z)=0,\\G(x,y,z)=0\end{cases}$确定$y=y(x),z=z(x)$,则

$$\frac{dy}{dx}=-\frac{\frac{\partial(F,G)}{\partial(x,z)}}{\frac{\partial(F,G)}{\partial(y,z)}},\ \frac{dz}{dx}=-\frac{\frac{\partial(F,G)}{\partial(y,x)}}{\frac{\partial(F,G)}{\partial(y,z)}}.$$

② 若$\begin{cases}F(x,y,u,v)=0,\\G(x,y,u,v)=0\end{cases}$确定$\begin{cases}u=u(x,y),\\v=v(x,y),\end{cases}$则

$$\frac{\partial u}{\partial x}=-\frac{1}{J}\frac{\partial(F,G)}{\partial(x,v)},\frac{\partial u}{\partial y}=-\frac{1}{J}\frac{\partial(F,G)}{\partial(y,v)},$$

$$\frac{\partial v}{\partial x}=-\frac{1}{J}\frac{\partial(F,G)}{\partial(u,x)},\frac{\partial v}{\partial y}=-\frac{1}{J}\frac{\partial(F,G)}{\partial(u,y)}.\left(J=\frac{\partial(F,G)}{\partial(u,v)}\right)$$

8. 多元函数微分学的几何应用.

(1) 空间曲线的切线与法平面.

设点$M_0(x_0,y_0,z_0)\in\Gamma$.

参数方程情形：

若 Γ：$x=x(t),y=y(t),z=z(t)(x'^2(t_0)+y'^2(t_0)+z'^2(t_0)\neq 0)$，

则切线方程为
$$\frac{x-x_0}{x'(t_0)}=\frac{y-y_0}{y'(t_0)}=\frac{z-z_0}{z'(t_0)}.$$

法平面方程为 $x'(t_0)(x-x_0)+y'(t_0)(y-y_0)+z'(t_0)(z-z_0)=0$.

一般方程情形：

若
$$\Gamma:\begin{cases}F(x,y,z)=0,\\G(x,y,z)=0,\end{cases}$$

则切线方程为
$$\frac{x-x_0}{\left.\frac{\partial(F,G)}{\partial(y,z)}\right|_{M_0}}=\frac{y-y_0}{\left.\frac{\partial(F,G)}{\partial(z,x)}\right|_{M_0}}=\frac{z-z_0}{\left.\frac{\partial(F,G)}{\partial(x,y)}\right|_{M_0}}.$$

法平面方程为
$$\left.\frac{\partial(F,G)}{\partial(y,z)}\right|_{M_0}(x-x_0)+\left.\frac{\partial(F,G)}{\partial(z,x)}\right|_{M_0}(y-y_0)+\left.\frac{\partial(F,G)}{\partial(x,y)}\right|_{M_0}(z-z_0)=0.$$

(2) 空间曲面的切平面与法线.

设 $M_0(x_0,y_0,z_0)\in\Sigma$.

隐式方程情形：

若 Σ：$F(x,y,z)=0$，则切平面为
$$F_x(M_0)(x-x_0)+F_y(M_0)(y-y_0)+F_z(M_0)(z-z_0)=0.$$

法线为
$$\frac{x-x_0}{F_x(M_0)}=\frac{y-y_0}{F_y(M_0)}=\frac{z-z_0}{F_x(M_0)}.$$

显式方程情形：

若 Σ：$z=f(x,y)$，则切平面为
$$z-z_0=z_x(x_0,y_0)(x-x_0)+z_y(x_0,y_0)(y-y_0).$$

法线为
$$\frac{x-x_0}{z_x(x_0,y_0)}=\frac{y-y_0}{z_y(x_0,y_0)}=\frac{z-z_0}{-1}.$$

9. 方向导数与梯度.

(1) 方向导数计算公式.

如果函数 $f(x,y)$ 在点 $P_0(x_0,y_0)$ 可微分，那么函数在该点沿任一方向 $\boldsymbol{l}$ 的方向导数存在，且有
$$\left.\frac{\partial f}{\partial \boldsymbol{l}}\right|_{(x_0,y_0)}=f_x(x_0,y_0)\cos\alpha+f_y(x_0,y_0)\cos\beta.$$

(2) 梯度.

$\mathbf{grad}\, f(x_0,y_0)=f_x(x_0,y_0)\boldsymbol{i}+f_y(x_0,y_0)\boldsymbol{j}$.

（三元函数的方向导数和梯度计算公式与二元函数类似）

10. 多元函数的极值.

(1) 极大、极小值.

充分条件：设 $z=f(x,y)$ 在区域 D 内是 $C^{(2)}$ 类函数，驻点 $(x_0,y_0)\in D$，记 $A=f_{xx}(x_0,y_0)$，$B=f_{xy}(x_0,y_0)$，$C=f_{yy}(x_0,y_0)$.

① 当 $AC-B^2>0$ 时，$f(x_0,y_0)$ 是极值，且 $A>0(<0)$ 时是极小(大)值；

② 当 $AC-B^2<0$ 时，$f(x_0,y_0)$ 不是极值；

③ 当 $AC-B^2=0$ 时，可能有极值，也可能没有极值，还需另作判断.

(2) 条件极值(拉格朗日乘数法).

求目标函数 $z=f(x,y)$ 在约束方程 $\varphi(x,y)=0$ 下的条件极值. 先作拉格朗日函数

$$L(x,y)=f(x,y)+\lambda\varphi(x,y),$$

然后解方程组 $L_x=0$，$L_y=0$，$\varphi(x,y)=0$，则可求得可能的极值点 (x_0,y_0).

对于二元以上的函数和多个约束条件，方法是类似的.

三、复习提问

1. 指出 $\lim\limits_{x\to x_0}f(x)=A$ 与 $\lim\limits_{P\to P_0}f(P)=A$ 的异同.

2. 能否把 $\lim\limits_{(x,y)\to(x_0,y_0)}f(x,y)=A$ 理解为先求 $x\to x_0$，再求 $y\to y_0$ 的极限？为什么？

3. 二元函数 $f(x,y)$ 在点 $P(x_0,y_0)$ 处极限存在、连续、偏导数存在、偏导数连续及可微间关系如何？

4. 设 $z=f(x,y,u)$，$u=u(x,y)$，则 $\dfrac{\partial z}{\partial x}=\dfrac{\partial f}{\partial x}+\dfrac{\partial f}{\partial u}\cdot\dfrac{\partial u}{\partial x}$，问 $\dfrac{\partial f}{\partial x}$ 与 $\dfrac{\partial z}{\partial x}$ 有何不同？

5. 给定曲线 Γ: $x=x(t)$，$y=y(t)$，$z=z(t)$，则曲线在 $t=t_0$ 处切向量存在的条件是什么？如何表示？

6. 设 $\boldsymbol{l}$ 平行于 x 轴，则 $\dfrac{\partial f}{\partial \boldsymbol{l}}=\dfrac{\partial f}{\partial x}$？

7. 如果 $f(x,y)$ 在 (x_0,y_0) 处沿任何方向的方向导数都存在，则 $f(x,y)$ 是否在 (x_0,y_0) 可微？连续？

8. 如果 P_0 为极值点，则是否在 P_0 处有 $AC-B^2>0$？

四、例题分析

例 1 求下列极限或判断极限不存在：

(1) $\lim\limits_{(x,y)\to(+\infty,+\infty)}(x^2+y^2)e^{-(x+y)}$；

(2) $\lim\limits_{(x,y)\to(0,0)}\dfrac{x^2y}{x^2+y^2}$；

(3) $\lim\limits_{(x,y)\to(0,0)}\dfrac{x^2+xy}{x^2+y^2}$.

解 (1) $\lim\limits_{(x,y)\to(+\infty,+\infty)}(x^2+y^2)e^{-(x+y)}=\lim\limits_{(x,y)\to(+\infty,+\infty)}(x^2e^{-x}\cdot e^{-y}+y^2e^{-y}\cdot e^{-x})$,

因为
$$\lim_{x\to+\infty}x^2e^{-x}=\lim_{x\to+\infty}\frac{x^2}{e^x}=0,\ \lim_{y\to+\infty}e^{-y}=0,$$

所以 $\lim\limits_{(x,y)\to(+\infty,+\infty)}x^2e^{-x}e^{-y}=0$.

同理 $\lim\limits_{(x,y)\to(+\infty,+\infty)}y^2e^{-y}e^{-x}=0$,

故 $\lim\limits_{(x,y)\to(+\infty,+\infty)}(x^2+y^2)e^{-(x+y)}=0$.

(2) 因为 $\left|\dfrac{xy}{x^2+y^2}\right|\leqslant\dfrac{1}{2}$（当 $(x,y)\neq(0,0)$ 时），故

$$\lim_{(x,y)\to(0,0)}\frac{x^2y}{x^2+y^2}=\lim_{(x,y)\to(0,0)}\left(\frac{xy}{x^2+y^2}\cdot x\right)=0.$$

（有界函数与无穷小之积为无穷小）.

(3) 令 $y=kx$，其中 k 为常数，因为

$$\lim_{\substack{x\to0\\y=kx}}\frac{x^2+xy}{x^2+y^2}=\lim_{x\to0}\frac{x^2+kx^2}{x^2+k^2x^2}=\frac{1+k}{1+k^2},$$

所以其极限值依赖于 k，故该极限不存在.

例 2 设函数

$$f(x,y)=\begin{cases}\dfrac{\sqrt{|xy|}}{x^2+y^2}\sin(x^2+y^2), & x^2+y^2\neq0,\\ 0, & x^2+y^2=0.\end{cases}$$

试证：(1) $f(x,y)$ 在点 $(0,0)$ 处连续；(2) $f(x,y)$ 在点 $(0,0)$ 处不可微.

证明 (1) $\lim\limits_{(x,y)\to(0,0)}f(x,y)=\lim\limits_{(x,y)\to(0,0)}\sqrt{|xy|}\cdot\lim\limits_{(x,y)\to(0,0)}\dfrac{\sin(x^2+y^2)}{x^2+y^2}=0$,

故 $f(x,y)$ 在点 $(0,0)$ 处连续.

(2) $\Delta z=\dfrac{\sqrt{|\Delta x\Delta y|}}{(\Delta x)^2+(\Delta y)^2}\sin[(\Delta x)^2+(\Delta y)^2]$,

$$f_x(0,0)=\lim_{\Delta x\to 0}\frac{f(0+\Delta x,0)-f(0,0)}{\Delta x}=0,$$

$$f_y(0,0)=\lim_{\Delta y\to 0}\frac{f(0,0+\Delta y)-f(0,0)}{\Delta y}=0.$$

若 $f(x,y)$ 在点 $(0,0)$ 处可微，则应有

$$\lim_{(\Delta x,\Delta y)\to(0,0)}\frac{\Delta z-[f_x(0,0)\Delta x+f_y(0,0)\Delta y]}{\sqrt{(\Delta x)^2+(\Delta y)^2}}=0.$$

而当以上极限沿 $y=x$ 趋于零时，$\Delta y=\Delta x$，此时有

$$\lim_{(\Delta x,\Delta y)\to(0,0)}\frac{\Delta z-[f_x(0,0)\Delta x+f_y(0,0)\Delta y]}{\sqrt{(\Delta x)^2+(\Delta y)^2}}$$

$$=\lim_{\Delta x\to 0}\frac{\sin 2(\Delta x)^2}{\sqrt{2}\cdot 2(\Delta x)^2}=\frac{1}{\sqrt{2}}\neq 0,$$

所以 $f(x,y)$ 在点 $(0,0)$ 处不可微.

例 3 设 $z=f\left(xy,\frac{x}{y}\right)+g\left(\frac{y}{x}\right)$，其中 f 具有二阶连续偏导数，g 具有二阶连续导数，求 $\frac{\partial^2 z}{\partial x\partial y}$.

解 $\frac{\partial z}{\partial x}=yf_1+\frac{1}{y}f_2-\frac{y}{x^2}g'$，

$$\frac{\partial^2 z}{\partial x\partial y}=f_1'+y\left(xf_{11}''-\frac{x}{y^2}f_{12}''\right)-\frac{1}{y^2}f_2'+\frac{1}{y}\left(xf_{21}''-\frac{x}{y^2}f_{22}''\right)-\frac{1}{x^2}g'-\frac{y}{x^3}g''$$

$$=f_1'-\frac{1}{y^2}f_2'+xyf_{11}''-\frac{x}{y^3}f_{22}''-\frac{1}{x^2}g'-\frac{y}{x^3}g''.$$

其中 g'，g'' 分别表示 g 对 $\frac{y}{x}$ 的一阶和二阶导数.

例 4 已知函数 $y=f(x,y,z)$，$z=g(x,y,z)$，求 $\frac{\mathrm{d}z}{\mathrm{d}x}$.

解 现有两个方程，三个变量，应有一个自变量，设为 x，则 $y=y(x)$，$z=z(x)$，原等式两边关于 x 求导，得

$$\begin{cases}\frac{\mathrm{d}y}{\mathrm{d}x}=\frac{\partial f}{\partial x}+\frac{\partial f}{\partial y}\cdot\frac{\mathrm{d}y}{\mathrm{d}x}+\frac{\partial f}{\partial z}\cdot\frac{\mathrm{d}z}{\mathrm{d}x},\\ \frac{\mathrm{d}z}{\mathrm{d}x}=\frac{\partial g}{\partial x}+\frac{\partial g}{\partial y}\cdot\frac{\mathrm{d}y}{\mathrm{d}x}+\frac{\partial g}{\partial z}\cdot\frac{\mathrm{d}z}{\partial x},\end{cases}$$

解方程组得

$$\frac{\mathrm{d}z}{\mathrm{d}x}=\frac{\frac{\partial g}{\partial x}-\frac{\partial g}{\partial x}\cdot\frac{\partial f}{\partial y}+\frac{\partial g}{\partial y}\cdot\frac{\partial f}{\partial x}}{1-\frac{\partial f}{\partial y}-\frac{\partial g}{\partial y}\cdot\frac{\partial f}{\partial z}-\frac{\partial g}{\partial z}+\frac{\partial f}{\partial y}\cdot\frac{\partial g}{\partial z}}.$$

例 5 设 $2x-\tan(x-y)=\int_0^{x-y}\sec^2 t\mathrm{d}t$，求$\frac{\mathrm{d}^2y}{\mathrm{d}x^2}$.

解 等式两边关于 x 求导，得

$$2+\left(\frac{\mathrm{d}y}{\mathrm{d}x}-1\right)\sec^2(x-y)=\left(1-\frac{\mathrm{d}y}{\mathrm{d}x}\right)\sec^2(x-y),$$

解得
$$\frac{\mathrm{d}y}{\mathrm{d}x}=1-\cos^2(y-x)=\sin^2(y-x),$$

于是
$$\begin{aligned}\frac{\mathrm{d}^2y}{\mathrm{d}x^2}&=2\sin(y-x)\cdot\cos(y-x)\cdot\left(\frac{\mathrm{d}y}{\mathrm{d}x}-1\right)\\&=\sin2(x-y)\cos^2(x-y).\end{aligned}$$

例 6 求曲面 $x^2+2y^2+3z^2=21$ 上平行于平面 $x+4y+6z=0$ 的切平面方程.

解 解题的关键是找出切点的坐标.

记 $F(x,y,z)=x^2+2y^2+3z^2-21$，所求切平面在切点 $M(x_0,y_0,z_0)$处的法向量为

$$\boldsymbol{n}_1=(F_x,F_y,F_z)_M=(2x_0,4y_0,6z_0),$$

而题设平面的法向量 $\boldsymbol{n}_2=(1,4,6)$，由 $\boldsymbol{n}_1/\!/\boldsymbol{n}_2$ 得

$$\frac{2x_0}{1}=\frac{4y_0}{4}=\frac{6z_0}{6}.$$

令比值为 t，得

$$x_0=\frac{t}{2},y_0=t,z_0=t.$$

又点(x_0,y_0,z_0)在曲面上，所以

$$\left(\frac{t}{2}\right)^2+2t^2+3t^2=21,t=\pm2.$$

从而解得两切点的坐标为(1,2,2)和(−1,−2,−2)，于是所求两个切平面的方程为

$$(x\pm1)+4(y\pm2)+6(z\pm2)=0,$$

即
$$x+4y+6z\pm21=0.$$

例 7 求函数 $u=\frac{1}{r}$(其中 $r=\sqrt{x^2+y^2+z^2}$)在 $P_0(x_0,y_0,z_0)$处的梯度，并证明该梯度与球面 $x^2+y^2+z^2=r_0{}^2$ 垂直(其中 $r_0{}^2=x_0{}^2+y_0{}^2+z_0{}^2$).

解 由梯度定义，有

$$\mathbf{grad}\ u|_{P_0}=(u_x,u_y,u_z)|_{P_0}=\left(\frac{-x_0}{r_0{}^3},\frac{-y_0}{r_0{}^3},\frac{-z_0}{r_0{}^3}\right).$$

球面 $x^2+y^2+z^2=r_0{}^2$ 在 P_0 处的法向量为

$$\boldsymbol{n}=(2x,2y,2z)\big|_{P_0}=2(x_0,y_0,z_0).$$

显然 $\boldsymbol{n}/\!/\mathbf{grad}\ u\big|_{P_0}$,由此即得所证.

例 8 求函数 $z=(x^2+y^2)\mathrm{e}^{-(x^2+y^2)}$ 的极值.

解 令 $\begin{cases}\dfrac{\partial z}{\partial x}=2x(1-x^2-y^2)\mathrm{e}^{-(x^2+y^2)}=0,\\[2ex]\dfrac{\partial z}{\partial y}=2y(1-x^2-y^2)\mathrm{e}^{-(x^2+y^2)}=0,\end{cases}$

得驻点(0,0)及 $x^2+y^2=1$,又

$$A=\frac{\partial^2 z}{\partial x^2}=[2(1-y^2-3x^2)-4x^2(1-x^2-y^2)]\mathrm{e}^{-(x^2+y^2)},$$

$$B=\frac{\partial^2 z}{\partial x\partial y}=-4xy(2-x^2-y^2)\mathrm{e}^{-(x^2+y^2)},$$

$$C=\frac{\partial^2 z}{\partial y^2}=[2(1-x^2-3y^2)-4y^2(1-x^2-y^2)]\mathrm{e}^{-(x^2+y^2)}.$$

因为 $(AC-B^2)\big|_{(0,0)}=4>0$,且 $A\big|_{(0,0)}=2>0$,故 $f(0,0)=0$ 为函数的极小值.

又 $(AC-B^2)\big|_{x^2+y^2=1}=(4x^2\mathrm{e}^{-1})(4y^2\mathrm{e}^{-1})-(-4xy\mathrm{e}^{-1})^2=0$,
因此,用通常的方法无法判定.现令 $x^2+y^2=t(t\geqslant 0)$,则 $z=t\mathrm{e}^{-t}$.
令 $\dfrac{\mathrm{d}z}{\mathrm{d}t}=\mathrm{e}^{-t}(1-t)=0$,得 $t=1$,又 $\dfrac{\mathrm{d}^2 z}{\mathrm{d}t^2}=(t-2)\mathrm{e}^{-t}$,从而 $\dfrac{\mathrm{d}^2 z}{\mathrm{d}t^2}\Big|_{t=1}=-\mathrm{e}^{-t}<0$,
故 $z=t\mathrm{e}^{-t}$ 在 $t=1$ 处取得极大值,即函数 $z=(x^2+y^2)\mathrm{e}^{-(x^2+y^2)}$ 在圆周 $x^2+y^2=1$ 上取得极大值 e^{-1}.

例 9 已知三角形的周长为 $2p$,求出这样的三角形,当它绕着自己的一边旋转时,所构成的体积最大.

解 设三角形的三条边分别为 x,y,z,且绕 x 边旋转,并设 x 边上的高为 h,则三角形的面积为 $S=\dfrac{1}{2}xh$.再由三角形的周长为 $2p$ 知,三角形的面积为

$$S=\sqrt{p(p-x)(p-y)(p-z)},$$

于是
$$h=\frac{2\sqrt{p(p-x)(p-y)(p-z)}}{x},$$

故旋转体的体积

$$V=\frac{1}{3}\pi h^2 x=\frac{4p\pi}{3}\cdot\frac{(p-x)(p-y)(p-z)}{x}.$$

为计算方便,设

$$u=\ln\frac{(p-x)(p-y)(p-z)}{x}.$$

由于 $u=\ln x$ 为单调函数，故函数 u,V 的最大值点相同，因而只需求 u 在条件 $x+y+z=2p$ 下的最大值点.

令 $F(x,y,z)=\ln(p-x)+\ln(p-y)+\ln(p-z)-\ln x+\lambda(x+y+z-2p)$，

由 $\begin{cases}F_x=-\dfrac{1}{p-x}-\dfrac{1}{x}+\lambda=0,\\ F_y=-\dfrac{1}{p-y}+\lambda=0,\\ F_z=-\dfrac{1}{p-z}+\lambda=0,\\ x+y+z=2p,\end{cases}$

得唯一驻点 $x=\dfrac{p}{2},y=\dfrac{3}{4}p,z=\dfrac{3}{4}p$.

因为最大的体积一定存在，故当三角形的边长分别为 $\dfrac{p}{2},\dfrac{3}{4}p,\dfrac{3}{4}p$ 且绕边长为 $\dfrac{p}{2}$ 的一边旋转时，V 取最大值 $\dfrac{1}{12}\pi p^3$.

注 用拉格朗日乘数法求函数 $f(x,y)$ 在条件 $\varphi(x,y)=0$ 下的极值时，当由于 $f(x,y)$（或 $\varphi(x,y)$）的表达式而引起计算上的困难时，常常可用与 $f(x,y)$ 有相同增减性的函数（或将 $\varphi(x,y)=0$ 作同形变换后的方程）替代 $f(x,y)$（或 $\varphi(x,y)=0$），以减少计算量.

例 10 求 $\sum\limits_{k=1}^{n}x_ky_k$ 在方程组 $\sum\limits_{k=1}^{n}x_k^2=1,\sum\limits_{k=1}^{n}y_k^2=1$ 约束下的最大值.

解 根据拉格朗日乘数法，设拉格朗日函数为

$$L(x_1,y_1,\cdots,x_n,y_n,\lambda,\mu)=\sum_{k=1}^{n}x_ky_k+\lambda\Big(\sum_{k=1}^{n}x_k^2-1\Big)+\mu\Big(\sum_{k=1}^{n}y_k^2-1\Big),$$

则令 $\begin{cases}L_{x_k}=y_k+2\lambda x_k=0\quad(k=1,2,\cdots,n),\\ L_{y_k}=x_k+2\mu y_k=0\quad(k=1,2,\cdots,n),\\ L_\lambda=\sum\limits_{k=1}^{n}x_k^2-1=0,\\ L_\mu=\sum\limits_{k=1}^{n}y_k^2-1=0.\end{cases}$

由方程可得 $y_k=-2\lambda x_k$，代入 $\sum\limits_{k=1}^{n}y_k^2=1$，再由 $\sum\limits_{k=1}^{n}x_k^2=1$，

可得 $4\lambda^2 = 1$，即 $\lambda = \pm \frac{1}{2}$.

当 $\lambda = \frac{1}{2}$ 时，$y_k = x_k$，得

$$\sum_{k=1}^{n} x_k y_k = \sum_{k=1}^{n} x_k^2 = 1.$$

当 $\lambda = -\frac{1}{2}$ 时，$y_k = -x_k$，得

$$\sum_{k=1}^{n} x_k y_k = -\sum_{k=1}^{n} x_k^2 = -1.$$

而 $\sum\limits_{k=1}^{n} x_k y_k$ 在方程组 $\sum\limits_{k=1}^{n} x_k^2 = 1, \sum\limits_{k=1}^{n} y_k^2 = 1$ 约束下的最大值一定存在，因此该最大值为 1.

五、自测练习

A 组

1. 求函数 $z=\ln(2\sqrt{2}-x^2-y^2)+\ln(|y|-1)$ 的定义域.

2. 观察下列极限是否存在，若存在，求出极限值.

(1) $\lim\limits_{(x,y)\to(0,0)} \dfrac{\sqrt{xy+1}-1}{x+y}$；　　(2) $\lim\limits_{(x,y)\to(0,0)} (1+xy)^{\frac{1}{x+y}}$.

3. 设 $z=x^2yf(x^2-y^2,xy)$，求 $\dfrac{\partial z}{\partial x}, \dfrac{\partial z}{\partial y}$.

4. 设 $z=(x^2+y^2)e^{\frac{x^2+y^2}{xy}}$，求 dz.

5. 试证：函数 $z=\sqrt{|xy|}$ 在点 $(0,0)$ 处连续，但不可微.

6. 函数 $u=u(x,y,z)$ 由方程 $W(u^2-x^2,u^2-y^2,u^2-z^2)=0$ 所确定，其中函数 W 可微，试证：$\dfrac{u_x'}{x}+\dfrac{u_y'}{y}+\dfrac{u_z'}{z}=\dfrac{1}{u}$.

7. 已知 $f(x,y)=\begin{cases}(x^2+y^2)\sin\dfrac{1}{x^2+y^2}, & x^2+y^2\neq 0,\\ 0, & x^2+y^2=0.\end{cases}$ 问在点 $(0,0)$ 处函数 $f(x,y)$：(1) 偏导数是否存在；(2) 是否可微；(3) 偏导数是否连续？

8. 若 $\dfrac{1}{z}=\dfrac{1}{x}+f\left(\dfrac{1}{y}-\dfrac{1}{x}\right)$，求证：$x^2\dfrac{\partial z}{\partial x}+y^2\dfrac{\partial z}{\partial y}=z^2$.

9. 设 $u=x^2y$，而 x,y 由方程 $x^5+y=t$ 与 $x^2+y^3=t^2$ 所确定，求 $\dfrac{du}{dt}$.

10. 设由方程 $xyz=\sin z$ 定义的函数 $z=z(x,y)$，求$\frac{\partial^2 z}{\partial x\partial y}$.

11. 如果函数 $f(x,y,z)$对任何 t 恒满足关系式 $f(tx,ty,tz)=t^k f(x,y,z)$，则称函数 $f(x,y,z)$为 k 次齐次函数，试证：k 次齐次函数满足方程

$$x\frac{\partial f}{\partial x}+y\frac{\partial f}{\partial y}+z\frac{\partial f}{\partial z}=kf(x,y,z).$$

12. 设$\sqrt[g(z)]{f(x)}=\varphi(y)$，求 $z_x{}'$，$z_y{}'$.

13. 设 $z=f(u,v)$，$u+v=g(xy)$，$u-v=h\left(\frac{x}{y}\right)$，求 $z_x{}'$，$z_y{}'$.

14. 证明：$u=\frac{y}{f(x^2-y^2)}$满足方程$\frac{u_x{}'}{x}+\frac{u_y{}'}{y}+\frac{u_z{}'}{z}=\frac{u}{z^2}$.

15. 证明：由方程 $ax+by+cz=f(x^2+y^2+z^2)$决定的函数满足 $(cy-bz)z_x{}'+(az-cx)z_y{}'=bx-ay$.

16. 求曲线$\begin{cases}xyz=1,\\ y=x\end{cases}$在点(1，1，1)处的切线的方向余弦.

17. 证明：在锥面 $z^2=x^2+y^2$ 上的曲线 Γ：$\begin{cases}x=ae^t\cos t,\\ y=ae^t\sin t,\\ z=ae^t\end{cases}$上任一点处的切线与锥面的母线的夹角为一常数.

18. 求由方程 $2x^2+2y^2+z^2+8yz-z+8=0$ 所确定的 z 的极值.

19. 若点 $M_0(x_0,y_0,z_0)$是光滑曲面 $F(x,y,z)=0$ 上与原点距离最近的点，试证：点 M_0 的法线必定通过坐标原点.

20. 已知矩形的周长为 $2p$，将它绕其一边旋转，产生一旋转体，问矩形的边长为多少时，所得旋转体的体积为最大?

21. 求曲线$\begin{cases}z=x^2+y^2,\\ y=\frac{1}{x}\end{cases}$上到坐标面 xOy 距离最短的点.

22. 求函数 $u=xy+yz+zx$ 在点 $M(1,2,3)$处的梯度，并求其在 $\boldsymbol{l}=\boldsymbol{i}+2\boldsymbol{j}+3\boldsymbol{k}$ 方向上的投影.

B 组

1. 设函数 $u(x)$由方程组$\begin{cases}u=f(x,y),\\ g(x,y,z)=0,\\ h(x,z)=0\end{cases}$确定，且$\frac{\partial h}{\partial z}\neq 0$，$\frac{\partial g}{\partial y}\neq 0$，求$\frac{\mathrm{d}u}{\mathrm{d}x}$(设 f,g,h 均可微).

2. 设 f,g 具有二阶连续偏导数，$u=yf\left(\frac{x}{y}\right)+xg\left(\frac{y}{x}\right)$，求$\frac{\partial^2 u}{\partial x^2}$，$\frac{\partial^2 u}{\partial x\partial y}$.

3. 设 $z=\frac{1}{x}f(xy)+yf(x+y)$，其中 f 具有二阶连续偏导数，求$\frac{\partial^2 z}{\partial x\partial y}$.

4. 设 $u=\varphi(t)+\int_y^x g(t)\mathrm{d}t$，$z=f(u)$，求 $g(y)z_x'+g(x)z_y'$.

5. 设 $x=\frac{1}{u}+\frac{1}{v}$，$y=\frac{1}{u^2}+\frac{1}{v^2}$，$z=\frac{1}{u^3}+\frac{1}{v^3}+\mathrm{e}^x$，求 z_y'，z_v'.

6. 若 $u(x,y)$ 二阶可导，证明：$u(x,y)=f(x)g(y)$ 的充要条件是 $u\frac{\partial^2 u}{\partial x\partial y}=\frac{\partial u}{\partial x}\cdot\frac{\partial u}{\partial y}$.

7. 证明：$u(x,y)=x^n f\left(\frac{y}{x}\right)+y^{1-n}g\left(\frac{y}{x}\right)$ 满足方程 $x^2u_{xx}''+2xyu_{xy}+y^2u_{yy}''=n(n-1)u$.

8. 证明：锥面 $z=xf\left(\frac{y}{x}\right)$ 上任一点处的切平面均通过原点.

9. 在已给的椭球面$\frac{x^2}{a^2}+\frac{y^2}{b^2}+\frac{z^2}{c^2}=1$ 内的所有内接长方体（各边分别平行于坐标轴）中，求体积最大者.

10. 求椭球面$\frac{x^2}{3}+\frac{y^2}{2}+z^2=1$ 被平面 $x+y+z=0$ 截得的椭圆长半轴与短半轴之长.

11. 证明曲面 $f(x-az,y-bz)=0$ 上任一点处的切平面均与直线$\frac{x}{a}=\frac{y}{b}=z$ 平行.

12. 求椭球面 $x^2+2y^2+3z^2=21$ 上的点到平面 $x+4y+6z=30$ 的最远和最近距离.

13. 求两球面 $x^2+y^2+z^2=25$ 与 $x^2+y^2+(z-8)^2=1$ 的公切面方程，使该公切面在 x 轴和 y 轴的正半轴上的截距相等.

14. 试求 a,b 的值，使得椭圆$\frac{x^2}{a^2}+\frac{y^2}{b^2}=1$ 包含圆 $x^2+y^2=2y$，并且面积最小.

CHAPTER 10

第十章 重积分

一、目的要求

1. 理解二重积分和三重积分的定义,了解二重积分和三重积分的性质.

2. 熟练掌握二重积分在直角坐标系和极坐标系中的计算方法,熟练掌握三重积分在直角坐标系、柱面坐标系、球面坐标系中的计算方法.

3. 会运用二重、三重积分解决一些几何与物理问题.

4. 了解一些最常用的重积分的换元法.

二、内容提要

1. 二重积分、三重积分的定义,二重积分的几何意义.

$\iint\limits_{D} f(x,y)\mathrm{d}x\mathrm{d}y$ 在几何上表示曲顶柱体体积的代数和.

2. 重积分的性质.

重积分的性质与定积分完全相同,主要有保向性、可加性与中值定理等,即(以二重积分为例)

(1) $\iint\limits_{D} f(x,y)\mathrm{d}x\mathrm{d}y=\iint\limits_{D_1} f(x,y)\mathrm{d}x\mathrm{d}y+\iint\limits_{D_2} f(x,y)\mathrm{d}x\mathrm{d}y$,

其中 $D=D_1\cup D_2$,且 D_1 与 D_2 不相互重叠,亦记为 $D=D_1+D_2$.

(2) 设在有界闭区域 D 上 $f(x,y)$, $g(x,y)$ 连续,且 $f(x,y)\leqslant g(x,y)$, $f(x,y)\neq g(x,y)$,则有

$$\iint\limits_{D} f(x,y)\mathrm{d}x\mathrm{d}y<\iint\limits_{D} g(x,y)\mathrm{d}x\mathrm{d}y.$$

(3) 设函数 $f(x,y)$ 在有界闭区域 D 上连续,则在 D 上至少存在一点 (ξ,η),使得

$$\iint\limits_{D} f(x,y)\mathrm{d}x\mathrm{d}y=f(\xi,\eta)A,$$

其中 A 为闭区域 D 的面积.

3. 重积分的计算法.

(1) 二重积分的计算法.

① 当 $D=\{(x,y)\mid y_1(x)\leqslant y\leqslant y_2(x),a\leqslant x\leqslant b\}$时，

$$\iint_D f(x,y)\mathrm{d}x\mathrm{d}y=\int_b^a \mathrm{d}y\int_{y_1(x)}^{y_2(x)} f(x,y)\mathrm{d}y;$$

② 当 $D=\{(x,y)\mid x_1(y)\leqslant x\leqslant x_2(y),c\leqslant y\leqslant d\}$时，

$$\iint_D f(x,y)\mathrm{d}x\mathrm{d}y=\int_c^d \mathrm{d}y\int_{x_1(y)}^{x_2(y)} f(x,y)\mathrm{d}x;$$

③ 当 $D=\{(r,\theta)\mid r_1(\theta)\leqslant r\leqslant r_2(\theta),\alpha\leqslant\theta\leqslant\beta\}$时，

$$\iint_D f(x,y)\mathrm{d}x\mathrm{d}y=\int_\alpha^\beta \mathrm{d}\theta\int_{r_1(\theta)}^{r_2(\theta)} f(r\cos\theta,r\sin\theta)r\mathrm{d}r;$$

④ 当 $D=\{(r,\theta)\mid \theta_1(r)\leqslant\theta\leqslant\theta_2(r),\alpha\leqslant r\leqslant\beta\}$时，

$$\iint_D f(x,y)\mathrm{d}x\mathrm{d}y=\int_\alpha^\beta \mathrm{d}r\int_{\theta_1(r)}^{\theta_2(r)} f(r\cos\theta,r\sin\theta)r\mathrm{d}\theta.$$

(2) 三重积分的计算法.

① 当 $\Omega=\{(x,y,z)\mid z_1(x,y)\leqslant z\leqslant z_2(x,y),(x,y)\in D\}$时，

$$\iiint_\Omega f(x,y,z)\mathrm{d}x\mathrm{d}y\mathrm{d}z=\iint_D \mathrm{d}x\mathrm{d}y\int_{z_1(x,y)}^{z_2(x,y)} f(x,y,z)\mathrm{d}z.$$

类似地有先对 y,或先对 x 的积分公式.

② 当 $\Omega=\{(x,y,z)\mid (x,y)\in D(z),c\leqslant z\leqslant d\}$,$D(z)$为有界闭域时，

$$\iiint_\Omega f(x,y,z)\mathrm{d}x\mathrm{d}y\mathrm{d}z=\int_c^d \mathrm{d}z\iint_{D(z)} f(x,y,z)\mathrm{d}x\mathrm{d}y,$$

类似地有最后对 y 或最后对 x 的积分公式.

③ 圆柱坐标计算公式：

$$\iiint_\Omega f(x,y,z)\mathrm{d}V=\iiint_\Omega f(r\cos\theta,r\sin\theta,z)r\mathrm{d}r\mathrm{d}\theta\mathrm{d}z.$$

右端再化为圆柱坐标下的三次积分.

④ 球坐标计算公式：

$$\iiint_\Omega f(x,y,z)\mathrm{d}V=\iiint_\Omega f(r\sin\varphi\cos\theta,r\sin\varphi\sin\theta,r\cos\varphi)r^2\sin\varphi\mathrm{d}r\mathrm{d}\varphi\mathrm{d}\theta.$$

右端再化为球坐标下的三次积分.

4. 一般的重积分换元法.

若 $x=x(u,v)$, $y=y(u,v)$,这里 $u,v\in D'$,$x(u,v)$,$y(u,v)$在 D'上连续,D

与D'的点一一对应，记$J(u,v)=\begin{vmatrix} x_u' & x_v' \\ y_u' & y_v' \end{vmatrix}$，则

$$\iint\limits_{D} f(x,y)\mathrm{d}x\mathrm{d}y=\iint\limits_{D'} f[x(u,v),y(u,v)]\,|J(u,v)|\,\mathrm{d}u\mathrm{d}v.$$

5. 交换积分次序.

6. 二重积分的几何应用.

设曲面S的方程为$z=f(x,y)$，D为S在xOy面上的投影区域，$f(x,y)$在D上具有连续的偏导数，则S的面积为

$$A=\iint\limits_{D}\sqrt{1+f_x^2(x,y)+f_y^2(x,y)}\,\mathrm{d}x\mathrm{d}y.$$

7. 二重积分、三重积分的物理应用有求物体的重心、质量、转动惯量，对质点的引力等.

三、复习提问

1. 二重、三重积分和定积分有哪些相似的性质？

2. 重积分有哪些应用？

3. 下列结论是否正确？为什么？

(1) 设D是圆域$x^2+y^2\leqslant 1$，D_1是D在第一象限的部分，$f(x,y)$在D上连续，则

$$\iint\limits_{D} f(x,y)\mathrm{d}\sigma=4\iint\limits_{D_1} f(x,y)\mathrm{d}\sigma.$$

(2) 设$f(x,y)$在三角形区域$0\leqslant y\leqslant x\leqslant 1$上连续，则

$$\int_0^1\mathrm{d}x\int_0^x f(x,y)\mathrm{d}y=\int_0^x\mathrm{d}y\int_0^1 f(x,y)\mathrm{d}x.$$

(3) 设$f(x,y)$在闭区域上具有一阶连续偏导数，则

$$\frac{\partial}{\partial x}\iint\limits_{D} f(x,y)\mathrm{d}v=\iint\limits_{D} f_x(x,y)\mathrm{d}v.$$

四、例题分析

例 1 设函数$f(x,y)$在闭区域$D=\{(x,y)\mid 0\leqslant x\leqslant \pi,0\leqslant y\leqslant \pi\}$上连续，且恒取正值，试求：

$$\lim_{n\to\infty}\iint\limits_{D}[f(x,y)]^{\frac{1}{n}}\sin x\sin y\mathrm{d}x\mathrm{d}y.$$

解 由于$f(x,y)$在闭区域D上连续，由最值定理，$f(x,y)$有最大值M与

最小值m，而 $f(x,y)$ 在 D 上恒取正值，则 $0<m\leqslant M$，于是

$$\sqrt[n]{m}\sin x\sin y\leqslant[f(x,y)]^{\frac{1}{n}}\sin x\sin y\leqslant\sqrt[n]{M}\sin x\sin y.$$

由于 $\iint\limits_D\sin x\sin y\mathrm{d}x\mathrm{d}y=\int_0^{\pi}\sin x\mathrm{d}x\cdot\int_0^{\pi}\sin y\mathrm{d}y=4$，且 $\lim\limits_{n\to\infty}\sqrt[n]{m}=1$，$\lim\limits_{n\to\infty}\sqrt[n]{M}=1$，

$$\sqrt[n]{m}\iint\limits_D\sin x\sin y\mathrm{d}x\mathrm{d}y\leqslant\iint\limits_D f(x,y)^{\frac{1}{n}}\sin x\sin y\mathrm{d}x\mathrm{d}y\leqslant\sqrt[n]{M}\iint\limits_D\sin x\sin y\mathrm{d}x\mathrm{d}y,$$

故由夹逼准则得

$$\lim_{n\to\infty}\iint\limits_D[f(x,y)]^{\frac{1}{n}}\sin x\sin y\mathrm{d}x\mathrm{d}y=4.$$

例 2 画出下列二次积分的积分区域，并交换二次积分的次序：

(1) $\int_0^1\mathrm{d}x\int_0^x f(x,y)\mathrm{d}y+\int_1^2\mathrm{d}x\int_0^{2-x}f(x,y)\mathrm{d}y$；

(2) $\int_0^1\mathrm{d}x\int_{\sqrt{2+x^2}}^{\sqrt{4-x^2}}f(x,y)\mathrm{d}y$.

解 (1) 根据所给累次积分的上、下限，确定积分区域 $D_1+D_2=D$，其中

$$D_1:\begin{cases}0\leqslant x\leqslant 1,\\0\leqslant y\leqslant x;\end{cases}\qquad D_2:\begin{cases}1\leqslant x\leqslant 2,\\0\leqslant y\leqslant 2-x.\end{cases}$$

画出 D 的图形(图 10-1)，由 D 即可确定先对 x 后对 y 进行积分时的上、下限.

故 $D:\begin{cases}0\leqslant y\leqslant 1,\\y\leqslant x\leqslant 2-y.\end{cases}$ 因此，有

$$\int_0^1\mathrm{d}x\int_0^x f(x,y)\mathrm{d}y+\int_1^2\mathrm{d}x\int_0^{2-x}f(x,y)\mathrm{d}y$$

$$=\int_0^1\mathrm{d}y\int_y^{2-y}f(x,y)\mathrm{d}x.$$

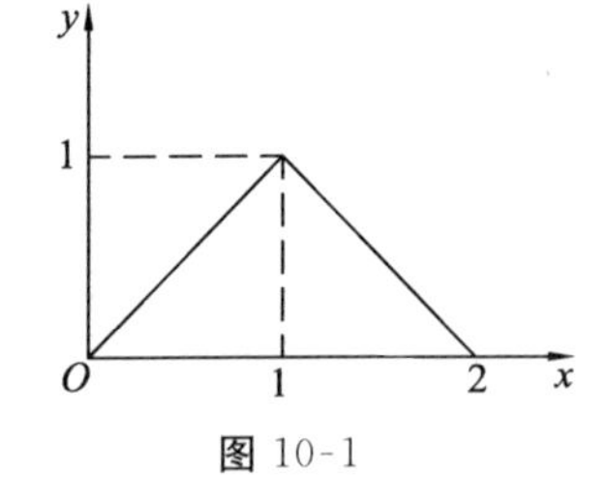

图 10-1

(2) 同(1)的解法，结果为

$$\int_0^1\mathrm{d}x\int_{\sqrt{2+x^2}}^{\sqrt{4-x^2}}f(x,y)\mathrm{d}y=\int_{\sqrt{2}}^{\sqrt{3}}\mathrm{d}y\int_0^{\sqrt{y^2-2}}f(x,y)\mathrm{d}x+\int_{\sqrt{3}}^{2}\mathrm{d}y\int_0^{\sqrt{4-y^2}}f(x,y)\mathrm{d}x.$$

注 在直角坐标系下计算二(三)重积分的步骤：

(1) 画出 $D(\Omega)$ 的草图；

(2) 根据 D 和被积函数，选择适当的积分顺序，借助于图形可以确定累次积分的上、下限，从而将重积分的计算化成累次积分；

(3) 计算累次积分.

例 3 计算 $\iint\limits_D x[1+yf(x^2+y^2)]\mathrm{d}x\mathrm{d}y$，其中 D 是由 $y=x^3$，$y=1$ 和 $x=-1$

所围成的区域，$f(x,y)$ 是 D 上的连续函数.

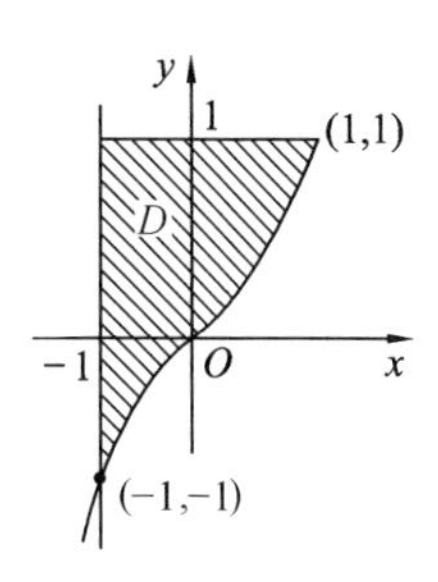

图 10-2

解 积分区域如图 10-2 所示.

$$原式 = \iint_D x\,\mathrm{d}x\mathrm{d}y + \iint_D xyf(x^2+y^2)\,\mathrm{d}x\mathrm{d}y$$

$$= \int_{-1}^{1}\mathrm{d}x\int_{x^3}^{1} x\,\mathrm{d}y + I = -\frac{2}{5} + I,$$

其中 $I = \int_{-1}^{1} x\,\mathrm{d}x\int_{x^3}^{1} yf(x^2+y^2)\,\mathrm{d}y$

$$= \int_{-1}^{1} x\,\mathrm{d}x\int_{x^3}^{1}\frac{1}{2}f(x^2+y^2)\,\mathrm{d}(x^2+y^2).$$

记 $F(u) = \int_0^u f(t)\,\mathrm{d}t$，故

$$I = \frac{1}{2}\int_{-1}^{1} x[F(x^2+y^2)]\Big|_{x^3}^{1}\mathrm{d}x$$

$$= \int_{-1}^{1} x[F(x^2+1) - F(x^2+x^6)]\,\mathrm{d}x = 0.$$

（因为 $F(x^2+1)$，$F(x^2+x^6)$ 是偶函数，$x[F(x^2+1)-F(x^2+x^6)]$ 是奇函数，奇函数在对称区间上积分是 0）

所以 $\iint_D x[1+yf(x^2+y^2)]\,\mathrm{d}x\mathrm{d}y = -\frac{2}{5}$.

例 4 计算三重积分 $\iiint_\Omega (x^2+y^2)\,\mathrm{d}v$，其中 Ω 由曲面 $x^2+y^2=2z$ 及平面 $z=2$ 和 $z=8$ 围成.

解 解法一 积分区域如图 10-3 所示.

$$I = \iint_{D_1}\mathrm{d}x\mathrm{d}y\int_2^8 (x^2+y^2)\,\mathrm{d}z + \iint_{D_2}\mathrm{d}x\mathrm{d}y\int_{\frac{x^2+y^2}{2}}^{8}(x^2+y^2)\,\mathrm{d}z,$$

以下利用柱面坐标计算：

$$I = 6\int_0^{2\pi}\mathrm{d}\theta\int_0^2 r^3\,\mathrm{d}r + \int_0^{2\pi}\mathrm{d}\theta\int_2^4\left(8-\frac{1}{2}r^2\right)r^3\,\mathrm{d}r = 336\pi.$$

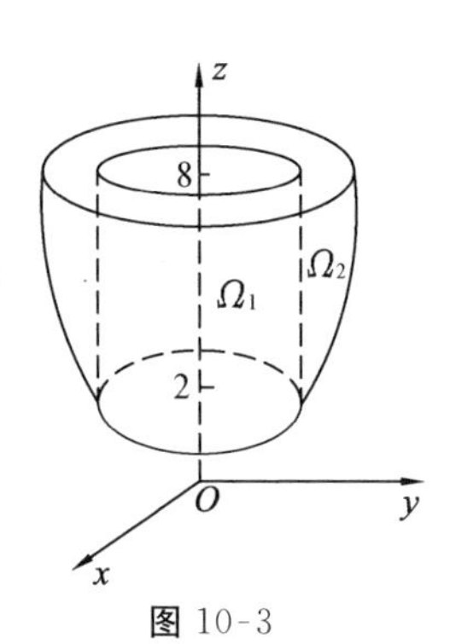

图 10-3

解法二 解法一较麻烦，若先计算一个二重积分，然后再计算一个定积分就比较方便些，即所谓“先二后一法”或“截面法”.

$$I = \int_2^8 \mathrm{d}z \iint_{x^2+y^2\leqslant 2z}(x^2+y^2)\,\mathrm{d}x\mathrm{d}y$$

$$=\int_2^8 dz\int_0^{2\pi}d\theta\int_0^{\sqrt{2z}} r^3 dr = 2\pi\int_2^8 z^2 dz = 336\pi.$$

注 本题应注意如下两个问题：

(1) 当 Ω 用平行于 z 轴的直线穿过时，与边界曲面的交点多于两个，应像处理二重积分那样，把 Ω 分成若干部分，使 Ω 上的三重积分化为各部分闭区域上的三重积分的和；

(2) 应学会运用“先二后一法”或“截面法”.

例 5 计算：$I=\iint\limits_D \frac{\sin y}{y}dxdy$，其中 D 是由 $x=y^2, y=x$ 所围的区域.

解 积分区域如图 10-4 所示. 由于 $\frac{\sin y}{y}$ 的原函数不能用初等函数表示，若用先 y 后 x 的积分次序，显然无法计算，因此必须考虑选择先 x 后 y 的积分次序.

$$I=\int_0^1 dy\int_{y^2}^{y}\frac{\sin y}{y}dx=\int_0^1\frac{\sin y}{y}(y-y^2)dy$$

$$=\int_0^1(1-y)\sin y dy = 1-\sin 1.$$

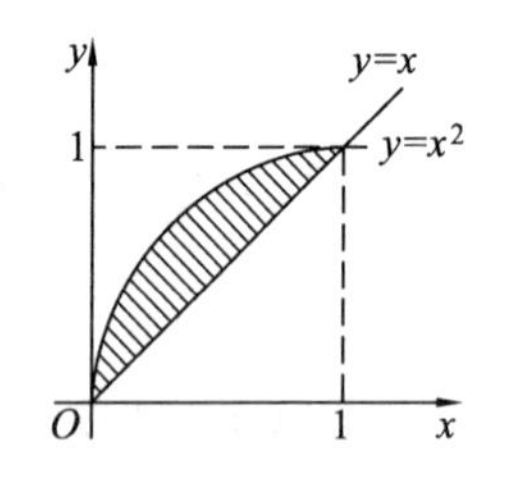

图 10-4

注 由本例可见，在计算二重积分(三重积分)时，必须注意选择适当的积分次序，使积分计算简单易行.

例 6 求 $I=\int_0^1\frac{x^b-x^a}{\ln x}dx(0<a<b)$.

解 直接计算(用一元函数积分)很困难，我们可考虑用二重积分来计算.

因为 $\int_a^b x^y dy=\frac{x^y}{\ln x}\Big|_a^b=\frac{x^b-x^a}{\ln x}$，故 $I=\int_0^1 dx\int_a^b x^y dy$.

这里函数 $f(x,y)=x^y$ 在矩形区域 $R: 0\leqslant x\leqslant 1; 0<a\leqslant y\leqslant b$ 上连续，可交换积分次序，因此

$$I=\int_a^b dy\int_0^1 x^y dx=\int_a^b\frac{x^{y+1}}{(y+1)}\Big|_0^1 dy$$

$$=\int_a^b\frac{1}{y+1}dy=\ln\frac{b+1}{a+1}.$$

注 有时，我们可用二重积分来计算或证明定积分中的一些问题和结论.

例 7 试求 $\iint\limits_D |y-x^2|\,dxdy$，其中 D: $|x|\leqslant 1, 0\leqslant y\leqslant 2$.

解 用曲线 $y=x^2$ 将区域 D 分为两部分 D_1+D_2，如图 10-5 所示.

$D_1=\{(x,y)\mid x^2\leqslant y\leqslant 2,-1\leqslant x\leqslant 1\}$,

$D_2=\{(x,y)\mid 0\leqslant y\leqslant x^2,-1\leqslant x\leqslant 1\}$,

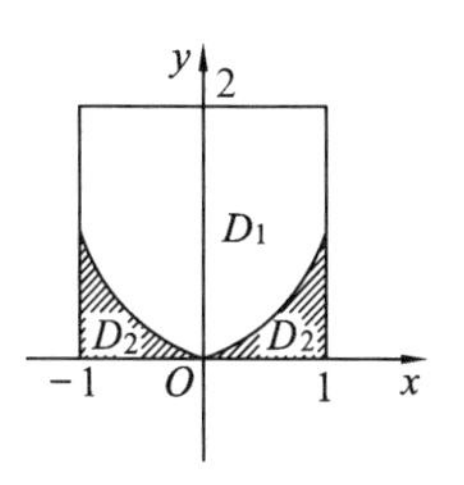

图 10-5

于是

$$\begin{aligned}\text{原式}&=\iint\limits_{D_1}(y-x^2)\mathrm{d}x\mathrm{d}y+\iint\limits_{D_2}(x^2-y)\mathrm{d}x\mathrm{d}y\\&=\int_{-1}^{1}\mathrm{d}x\int_{x^2}^{2}(y-x^2)\mathrm{d}y+\int_{-1}^{1}\mathrm{d}x\int_{0}^{x^2}(x^2-y)\mathrm{d}y\\&=\int_{-1}^{1}\left(\frac{1}{2}y^2-x^2y\right)\Big|_{x^2}^{2}\mathrm{d}x+\int_{-1}^{1}\left(x^2y-\frac{1}{2}y^2\right)\Big|_{0}^{x^2}\mathrm{d}x\\&=\int_{-1}^{1}\left(2-2x^2+\frac{1}{2}x^4\right)\mathrm{d}x+\int_{-1}^{1}\frac{1}{2}x^4\mathrm{d}x=\frac{46}{15}.\end{aligned}$$

例 8 设 $D=\{(x,y)\mid x^2+y^2\leqslant\sqrt{2},x\geqslant 0,y\geqslant 0\}$,$[1+x^2+y^2]$ 表示不超过 $1+x^2+y^2$ 的最大整数,计算二重积分 $\iint\limits_{D}xy[x^2+y^2+1]\mathrm{d}x\mathrm{d}y$.

解 解法一

$$\begin{aligned}\iint\limits_{D}xy[x^2+y^2+1]\mathrm{d}x\mathrm{d}y&=\int_0^{\frac{\pi}{2}}\mathrm{d}\theta\int_0^{\sqrt[4]{2}}r^3\sin\theta\cos\theta[1+r^2]\mathrm{d}r\\&=\int_0^{\frac{\pi}{2}}\sin\theta\cos\theta\mathrm{d}\theta\int_0^{\sqrt[4]{2}}r^3[1+r^2]\mathrm{d}r\\&=\frac{1}{2}\left(\int_0^1 r^3\mathrm{d}r+\int_1^{\sqrt[4]{2}}2r^3\mathrm{d}r\right)=\frac{3}{8}.\end{aligned}$$

解法二 记 $D_1=\{(x,y)\mid x^2+y^2<1,x\geqslant 0,y\geqslant 0\}$,

$D_2=\{(x,y)\mid 1\leqslant x^2+y^2\leqslant\sqrt{2},x\geqslant 0,y\geqslant 0\}$,

则有 $[1+x^2+y^2]=1,(x,y)\in D_1,[1+x^2+y^2]=2,(x,y)\in D_2$,于是

$$\begin{aligned}\iint\limits_{D}xy[x^2+y^2+1]\mathrm{d}x\mathrm{d}y&=\iint\limits_{D_1}xy\mathrm{d}x\mathrm{d}y+\iint\limits_{D_2}2xy\mathrm{d}x\mathrm{d}y\\&=\int_0^{\frac{\pi}{2}}\mathrm{d}\theta\int_0^1 r^3\sin\theta\cos\theta\mathrm{d}r+\int_0^{\frac{\pi}{2}}\mathrm{d}\theta\int_1^{\sqrt[4]{2}}2r^3\sin\theta\cos\theta\mathrm{d}r\\&=\frac{1}{8}+\frac{1}{4}=\frac{3}{8}.\end{aligned}$$

例 9 计算 $I=\int_0^1\mathrm{d}x\int_0^{1-x}\mathrm{d}z\int_0^{1-x-z}(1-y)\mathrm{e}^{-(1-y-z)^2}\mathrm{d}y$.

分析 为避免先求被积函数 $(1-y)\mathrm{e}^{-(1-y-z)^2}$ 关于 y(或 z)的原函数,应交换积分次序,首先将累次积分化为三重积分,按照新的积分次序把 Ω 用不等式

表示出来.

解 $I=\iiint\limits_{\Omega}(1-y)\mathrm{e}^{-(1-y-z)^2}\mathrm{d}x\mathrm{d}y\mathrm{d}z$,

其中 Ω 为(如图 10-6 所示)

$$\begin{cases}0\leqslant y\leqslant 1-x-z,\\ 0\leqslant z\leqslant 1-x,\\ 0\leqslant x\leqslant 1.\end{cases}$$

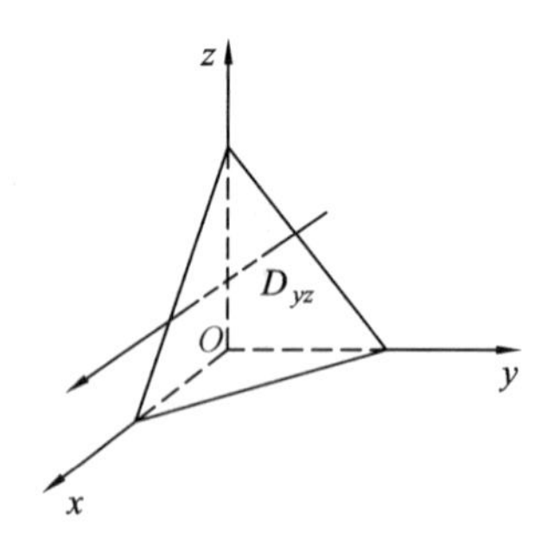

图 10-6

为交换积分次序,将 Ω 表示为

$$\begin{cases}0\leqslant x\leqslant 1-y-z,\\ 0\leqslant z\leqslant 1-y,\\ 0\leqslant y\leqslant 1,\end{cases}$$

故

$$\begin{aligned}I&=\iint\limits_{D_{yz}}\mathrm{d}y\mathrm{d}z\int_0^{1-y-z}(1-y)\mathrm{e}^{-(1-y-z)^2}\mathrm{d}x\\&=\iint\limits_{D_{yz}}(1-y)(1-y-z)\mathrm{e}^{-(1-y-z)^2}\mathrm{d}y\mathrm{d}z\\&=\int_0^1(1-y)\mathrm{d}y\int_0^{1-y}(1-y-z)\mathrm{e}^{-(1-y-z)^2}\mathrm{d}z\\&=\frac{1}{2}\int_0^1(1-y)[1-\mathrm{e}^{-(1-y)^2}]\mathrm{d}y=\frac{1}{4\mathrm{e}}.\end{aligned}$$

例 10 设函数 $f(x)$ 在区间 $[a,b]$ 上连续,且单调递增,求证:

$$(a+b)\int_a^b f(x)\mathrm{d}x\leqslant 2\int_a^b xf(x)\mathrm{d}x.$$

证明 原式 $\Leftrightarrow\dfrac{b^2-a^2}{2}\displaystyle\int_a^b f(x)\mathrm{d}x\leqslant(b-a)\int_a^b xf(x)\mathrm{d}x$

$$\Leftrightarrow\int_a^b y\mathrm{d}y\int_a^b f(x)\mathrm{d}x\leqslant\int_a^b\mathrm{d}y\int_a^b xf(x)\mathrm{d}x$$

$$\Leftrightarrow\iint\limits_D yf(x)\mathrm{d}x\mathrm{d}y\leqslant\iint\limits_D xf(x)\mathrm{d}x\mathrm{d}y.$$

其中 $D=\{(x,y)\mid a\leqslant x\leqslant b,a\leqslant y\leqslant b\}$,由对称性

上式 $\Leftrightarrow\displaystyle\iint\limits_D xf(y)\mathrm{d}x\mathrm{d}y\leqslant\iint\limits_D yf(y)\mathrm{d}x\mathrm{d}y$

$$\Leftrightarrow\iint\limits_D[xf(y)+yf(x)]\mathrm{d}x\mathrm{d}y\leqslant\iint\limits_D[xf(x)+yf(y)]\mathrm{d}x\mathrm{d}y.\tag{1}$$

由于 $f(x)$ 在区间 $[a,b]$ 上单调递增,故任给 $x,y\in[a,b]$,都有

$(x-y)(f(x)-f(y))\geqslant 0\Leftrightarrow xf(y)+yf(x)\leqslant xf(x)+yf(y)$,

应用二重积分的符号性即得(1)式,因此原结论成立.

例 11 设 $f(u)$在$[0,t]$上连续,$f(t)=1+\iint\limits_D f\left(\frac{1}{2}\sqrt{x^2+y^2}\right)\mathrm{d}x\mathrm{d}y$,其中 $D:x^2+y^2\leqslant 4t^2$,试求 $f(t)$.

解 采用极坐标

$$f(t)=1+\int_0^{2\pi}\mathrm{d}\theta\int_0^{2t}f\left(\frac{1}{2}r\right)r\,\mathrm{d}r=1+2\pi\int_0^{2t}f\left(\frac{r}{2}\right)r\mathrm{d}r,$$

两边求导数得 $$f'(t)=4\pi f(t)2t=8\pi t f(t),$$

因此 $$\frac{f'(t)}{f(t)}=8\pi t,$$

两边积分得 $$f(t)=C\mathrm{e}^{4\pi t^2}.$$

又由于 $f(0)=1$,故 $C=1$,因此 $f(t)=\mathrm{e}^{4\pi t^2}$.

例 12 证明:$\int_0^1\mathrm{d}x\int_x^1\mathrm{d}y\int_x^y f(x)f(y)f(z)\mathrm{d}z=\frac{1}{6}\left[\int_0^1 f(t)\mathrm{d}t\right]^3$,其中 $f(t)$ 在$[0,1]$上连续.

证明 记 $F(x)=\int_0^x f(t)\mathrm{d}t$,则 $F(0)=0$.

$$\begin{aligned}\text{左边}&=\int_0^1\mathrm{d}F(x)\int_x^1\mathrm{d}F(y)\int_x^y\mathrm{d}F(z)=\int_0^1\mathrm{d}F(x)\int_x^1[F(y)-F(x)]\mathrm{d}F(y)\\&=\frac{1}{2}\int_0^1[F(1)-F(x)]^2\mathrm{d}F(x)\\&=-\frac{1}{6}[F(1)-F(x)]^3\Big|_0^1\\&=\frac{1}{6}F^3(1)=\text{右边}.\end{aligned}$$

例 13 设区域 Ω 为 $x^2+y^2+z^2\leqslant t^2(t>0)$,函数 $f(u)$ 在 $x=0$ 处可导,$f(0)=0$,若 $F(t)=\iiint\limits_\Omega f(\sqrt{x^2+y^2+z^2})\mathrm{d}V$,试求:$\lim\limits_{t\to 0^+}\frac{1}{t^4}F(t)$.

解 用球面坐标计算 $F(t)$.

$$F(t)=\int_0^{2\pi}\mathrm{d}\theta\int_0^{\pi}\mathrm{d}\varphi\int_0^t f(r)r^2\sin\varphi\mathrm{d}r=4\pi\int_0^t r^2 f(r)\mathrm{d}r.$$

故

$$\begin{aligned}\lim_{t\to 0^+}\frac{1}{t^4}F(t)&=\lim_{t\to 0^+}\frac{4\pi\int_0^t r^2 f(r)\mathrm{d}r}{t^4}=\lim_{t\to 0^+}\frac{4\pi t^2 f(t)}{4t^3}\\&=\pi\lim_{t\to 0^+}\frac{f(t)-f(0)}{t-0}=\pi f'_+(0).\end{aligned}$$

注 选用适当的坐标系将重积分化为变上限的定积分是解决此类问题的关键，本题中最后利用导数定义得到$\lim\limits_{t\to 0^+}\dfrac{f(t)}{t}=\lim\limits_{t\to 0}\dfrac{f(t)-f(0)}{t-0}=f'(0)$.

例 14 求由曲面 $x^2+y^2+z^2=a^2$ 和 $z=\sqrt{x^2+y^2}$ 所围成的密度为 ρ 的均匀球锥体，对于其顶点的单位质点的吸引力.

解 顶点取作坐标原点，由对称性知，吸引力对 x 轴和 y 轴的分量为零，即 $F_x=F_y=0$.

在球锥体中任取一点 $M(x,y,z)$，取其体积微元 $\mathrm{d}V$，$r=(x^2+y^2+z^2)^{\frac{1}{2}}$，则对 z 轴的吸引力的分量微元为 $\mathrm{d}F_z=\dfrac{k\rho}{r^2}\cos\gamma\mathrm{d}V=\dfrac{k\rho}{r^2}\cdot\dfrac{z}{r}\mathrm{d}V$，其中，方向余弦 $\cos\gamma=\dfrac{z}{r}$，k 为引力常数. 故

$$F_z=\iiint\limits_{\Omega}\frac{k\rho z}{r^3}\mathrm{d}V,$$

利用球面坐标计算，得

$$\begin{aligned}F_z&=\int_0^{2\pi}\mathrm{d}\theta\int_0^{\frac{\pi}{4}}\mathrm{d}\varphi\int_0^a\frac{k\rho}{r^3}r\cos\varphi\cdot r^2\cdot\sin\varphi\mathrm{d}r\\&=2k\pi\rho\int_0^{\frac{\pi}{4}}\cos\varphi\sin\varphi\mathrm{d}\varphi\int_0^a\mathrm{d}r=\frac{1}{2}k\pi a\rho.\end{aligned}$$

注 对于引力问题，应先将 $\boldsymbol{F}$ 沿各坐标轴进行分解，然后再选择分力微元采用适当的坐标计算.

例 15 计算三重积分 $\iiint\limits_{\Omega}\left(\dfrac{x^2}{a^2}+\dfrac{y^2}{b^2}+\dfrac{z^2}{c^2}\right)\mathrm{d}x\mathrm{d}y\mathrm{d}z$，其中 Ω 由椭球体 $\dfrac{x^2}{a^2}+\dfrac{y^2}{b^2}+\dfrac{z^2}{c^2}=1$ 所围成.

解 本题积分区域为椭球体，被积函数为 $\dfrac{x^2}{a^2}+\dfrac{y^2}{b^2}+\dfrac{z^2}{c^2}$，采用广义球面坐标.

设 $x=ar\sin\varphi\cos\theta$，$y=br\sin\varphi\sin\theta$，$z=cr\cos\varphi$，其中 $0\leqslant r\leqslant 1$，$0\leqslant\varphi\leqslant\pi$，$0\leqslant\theta\leqslant 2\pi$，$|J|=abcr^2\sin\varphi$，故

$$\begin{aligned}\iiint\limits_{\Omega}\left(\frac{x^2}{a^2}+\frac{y^2}{b^2}+\frac{z^2}{c^2}\right)\mathrm{d}x\mathrm{d}y\mathrm{d}z&=\int_0^{2\pi}\mathrm{d}\theta\int_0^{\pi}\mathrm{d}\varphi\int_0^1 abcr^4\sin\varphi\mathrm{d}r\\&=abc\int_0^{2\pi}\mathrm{d}\theta\int_0^{\pi}\sin\varphi\mathrm{d}\varphi\int_0^1 r^4\mathrm{d}r=\frac{4}{5}\pi abc.\end{aligned}$$

注 本题采用了广义球面坐标计算，虽然对重积分的变换不作要求，但希望了解广义极坐标，广义柱坐标和广义球面坐标这三种简单的变换.

五、自测练习

A 组

1. 计算$\iint\limits_{D} x^2 y\mathrm{d}x\mathrm{d}y$，其中 D 为 $x^2-y^2=1, y=0, y=1$ 所围的区域.

2. 估计 $I=\iint\limits_{D}\frac{1}{1+\cos^2 x+\cos^2 y}\mathrm{d}x\mathrm{d}y$ 的值，其中 D：$|x|+|y|\leqslant 1$.

3. 交换积分次序：

(1) $\int_0^{\frac{\pi}{2}}\mathrm{d}\theta\int_0^{a\sqrt{\sin\theta}} f(r,\theta)\mathrm{d}r, a>0$.

(2) $\int_0^1\mathrm{d}x\int_0^{x^2} f(x,y)\mathrm{d}y+\int_1^3\mathrm{d}x\int_0^{\frac{1}{2}(3-x)} f(x,y)\mathrm{d}y$.

4. 已知 $f(t)=\int_1^t \mathrm{e}^{-x^2}\mathrm{d}x$，求$\int_0^1 t^2 f(t)\mathrm{d}t$.

5. 计算$\iint\limits_{D}|\sin(x+y)|\mathrm{d}x\mathrm{d}y$，其中 $D=\{(x,y)|0\leqslant x\leqslant\pi, 0\leqslant y\leqslant 2\pi\}$.

6. 设 $f(x,y,z)=\begin{cases}0, & z>\sqrt{x^2+y^2},\\ \sqrt{x^2+y^2}, & 0\leqslant z\leqslant\sqrt{x^2+y^2},\\ \sqrt{x^2+y^2+z^2}, & z<0.\end{cases}$

计算三重积分 $I=\iiint\limits_{\Omega} f(x,y,z)\mathrm{d}V$，其中 $\Omega=\{(x,y,z)\mid x^2+y^2+z^2\leqslant 1\}$.

7. 设函数 $f(x,y)$，$g(x,y)$在有界闭区域 D 上连续，且 $g(x,y)\geqslant 0$，证明：存在点$(\xi,\eta)\in D$，使$\iint\limits_{D} f(x,y)g(x,y)\mathrm{d}x\mathrm{d}y=f(\xi,\eta)\iint\limits_{D} g(x,y)\mathrm{d}x\mathrm{d}y$.

8. 计算$\iiint\limits_{\Omega}\mathrm{e}^{|x|}\mathrm{d}x\mathrm{d}y\mathrm{d}z$，其中 $\Omega=\{(x,y,z)\mid x^2+y^2+z^2\leqslant 1\}$.

9. 求球面 $x^2+y^2+(z-a)^2=t^2\,(0<t<2a)$位于球面 $x^2+y^2+z^2=a^2$ 内部的面积，问当 t 为何值时此面积最大？并求出此最大值.

10. 一立体由抛物面 $z=x^2+y^2$ 及平面 $z=2x$ 围成，密度 $\rho=y^2$，求它对 z 轴的转动惯量.

11. 设函数 $f(x)$是$[a,b]$上的正值连续函数，试证：

$$\iint\limits_{D}\frac{f(x)}{f(y)}\mathrm{d}x\mathrm{d}y\geqslant(b-a)^2.$$

其中 $D=\{(x,y)\mid a\leqslant x\leqslant b, a\leqslant y\leqslant b\mid\}$.

B 组

1. 估计积分 $I=\iint\limits_D(x+xy-x^2-y^2)\mathrm{d}x\mathrm{d}y$ 的值，其中 $D=\{(x,y)\mid 0\leqslant x\leqslant 1,0\leqslant y\leqslant 2\}$.

2. 计算 $\int_{\frac{1}{4}}^{\frac{1}{2}}\mathrm{d}y\int_{\frac{1}{2}}^{\sqrt{y}}\mathrm{e}^{\frac{y}{x}}\mathrm{d}x+\int_{\frac{1}{2}}^{1}\mathrm{d}y\int_{y}^{\sqrt{y}}\mathrm{e}^{\frac{y}{x}}\mathrm{d}x$.

3. 计算二重积分 $\iint\limits_D\mathrm{e}^{\max\{x^2,y^2\}}\mathrm{d}x\mathrm{d}y$，其中 $D=\{(x,y)\mid 0\leqslant x\leqslant 1,0\leqslant y\leqslant 1\}$.

4. 设有一半径为 R 的球体，P_0 是此球的表面上的一个定点，球体上任一点的密度与该点到 P_0 的距离的平方成正比（比例常数 $k>0$），求球体的重心位置.

5. 设 $f(t)$ 为连续的奇函数，$D=\{(x,y)\mid |x|\leqslant 1,|y|\leqslant 1\}$，试求：

$$\iint\limits_D f(x-y)\mathrm{d}x\mathrm{d}y.$$

6. 试求 $\lim\limits_{x\to 0}\int_0^{\frac{\pi}{2}}\mathrm{d}v\int_v^{\frac{x}{2}}\dfrac{\mathrm{e}^{-(u-v)^2}}{1-\cos x}\mathrm{d}u$.

7. 求 $\iint\limits_D\dfrac{a\varphi(x)+b\varphi(y)}{\varphi(x)+\varphi(y)}\mathrm{d}x\mathrm{d}y$，其中 $D=\{(x,y)\mid x^2+y^2\leqslant R^2\}$，$\varphi(x)$ 为正值连续函数.

8. 求 $\iint\limits_D[x+y]\mathrm{d}x\mathrm{d}y$，其中 $D=\{(x,y)\mid 0\leqslant x\leqslant 2,0\leqslant y\leqslant 2\}$，$[x+y]$ 表示 $x+y$ 的整数部分.

9. 设 $F(t)=\int_0^t\mathrm{d}x\int_0^x\mathrm{d}y\int_0^y f(z)\mathrm{d}z$，其中 $f(z)$ 连续，试将 $F(t)$ 化为对 z 的定积分，并求 $F'''(t)$.

10. 计算 $\iint\limits_D\sqrt{1-\dfrac{x^2}{a^2}-\dfrac{y^2}{b^2}}\mathrm{d}x\mathrm{d}y$，$D=\left\{(x,y)\,\middle|\,\dfrac{x^2}{a^2}+\dfrac{y^2}{b^2}\leqslant 1\right\}$.

11. 设 $F(t)=\iint\limits_D f(|x|)\mathrm{d}x\mathrm{d}y$，其中 $f(x)$ 在 $[0,\infty)$ 上连续，$D=\{(x,y)\mid |y|\leqslant|x|\leqslant t\}$，求 $F'(t)$.

CHAPTER 11 第十一章

曲线积分与曲面积分

一、目的要求

1. 理解两类曲线积分的概念和性质,熟练掌握两类曲线积分的计算方法.

2. 掌握格林公式及平面曲线积分与路径无关的条件,并会应用它计算曲线积分.

3. 掌握曲线积分的一些简单应用.

4. 了解两类曲面积分的概念和性质,掌握两类曲面积分的计算方法.

5. 掌握高斯公式,并会利用它计算曲面积分,了解斯托克斯公式.

6. 了解散度、旋度的概念及计算方法.

7. 会用曲面积分计算一些几何量与物理量.

二、内容提要

1. 对弧长的曲线积分的计算.

设 $f(x,y)$ 在 L 上连续,若曲线 L 的参数方程为

$$\begin{cases} x=\varphi(t), \\ y=\psi(t) \end{cases} \quad (\alpha\leqslant t\leqslant\beta),$$

其中 $\varphi(t),\psi(t)$ 在 $[\alpha,\beta]$ 上有一阶连续导数,则有

$$\int_L f(x,y)\mathrm{d}s=\int_\alpha^\beta f[\varphi(t),\psi(t)]\sqrt{\varphi'^2(t)+\psi'^2(t)}\mathrm{d}t.$$

若曲线 L 由方程 $y=\psi(x)(a\leqslant x\leqslant b)$ 给出,则有

$$\int_L f(x,y)\mathrm{d}s=\int_a^b f[x,\psi(x)]\sqrt{1+\psi'^2(x)}\mathrm{d}x.$$

若曲线 L 由方程 $x=\varphi(y)(c\leqslant y\leqslant d)$ 给出,则有

$$\int_L f(x,y)\mathrm{d}s=\int_c^d f[\varphi(y),y]\sqrt{1+\varphi'^2(y)}\mathrm{d}y.$$

若曲线 L 由极坐标方程 $r=r(\theta)(\alpha\leqslant\theta\leqslant\beta)$ 给出,则有

$$\int_L f(x,y)\mathrm{d}s=\int_\alpha^\beta f[r(\theta)\cos\theta,r(\theta)\sin\theta]\sqrt{r^2(\theta)+r'^2(\theta)}\mathrm{d}\theta.$$

2. 对坐标的曲线积分的计算.

设曲线 L 由参数方程 $x=\varphi(t)$，$y=\psi(t)$ 给出，L 的起点 A 及终点 B 分别对应于参数值 α 及 β，当 t 由 α 变到 β 时，点 $M(x,y)$ 描出有向曲线 L. $\varphi(t)$，$\psi(t)$ 在以 α,β 为端点的区间上具有一阶连续导数. 又 $P(x,y)$，$Q(x,y)$ 在 L 上连续，则有

$$\int_{\overset{\frown}{AB}} P(x,y)\mathrm{d}x + Q(x,y)\mathrm{d}y = \int_{\alpha}^{\beta} \{P[\varphi(t),\psi(t)]\varphi'(t) + Q[\varphi(t),\psi(t)]\psi'(t)\}\mathrm{d}t.$$

若曲线 $\overset{\frown}{AB}$ 由 $y=\psi(x)$ 给出时，则有

$$\int_{\overset{\frown}{AB}} P(x,y)\mathrm{d}x + Q(x,y)\mathrm{d}y = \int_{a}^{b} \{P[x,\psi(x)] + Q[x,\psi(x)]\psi'(x)\}\mathrm{d}x.$$

这里下限 a 对应起点 A，上限 b 对应终点 B.

3. 格林(Green)公式.

闭区域 D 由分段光滑的曲线 L 围成，$P(x,y)$，$Q(x,y)$ 在 D 上具有一阶连续偏导数，则

$$\iint_D \left(\frac{\partial Q}{\partial x} - \frac{\partial P}{\partial y}\right)\mathrm{d}x\mathrm{d}y = \oint_L P\mathrm{d}x + Q\mathrm{d}y.$$

其中 L 是 D 的取正向的边界曲线.

4. 设 $P(x,y)$，$Q(x,y)$ 在单连通区域 G 内具有一阶连续偏导数，则以下四条件相互等价：

(1) $\int_L P\mathrm{d}x + Q\mathrm{d}y$ 在 G 内与路径无关；

(2) $\oint_C P\mathrm{d}x + Q\mathrm{d}y = 0$，$C$ 为 G 内任一分段光滑闭曲线；

(3) $\dfrac{\partial Q}{\partial x} = \dfrac{\partial P}{\partial y}$；

(4) 存在 $u(x,y)$，使 $\mathrm{d}u = P\mathrm{d}x + Q\mathrm{d}y$，且

$$u(x,y) = \int_{x_0}^{x} P(x,y_0)\mathrm{d}t + \int_{y_0}^{y} Q(x,y)\mathrm{d}y,$$

或 $$u(x,y) = \int_{y_0}^{y} Q(x_0,y)\mathrm{d}y + \int_{x_0}^{x} P(x,y)\mathrm{d}x.$$

5. 对面积的曲面积分的计算.

设曲面 Σ 的方程为 $z=z(x,y)$，Σ 在 xOy 面上的投影区域为 D_{xy}，$z=z(x,y)$ 在 D_{xy} 上具有一阶连续偏导数，$f(x,y,z)$ 在 Σ 上连续，则有

$$\iint_{\Sigma} f(x,y,z)\mathrm{d}S = \iint_{D_{xy}} f[x,y,z(x,y)]\sqrt{1+z_x{}^2(x,y)+z_y{}^2(x,y)}\,\mathrm{d}x\mathrm{d}y.$$

若曲面 Σ 由方程 $x=x(y,z)$ 或 $y=y(x,z)$ 给出，则有类似的计算公式.

6. 对坐标的曲面积分的计算.

设 Σ 的方程为 $z=z(x,y)$，取上侧，Σ 在 xOy 面上的投影区域为 D_{xy}，$z=z(x,y)$ 在 D_{xy} 上具有连续偏导数，$R(x,y,z)$ 在 Σ 上连续，则有

$$\iint_{\Sigma} R(x,y,z)\mathrm{d}x\mathrm{d}y=\iint_{D_{xy}} R[x,y,z(x,y)]\mathrm{d}x\mathrm{d}y.$$

若 Σ 取的是下侧，则有

$$\iint_{\Sigma} R(x,y,z)\mathrm{d}x\mathrm{d}y=-\iint_{D_{xy}} R[x,y,z(x,y)]\mathrm{d}x\mathrm{d}y.$$

类似地，有

$$\iint_{\Sigma} P(x,y,z)\mathrm{d}y\mathrm{d}z=\pm\iint_{D_{yz}} P[x(y,z),y,z]\mathrm{d}y\mathrm{d}z\text{（前侧取正号，后侧取负号）},$$

$$\iint_{\Sigma} Q(x,y,z)\mathrm{d}z\mathrm{d}x=\pm\iint_{D_{xz}} Q[x,y(x,z),z]\mathrm{d}z\mathrm{d}x\text{（右侧取正号，左侧取负号）}.$$

7. 两类曲面积分的联系.

$$\iint_{\Sigma} P\mathrm{d}y\mathrm{d}z+Q\mathrm{d}z\mathrm{d}x+R\mathrm{d}x\mathrm{d}y=\iint_{\Sigma}(P\cos\alpha+Q\cos\beta+R\cos\gamma)\mathrm{d}S.$$

其中 $\cos\alpha,\cos\beta,\cos\gamma$ 是有向曲面 Σ 在点 (x,y,z) 处的法向量的方向余弦.

8. 高斯(Gauss)公式.

空间闭区域 Ω 由分片光滑的闭曲面 Σ 所围成，函数 $P(x,y,z)$，$Q(x,y,z)$，$R(x,y,z)$ 在 Ω 上具有一阶连续偏导数，则

$$\iiint_{\Omega}\left(\frac{\partial P}{\partial x}+\frac{\partial Q}{\partial y}+\frac{\partial R}{\partial z}\right)\mathrm{d}V=\oiint_{\Sigma} P\mathrm{d}y\mathrm{d}z+Q\mathrm{d}z\mathrm{d}x+R\mathrm{d}x\mathrm{d}y.$$

其中 Σ 是 Ω 的整个边界的外侧.

9. 斯托克斯(Stokes)公式.

设曲面 Σ 的边界为光滑闭曲线 Γ，Γ 的方向与 Σ 的侧符合右手规则，函数 $P(x,y,z)$，$Q(x,y,z)$，$R(x,y,z)$ 及其偏导数在 Σ 上连续，则

$$\oint_{\Gamma} P\mathrm{d}x+Q\mathrm{d}y+R\mathrm{d}z=\iint_{\Sigma}\left(\frac{\partial R}{\partial y}-\frac{\partial Q}{\partial z}\right)\mathrm{d}y\mathrm{d}z+\left(\frac{\partial P}{\partial z}-\frac{\partial R}{\partial x}\right)\mathrm{d}z\mathrm{d}x+\left(\frac{\partial Q}{\partial x}-\frac{\partial P}{\partial y}\right)\mathrm{d}x\mathrm{d}y$$

$$=\iint_{\Sigma}\begin{vmatrix}\mathrm{d}y\mathrm{d}z & \mathrm{d}z\mathrm{d}x & \mathrm{d}x\mathrm{d}y\\ \dfrac{\partial}{\partial x} & \dfrac{\partial}{\partial y} & \dfrac{\partial}{\partial z}\\ P & Q & R\end{vmatrix}.$$

三、复习提问

1. 定积分$\int_a^b f(x)\mathrm{d}x$与曲线积分$\int_L f(x,y)\mathrm{d}s$，$\int_L f(x,y)\mathrm{d}x$有什么区别和联系？

2. 对弧长的曲线积分有无方向性？积分限如何确定？积分值能否为零或负值？

3. 格林公式成立的条件有哪些？应用格林公式时应该注意什么？

4. 平面曲线积分与路径无关有哪些等价命题？

5. 在平面区域上满足条件$\dfrac{\partial Q}{\partial x}=\dfrac{\partial P}{\partial y}$的曲线积分$\int_L P\mathrm{d}x+Q\mathrm{d}y$一定与路径无关吗？

6. 什么是对面积的曲面积分和对坐标的曲面积分？怎样把它们理解为前面学过的积分的推广？

7. 两类曲面积分有怎样的联系？应该注意什么问题？

8. 两类曲面积分怎样计算？总结曲面积分计算的各种方法.

9. 什么是高斯公式和斯托克斯公式？它们揭示了积分学中的什么规律？

10. 什么是散度、旋度？它们是从什么物理量中抽象出来的？

四、例题分析

例 1　计算$\int_L \mathrm{e}^{\sqrt{x^2+y^2}}\mathrm{d}s$，其中$L$是圆$x^2+y^2=a^2$，直线$x=0$，$y=x$在第一象限中所围成的图形的边界.

分析　作出积分曲线的图形，如图 11-1 所示，曲线由三段组成，故要分三段积分.

解　积分曲线如图 11-1 所示，$A(0,a)$，$B\left(\dfrac{\sqrt{2}}{2}a,\dfrac{\sqrt{2}}{2}a\right)$，

$$\int_L \mathrm{e}^{\sqrt{x^2+y^2}}\mathrm{d}s=\left(\int_{OA}+\int_{\overset{\frown}{OB}}+\int_{BO}\right)\mathrm{e}^{\sqrt{x^2+y^2}}\mathrm{d}s.$$

对于OA段：$x=0,0\leqslant y\leqslant a$，$\mathrm{d}s=\mathrm{d}y$，

$$\int_{OA}\mathrm{e}^{\sqrt{x^2+y^2}}\mathrm{d}s=\int_0^a \mathrm{e}^y\mathrm{d}y=\mathrm{e}^a-1.$$

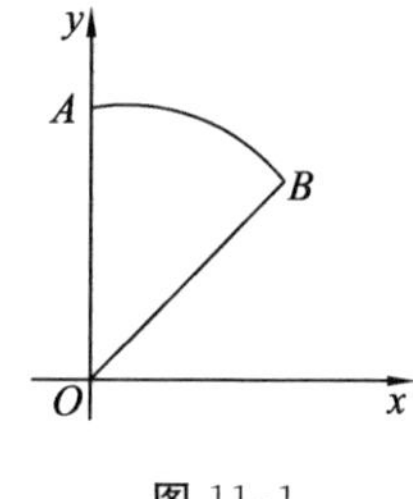

图 11-1

$\overset{\frown}{AB}$段：$x=a\cos t$，$y=a\sin t$，$\dfrac{\pi}{4}\leqslant t\leqslant\dfrac{\pi}{2}$，$\mathrm{d}s=\sqrt{x_t'^2+y_t'^2}\mathrm{d}t=a\mathrm{d}t$，

$$\int_{\overset{\frown}{AB}} e^{\sqrt{x^2+y^2}}\,ds = \int_{\frac{\pi}{4}}^{\frac{\pi}{2}} e^a \cdot a\,dt = ae^a \cdot \frac{\pi}{4}.$$

BO 段：$y=x, 0 \leqslant x \leqslant \dfrac{\sqrt{2}}{2}$，$ds = \sqrt{1+y'^2_x}\,dx = \sqrt{2}\,dx$，

$$\int_{BO} e^{\sqrt{x^2+y^2}}\,ds = \int_0^{\frac{\sqrt{2}}{2}a} \sqrt{2}e^{\sqrt{2}x}\,dx = e^a - 1.$$

从而$\displaystyle\int_L e^{\sqrt{x^2+y^2}}\,ds = e^a - 1 + ae^a \cdot \frac{\pi}{4} + e^a - 1 = 2(e^a - 1) + \frac{\pi a}{4}e^a.$

注 （1）对弧长的曲线积分没有方向性，积分限均应从小到大；

（2）对于$\overset{\frown}{AB}$段，题解中用参数方程，也可用直角坐标系下的方程进行计算.

例 2 计算：$\displaystyle\int_L xy^2\,dy - x^2y\,dx$，其中 L 是 $x^2+y^2=2ax$ 的上半圆周由 $A(2a,0)$ 到 $O(0,0)$ 与 $x^2+y^2=ax$ 的上半圆周由 $O(0,0)$ 到 $B(a,0)$ 连成的曲线.

分析 如果将曲线 L 分为$\overset{\frown}{AO}$和$\overset{\frown}{OB}$两段，在每段上分别利用第二类曲线积分的计算法直接计算并不是很困难，但较繁，而若添上BA，使 L 与BA成封闭曲线，应用格林公式解之则较为方便.

解 如图 11-2 所示，添上直线段 BA，并设 L 与 BA 所围平面区域为 D.

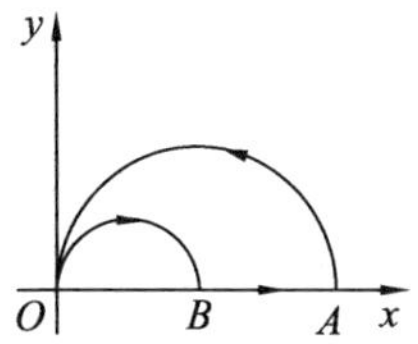

因为 $P=-x^2y, Q=xy^2$，所以$\dfrac{\partial Q}{\partial x}-\dfrac{\partial P}{\partial y}=x^2+y^2$.

由格林公式，得

$$\int_{L+BA} xy^2\,dy - x^2y\,dx = \iint_D (x^2+y^2)\,dx\,dy.$$

图 11-2

从而

$$\int_L xy^2\,dy - x^2y\,dx = \iint_D (x^2+y^2)\,dx\,dy - \int_{BA} xy^2\,dy - x^2y\,dx.$$

其中 $$\iint_D (x^2+y^2)\,dx\,dy = \int_0^{\frac{\pi}{2}} d\theta \int_{a\cos\theta}^{2a\cos\theta} r^3\,dr = \frac{15}{4}a^4 \int_0^{\frac{\pi}{2}} \cos^4\theta\,d\theta$$

$$= \frac{15}{4}a^4 \cdot \frac{3}{4} \cdot \frac{1}{2} \cdot \frac{\pi}{2} = \frac{45}{64}\pi a^4,$$

$$\int_{BA} xy^2\,dy - x^2y\,dx = \int_a^{2a} 0 \cdot dx = 0 (\overline{BA}: y=0, a \leqslant x \leqslant 2a).$$

所以 $$\int_L xy^2\,dy - x^2y\,dx = \frac{45}{64}\pi a^4 - 0 = \frac{45}{64}\pi a^4.$$

注 (1) 积分路径为非封闭曲线时，此例给出计算曲线积分 $\int_L P\mathrm{d}x+Q\mathrm{d}y$ 的一种方法，即添加曲线使积分路径构成封闭曲线，再运用格林公式，把所求曲线积分转化为求一个二重积分和添加曲线上的曲线积分，当后两个积分较为方便时，此法可用，建议用直接计算的方法再解此题，并作比较.

(2) $\mathrm{d}x$ 前面的函数是 P，$\mathrm{d}y$ 前面的函数是 Q.

例 3 计算：$\int_L(\mathrm{e}^x\sin y-my)\mathrm{d}x+(\mathrm{e}^x\cos y-mx)\mathrm{d}y$.

其中 L 是旋轮线 $\begin{cases}x=a(t-\sin t),\\ y=a(1-\cos t)\end{cases}$ $0\leqslant t\leqslant\pi$ 且 t 的增加的方向为积分路径的方向，m 为常数.

分析 直接由参数方程计算非常困难，可考虑用例 2 的方法应用格林公式试之. 但由于 $\frac{\partial P}{\partial y}=\frac{\partial}{\partial y}(\mathrm{e}^x\sin y-my)=\mathrm{e}^x\cos y-m$，$\frac{\partial Q}{\partial x}=\frac{\partial}{\partial x}(\mathrm{e}^x\cos y-mx)=\mathrm{e}^x\cos y-m$，$\frac{\partial Q}{\partial x}=\frac{\partial P}{\partial y}$，故知积分与路径无关，所以可选择其他路径进行计算，一般考虑选择平行于坐标轴的折线段.

解 经验算 $\frac{\partial Q}{\partial x}=\mathrm{e}^x\cos y-m=\frac{\partial P}{\partial y}$，知积分与路径无关，当 t 由 0 变到 π 时，旋轮线由点 $O(0,0)$ 变到点 $A(\pi a,2a)$，故可改为折线 OBA 上的积分，其中 $B(\pi a,0)$，如图 11-3 所示. 从而

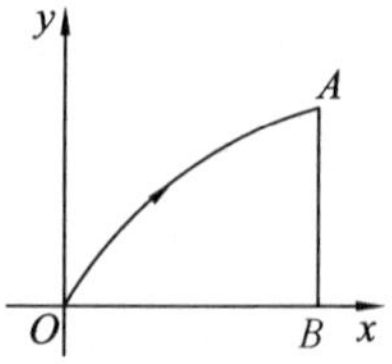

图 11-3

$$\int_L=\int_{OB}+\int_{BA}.$$

在 OB 上，$y=0$，$\mathrm{d}y=0$，x 由 0 变到 πa.

$$\int_{OB}(\mathrm{e}^x\sin y-my)\mathrm{d}x+(\mathrm{e}^x\cos y-mx)\mathrm{d}y=\int_0^{\pi a}0\cdot\mathrm{d}x+0=0.$$

在 BA 上，$x=\pi a$，$\mathrm{d}x=0$，y 由 0 变到 $2a$.

$$\begin{aligned}\int_{BA}(\mathrm{e}^x\sin y-my)\mathrm{d}x+(\mathrm{e}^x\cos y-mx)\mathrm{d}y&=\int_0^{2a}(\mathrm{e}^{\pi a}\cos y-m\pi a)\mathrm{d}y\\&=(\mathrm{e}^{\pi a}\sin y-m\pi ay)\Big|_0^{2a}\\&=\mathrm{e}^{\pi a}\sin 2a-2\pi ma^2.\end{aligned}$$

从而

$$\int_L(\mathrm{e}^x\sin y-my)\mathrm{d}x+(\mathrm{e}^x\cos y-mx)\mathrm{d}y=0+\mathrm{e}^{\pi a}\sin 2a-2\pi ma^2$$

$$= e^{\pi a}\sin 2a - 2\pi m a^2.$$

例 4 计算$\int_L \frac{-y\mathrm{d}x + x\mathrm{d}y}{x^2+y^2}$，其中 L 是曲线$\begin{cases} x = a(t-\sin t) - a\pi, \\ y = a(1-\cos t) \end{cases}$ $(a > 0)$，t 从 0 到 2π 的一段.

解 $P=-\frac{y}{x^2+y^2}$，$Q=\frac{x}{x^2+y^2}$，$\frac{\partial P}{\partial y}=\frac{y^2-x^2}{(x^2+y^2)^2}=\frac{\partial Q}{\partial x}$.

除原点外，P，Q，$\frac{\partial P}{\partial y}$，$\frac{\partial Q}{\partial x}$处处连续，且$\frac{\partial P}{\partial y}=\frac{\partial Q}{\partial x}$，故对给定的曲线积分，选择其他积分路径计算时，只要所选路径与原路径所围闭域不含原点.

当 $t=0$ 时，$x=-a\pi$，$y=0$；$t=2\pi$ 时，$x=a\pi$，$y=0$. L 的起点为 $A(-a\pi,0)$，终点为 $B(a\pi,0)$，选取积分路径为从 A 点到 B 点的上半圆弧 L'：$\begin{cases} x=a\pi\cos t, \\ y=a\pi\sin t, \end{cases}$ t 从 π 到 0. 于是，有

$$\int_L \frac{-y\mathrm{d}x + x\mathrm{d}y}{x^2+y^2} = \int_{L'} \frac{-y\mathrm{d}x + x\mathrm{d}y}{x^2+y^2}$$

$$= \int_\pi^0 \frac{-a\pi\sin t \cdot a\pi(-\sin t) + a\pi\cos t \cdot a\pi\cos t}{a^2\pi^2}\mathrm{d}t$$

$$= \int_\pi^0 \mathrm{d}t = -\pi.$$

注 此例直接计算繁杂，通过计算$\frac{\partial Q}{\partial x}$，$\frac{\partial P}{\partial y}$，由$\frac{\partial P}{\partial y}=\frac{\partial Q}{\partial x}$可选择其他积分路径进行计算，但所选路径不能经过原点，故 $y=0$，$-\pi a\leqslant x\leqslant \pi a$ 不能选用，之所以不选用不经过原点的直线段，是由于被积式为含变量 x，y 的二次式，用圆弧比用直线段简捷.

例 5 计算$\oint_C \frac{(x+y)\mathrm{d}x - (x-y)\mathrm{d}y}{x^2+y^2}$，其中 C 是

(1) 不包围也不经过原点的任意闭曲线；

(2) 以原点为中心的正向单位圆；

(3) 包围原点的任意正向闭曲线.

解 因为有任意闭路积分的问题，故我们先验证积分是否与路径无关.

$$P=\frac{x+y}{x^2+y^2},\ Q=\frac{-(x-y)}{x^2+y^2},$$

$$\frac{\partial P}{\partial y}=\frac{x^2-2xy-y^2}{(x^2+y^2)^2}=\frac{\partial Q}{\partial x},$$

所以在全平面除去原点$(0,0)$的复连通域内有$\frac{\partial Q}{\partial x}=\frac{\partial P}{\partial y}$.

(1) 对于不包围也不经过原点的任意闭曲线 C_1，由于 C_1 所围区域为单连通域，$\frac{\partial Q}{\partial x}$，$\frac{\partial P}{\partial y}$连续且$\frac{\partial Q}{\partial x}=\frac{\partial P}{\partial y}$，故由积分与路径无关的等价条件知

$$\oint_{C_1}=\frac{(x+y)\mathrm{d}x-(x-y)\mathrm{d}y}{x^2+y^2}=0.$$

(2) 设 C_2 是以原点为中心的单位圆，方向为正，由于 C_2 所围的区域包围了原点，是复连通区域，不能用积分与路径无关的等价条件. 利用参数方程直接计算：

$$C_2:\begin{cases}x=\cos t,\\ y=\sin t,\end{cases}\ 0\leqslant t\leqslant 2\pi,$$

$$\begin{aligned}&\oint_{C_2}\frac{(x+y)\mathrm{d}x-(x-y)\mathrm{d}y}{x^2+y^2}\\
=&\int_0^{2\pi}\frac{(\cos t+\sin t)(-\sin t)-(\cos t-\sin t)\cos t}{\cos^2 t+\sin^2 t}\mathrm{d}t\\
=&\int_0^{2\pi}(-1)\mathrm{d}t=-2\pi.\end{aligned}$$

(3) 设 C_3 是包围原点的任一条正向闭曲线，显然用(1) 的方法不符合条件，而用(2) 的方法又不现实，但可适当选取 $r>0$，在 C_3 所围的区域内作圆 l：$x^2+y^2=r^2$，取正向，再在 C_3 与 l 所围的复连通区域上应用格林公式，即有$\int_{C_3+(-l)}=0$，用与(2) 同样的方法可计算得

$$\oint_l=-2\pi.$$

从而

$$\begin{aligned}\oint_{C_3}&=\frac{(x+y)\mathrm{d}x-(x-y)\mathrm{d}y}{x^2+y^2}\\
&=\oint_l\frac{(x+y)\mathrm{d}x-(x-y)\mathrm{d}y}{x^2+y^2}=-2\pi.\end{aligned}$$

注 第(1) 小题是依据“当$\frac{\partial P}{\partial y}=\frac{\partial Q}{\partial x}$时，沿封闭曲线的积分$\oint_C P\mathrm{d}x+Q\mathrm{d}y=0$”. 但要注意应用此结论的前提条件，即 C 所围的区域为单连通区域，且 P,Q 在 D 内有连续的偏导数. 因此，(2)、(3) 两小题不能用以上结论. 第(3) 小题的解题思路是“挖去”奇异点，再应用格林公式.

例 6 设曲线 $x=\mathrm{e}^t\cos t, y=\mathrm{e}^t\sin t, z=\mathrm{e}^t$ 的弧密度与矢径的平方成反比，且在点(1,0,1)处的密度为 1. 求曲线从 $t=0$ 到 $t=2$ 之间弧段的质量.

解 根据第一类曲线积分的物理意义，曲线弧段的质量 $M=\int_l u(x,y,z)\mathrm{d}s$，

其中$u(x,y,z)$是密度函数，由已知$u(x,y,z)=\dfrac{k}{x^2+y^2+z^2}$（$k$是比例系数），且点$(1,0,1)$处$u=1$，可得$k=2$，且曲线方程为$\begin{cases} y=\mathrm{e}^t\cos t, \\ y=\mathrm{e}^t\sin t, \\ z=\mathrm{e}^t \end{cases}$ $(0\leqslant t\leqslant 2)$，则

$$\mathrm{d}s=\sqrt{(x_t')^2+(y_t')^2+(z_t')^2}\,\mathrm{d}t=\sqrt{3}\mathrm{e}^t\,\mathrm{d}t.$$

于是

$$\begin{aligned} M&=\int_l u(x,y,z)\mathrm{d}s \\ &=\int_0^2\frac{2}{(\mathrm{e}^t\cos t)^2+(\mathrm{e}^t\sin t)^2+(\mathrm{e}^t)^2}\cdot\sqrt{3}\mathrm{e}^t\,\mathrm{d}t \\ &=\sqrt{3}(1-\mathrm{e}^{-2}). \end{aligned}$$

例 7 在空间每点的作用力大小与该点到xOy平面的距离成反比，方向指向原点，如果一质点$A(a,b,c)$沿直线运动到点$B(2a,2b,2c)$，求力所做的功.

分析 先要求出空间力场的表达式和质点运动方程，然后利用第二类曲线积分计算.

解 AB的方程为：$x=at,y=bt,z=ct,1\leqslant t\leqslant 2$，设空间力场为$\boldsymbol{F}=f_x\boldsymbol{i}+f_y\boldsymbol{j}+f_z\boldsymbol{k}$.

由于$|\boldsymbol{F}|=\dfrac{k}{|z|}$（$k$为比例常数），从而有

$$f_x=-\frac{k}{|z|}\cos\alpha=-\frac{k}{|z|}\frac{x}{\sqrt{x^2+y^2+z^2}},$$

$$f_y=-\frac{k}{|z|}\cos\beta=-\frac{k}{|z|}\frac{y}{\sqrt{x^2+y^2+z^2}},$$

$$f_z=-\frac{k}{|z|}\cos\gamma=-\frac{k}{|z|}\frac{z}{\sqrt{x^2+y^2+z^2}}.$$

所求功为
$$\begin{aligned} W&=\int_{AB}f_x\mathrm{d}x+f_y\mathrm{d}y+f_z\mathrm{d}z \\ &=-\int_{AB}\frac{k}{|z|}\frac{x\mathrm{d}x+y\mathrm{d}y+z\mathrm{d}z}{\sqrt{x^2+y^2+z^2}} \\ &=-\frac{k}{|c|}\int_1^2\frac{(a^2+b^2+c^2)t}{t^2\sqrt{a^2+b^2+c^2}}\mathrm{d}t \\ &=-\frac{k}{|c|}\sqrt{a^2+b^2+c^2}\ln 2. \end{aligned}$$

例 8 计算$\oiint\limits_{\Sigma}(x^2+y^2+z^2)\mathrm{d}S$，其中$\Sigma$是$x=0$，$y=0$及$x^2+y^2+z^2=a^2$，$x\geqslant 0$，$y\geqslant 0$所围成的闭曲面.

分析 对于曲面积分，首先应画出积分的曲面. 如图 11-4 所示，积分区域是一个由三块光滑曲面所构成的曲面，应分成三块且分别投影到xOy平面、yOz平面和zOx平面上计算.

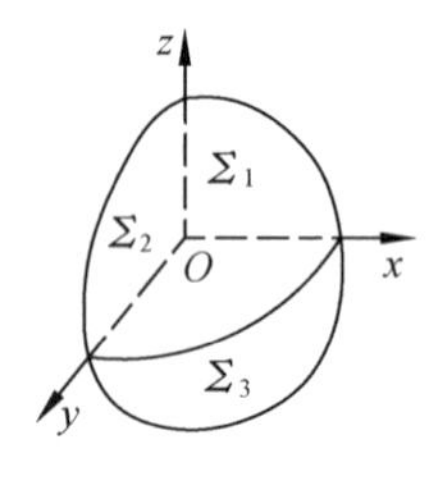

图 11-4

解 由题意，积分区域由两块平面Σ_1、Σ_2和一块球面Σ_3组成.

对于平面Σ_1，将它投影到yOz平面，就是它本身，投影区域D_1为右半圆：

$$\begin{cases}0\leqslant y\leqslant a,\\ -\sqrt{a^2-y^2}\leqslant z\leqslant\sqrt{a^2-y^2},\end{cases}$$

而Σ_1的方程为$x=0$，从而

$$\mathrm{d}S=\sqrt{1+\left(\frac{\partial x}{\partial y}\right)^2+\left(\frac{\partial x}{\partial z}\right)^2}\,\mathrm{d}y\mathrm{d}z=\mathrm{d}y\mathrm{d}z,$$

$$\iint\limits_{\Sigma_1}(x^2+y^2+z^2)\mathrm{d}S=\iint\limits_{D_1}(y^2+z^2)\mathrm{d}y\mathrm{d}z.$$

用极坐标计算，D_1：$\begin{cases}-\dfrac{\pi}{2}\leqslant\theta\leqslant\dfrac{\pi}{2},\\ 0\leqslant r\leqslant a,\end{cases}$积分为

$$\int_{-\frac{\pi}{2}}^{\frac{\pi}{2}}\mathrm{d}\theta\int_0^a r^2\cdot r\mathrm{d}r=\frac{\pi}{4}a^4.$$

对于平面Σ_2，将它投影到zOx平面，类似Σ_1的情形同样可得

$$\iint\limits_{\Sigma_2}(x^2+y^2+z^2)\mathrm{d}S=\frac{\pi}{4}a^4.$$

对于球面Σ_3，在球面Σ_3上有$x^2+y^2+z^2=a^2$，从而

$$\iint\limits_{\Sigma_3}(x^2+y^2+z^2)\mathrm{d}S=\iint\limits_{\Sigma_3}a^2\mathrm{d}S=a^2\iint\limits_{\Sigma_3}\mathrm{d}S=a^2\cdot\Sigma_3\text{ 的面积}=a^2\cdot\pi a^2=\pi a^4.$$

所求积分值

$$\oiint\limits_{\Sigma}(x^2+y^2+z^2)\mathrm{d}S$$

$$=\iint\limits_{\Sigma_1}(x^2+y^2+z^2)\mathrm{d}S+\iint\limits_{\Sigma_2}(x^2+y^2+z^2)\mathrm{d}S+\iint\limits_{\Sigma_3}(x^2+y^2+z^2)\mathrm{d}S=\frac{3}{2}\pi a^4.$$

例 9 计算 $\oiint\limits_{\Sigma} yz\,\mathrm{d}x\mathrm{d}y + zx\,\mathrm{d}y\mathrm{d}z + xy\,\mathrm{d}z\mathrm{d}x$，其中 Σ 是圆柱面 $x^2+y^2=R^2$，$z=H$，$z=0$，$x=0$ 和平面 $x+2y=R$ 所构成的闭曲面的外侧表面.

分析 画出积分区域，积分区域由 5 块光滑曲面构成，如果直接计算，要计算 15 个积分，其中有很多是零，注意到积分区域是闭曲面，可以运用高斯公式，把所求积分化为一个三重积分计算.

解 解法一 如图 11-5 所示，将积分区域分为 5 块，分别记为 $\Sigma_1, \Sigma_2, \Sigma_3, \Sigma_4, \Sigma_5$.

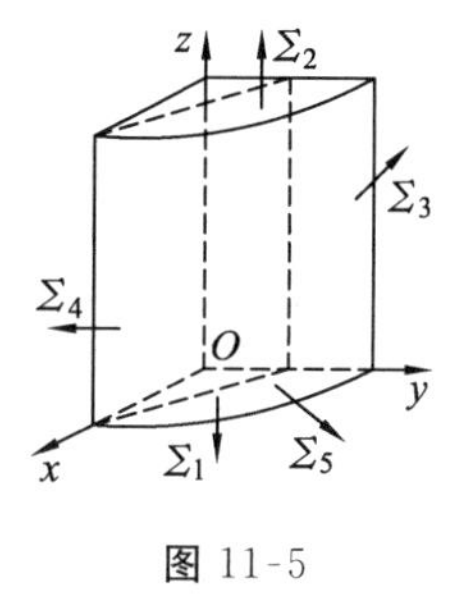

图 11-5

对于 Σ_1，将其投影到 xOy 平面，即为本身，但方向取负，Σ_1 方程为 $z=0$，从而

$$\iint\limits_{\Sigma_1} yz\,\mathrm{d}x\mathrm{d}y + zx\,\mathrm{d}y\mathrm{d}z + xy\,\mathrm{d}z\mathrm{d}x = -\iint\limits_{D_1} y\cdot 0\mathrm{d}x\mathrm{d}y + 0 + 0 = 0.$$

由于 Σ_1 在 yOz 平面和 zOx 平面上的投影为直线，所以后两个积分也为零.

对于 Σ_2 在 xOy 平面上的投影为 D_1，方向为正，在 yOz 平面和 zOx 平面上的投影也为直线，从而

$$\iint\limits_{\Sigma_2} yz\,\mathrm{d}x\mathrm{d}y + zx\,\mathrm{d}y\mathrm{d}z + xy\,\mathrm{d}z\mathrm{d}x = \iint\limits_{D_1} yH\,\mathrm{d}x\mathrm{d}y + 0 + 0 = \iint\limits_{D_1} yH\,\mathrm{d}x\mathrm{d}y.$$

其中，$D_1: \begin{cases} 0\leqslant x\leqslant R, \\ \dfrac{R-x}{2}\leqslant y\leqslant \sqrt{R^2-x^2}, \end{cases}$

$$\iint\limits_{D_1} yH\,\mathrm{d}x\mathrm{d}y = \int_0^R \mathrm{d}x\int_{\frac{R-x}{2}}^{\sqrt{R^2-x^2}} yH\,\mathrm{d}y = \frac{7}{24}HR^3.$$

对于 Σ_3，其方程为 $x=0$，在 yOz 平面上的投影为其本身，在 xOy 平面和 zOx 平面上的投影均为直线，从而

$$\iint\limits_{\Sigma_3} yz\,\mathrm{d}x\mathrm{d}y + zx\,\mathrm{d}y\mathrm{d}z + xy\,\mathrm{d}z\mathrm{d}x = 0 + \iint\limits_{D_3} z\cdot 0\mathrm{d}y\mathrm{d}z = 0.$$

对于 Σ_4，方程为 $x+2y=R$，仅在 xOy 平面上的投影为直线，从而

$$\iint\limits_{\Sigma_4} yz\,\mathrm{d}x\mathrm{d}y = 0.$$

在 xOz 平面上的投影为 $D_4: \begin{cases} 0\leqslant x\leqslant R, \\ 0\leqslant z\leqslant H, \end{cases}$ 方向为负，故

$$\iint\limits_{\Sigma_4} xy\,\mathrm{d}z\mathrm{d}x = -\iint\limits_{D_4} x\left(\frac{R-x}{2}\right)\mathrm{d}x\mathrm{d}z = \int_0^H \mathrm{d}z\int_0^R x\cdot\frac{x-R}{2}\mathrm{d}x = -\frac{HR^3}{12}.$$

在 yOz 平面上的投影为 D_4'：$\begin{cases}0\leqslant y\leqslant \dfrac{R}{2},\\ 0\leqslant z\leqslant H,\end{cases}$ 方向为负，故

$$\iint\limits_{\Sigma_4} zx\,\mathrm{d}y\mathrm{d}z = -\iint\limits_{D_4'} z(R-2y)\mathrm{d}y\mathrm{d}z = -\int_0^H z\mathrm{d}z\int_0^{\frac{R}{2}}(R-2y)\mathrm{d}y = -\frac{H^2R^2}{8},$$

$$\iint\limits_{\Sigma_4} yz\,\mathrm{d}x\mathrm{d}y + xy\,\mathrm{d}z\mathrm{d}x + zx\,\mathrm{d}y\mathrm{d}z = -\frac{H^2R^2}{8} - \frac{HR^3}{12}.$$

对于 Σ_5，在 xOy 平面上的投影为曲线，从而

$$\iint\limits_{\Sigma_5} yz\,\mathrm{d}x\mathrm{d}y = 0.$$

在 yOz 平面上的投影为 D_5：$\begin{cases}0\leqslant y\leqslant R,\\ 0\leqslant z\leqslant H,\end{cases}$ 其方程为 $x=\sqrt{R^2-y^2}$，方向为正，故

$$\iint\limits_{\Sigma_5} zx\,\mathrm{d}y\mathrm{d}z = \iint\limits_{D_5} z\sqrt{R^2-y^2}\,\mathrm{d}y\mathrm{d}z = \int_0^H z\mathrm{d}z\int_0^R \sqrt{R^2-y^2}\,\mathrm{d}y$$

$$= \frac{H^2}{2}\cdot\frac{\pi R^2}{4} = \frac{\pi H^2R^2}{8}.$$

在 xOz 面上的投影为 D_5'：$\begin{cases}0\leqslant x\leqslant R,\\ 0\leqslant z\leqslant H,\end{cases}$ 方向为正，方程为 $y=\sqrt{R^2-x^2}$，故

$$\iint\limits_{\Sigma_5} xy\,\mathrm{d}z\mathrm{d}x = \iint\limits_{D_5'} x\sqrt{R^2-x^2}\,\mathrm{d}x\mathrm{d}z = \int_0^H \mathrm{d}z\int_0^R x\sqrt{R^2-x^2}\,\mathrm{d}x = \frac{1}{3}HR^3,$$

$$\iint\limits_{\Sigma_5} yz\,\mathrm{d}x\mathrm{d}y + zx\,\mathrm{d}y\mathrm{d}z + xy\,\mathrm{d}z\mathrm{d}x = 0 + \frac{\pi H^2R^2}{8} + \frac{1}{3}HR^3.$$

所求积分 $\quad\displaystyle\oint\!\!\!\oint_{\Sigma} yz\,\mathrm{d}x\mathrm{d}y + zx\,\mathrm{d}y\mathrm{d}z + xy\,\mathrm{d}z\mathrm{d}x$

$$= 0 + \frac{7}{24}HR^3 + 0 + \left(-\frac{H^2R^2}{8} - \frac{HR^3}{12}\right) + \left(\frac{\pi H^2R^2}{8} + \frac{1}{3}HR^3\right)$$

$$= \frac{\pi-1}{8}H^2R^2 + \frac{13}{24}HR^3.$$

解法二　设 Σ 围成的立体为 V，由高斯公式，得

$$\oint\!\!\!\oint_{\Sigma} yz\,\mathrm{d}x\mathrm{d}y + zx\,\mathrm{d}y\mathrm{d}z + xy\,\mathrm{d}y\mathrm{d}z = \iiint\limits_V (y+z+x)\mathrm{d}V.$$

立体 V：$\begin{cases}0\leqslant z\leqslant H,\\ 0\leqslant x\leqslant R,\\ \dfrac{R-x}{2}\leqslant y\leqslant\sqrt{R^2-x^2},\end{cases}$ 从而

$$\iiint\limits_V(y+z+x)\mathrm{d}V=\int_0^H\mathrm{d}z\int_0^R\mathrm{d}x\int_{\frac{R-x}{2}}^{\sqrt{R^2-x^2}}(x+y+z)\mathrm{d}y$$

$$=\int_0^H\mathrm{d}z\int_0^R\left\{x\left(\sqrt{R^2-x^2}-\frac{R-x}{2}\right)+\frac{1}{2}\left[(R^2-x^2)-\left(\frac{R-x}{2}\right)^2\right]\right.$$

$$\left.+z\left(\sqrt{R^2-x^2}-\frac{R-x}{2}\right)\right\}\mathrm{d}x$$

$$=\int_0^H\left(\frac{1}{3}R^3-\frac{1}{12}R^3+\frac{1}{3}R^3-\frac{1}{24}R^3+\frac{\pi R^2}{4}z-\frac{R^2}{4}z\right)\mathrm{d}z$$

$$=\frac{13}{24}HR^3+\frac{\pi-1}{8}H^2R^2.$$

例 10 计算 $\oiint\limits_\Sigma\frac{x}{r^3}\mathrm{d}y\mathrm{d}z+\frac{y}{r^3}\mathrm{d}z\mathrm{d}x+\frac{z}{r^3}\mathrm{d}x\mathrm{d}y$，其中 $r=\sqrt{x^2+y^2+z^2}$，Σ 是包含原点的任意闭曲面，取外侧.

分析 由于在闭曲面内原点处被积函数不连续，不能使用高斯公式，但可以使用类似计算曲线积分的方法. 以原点为球心，充分小的正数 ε 为半径作球面 Σ_1，使 Σ 完全含于 Σ_1 内，Σ_1 取内侧，如图 11-6 所示. 然后过原点，作平面 Π 将 Σ_1 与 Σ 围成的立体分为 Ω_1 和 Ω_2，分别利用高斯公式计算.

解 作辅助平面 Π 和球面 Σ_1，并设 Π 将 Σ 分成 Σ_{12} 与 Σ_{11} 两部分，将 Σ_1 分为 Σ_{21} 和 Σ_{22}，如图 11-6 所示. 首先计算

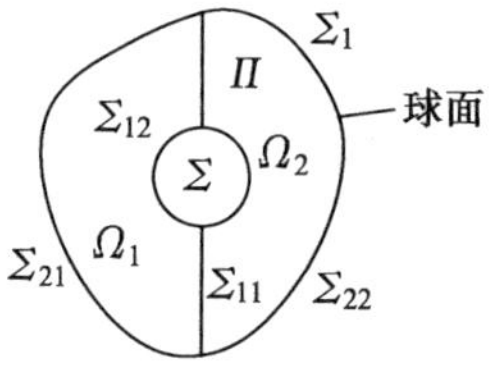

图 11-6

$$\frac{\partial\left(\frac{x}{r^3}\right)}{\partial x}=\frac{r^2-3x^2}{r^5},\quad\frac{\partial\left(\frac{y}{r^3}\right)}{\partial y}=\frac{r^2-3y^2}{r^5},$$

$$\frac{\partial\left(\frac{z}{r^3}\right)}{\partial z}=\frac{r^2-3z^2}{r^5},$$

于是
$$\frac{\partial\left(\frac{x}{r^3}\right)}{\partial x}+\frac{\partial\left(\frac{y}{r^3}\right)}{\partial y}+\frac{\partial\left(\frac{z}{r^3}\right)}{\partial z}=0.$$

对于曲面 Σ_{21}，Π，Σ_{12} 围成的闭曲面 Σ'，取外侧，由高斯公式，得

$$\oiint_{\Sigma'} \frac{x}{r^3}\mathrm{d}y\mathrm{d}z + \frac{y}{r^3}\mathrm{d}z\mathrm{d}x + \frac{z}{r^3}\mathrm{d}x\mathrm{d}y = \iiint_{\Omega_1} 0 \cdot \mathrm{d}V = 0.$$

对于由曲面 Σ_{22}，Π^-，Σ_{11} 围成的闭曲面 Σ''（设平面 Π^- 与 Π 反侧），取外侧，由高斯公式，得

$$\oiint_{\Sigma''} \frac{x}{r^3}\mathrm{d}y\mathrm{d}z + \frac{y}{r^3}\mathrm{d}z\mathrm{d}x + \frac{z}{r^3}\mathrm{d}x\mathrm{d}y = \iiint_{\Omega_2} 0 \cdot \mathrm{d}V = 0.$$

两式相加，Σ_{21} 与 Σ_{22} 组成 Σ_1，方向向外；Σ_{12} 和 Σ_{11} 组成 Σ，方向指向原点，记为 Σ_1^-；Π 与 Π^- 两块方向相反，抵消，得

$$\oiint_{\Sigma} \frac{x}{r^3}\mathrm{d}y\mathrm{d}z + \frac{y}{r^3}\mathrm{d}z\mathrm{d}x + \frac{z}{r^3}\mathrm{d}x\mathrm{d}y + \oiint_{\Sigma_1^-} \frac{x}{r^3}\mathrm{d}y\mathrm{d}z + \frac{y}{r^3}\mathrm{d}z\mathrm{d}x + \frac{z}{r^3}\mathrm{d}x\mathrm{d}y = 0$$

或 $$\oiint_{\Sigma} \frac{x}{r^3}\mathrm{d}x\mathrm{d}z + \frac{y}{r^3}\mathrm{d}z\mathrm{d}x + \frac{z}{r^3}\mathrm{d}x\mathrm{d}y = \oiint_{\Sigma_1} \frac{x}{r^3}\mathrm{d}y\mathrm{d}z + \frac{y}{r^3}\mathrm{d}z\mathrm{d}x + \frac{z}{r^3}\mathrm{d}x\mathrm{d}y.$$

Σ_1 方向沿径向向外，从而

$$\frac{x}{r} = \cos\alpha, \frac{y}{r} = \cos\beta, \frac{z}{r} = \cos\gamma$$

为法向量的方向余弦，于是

$$\begin{aligned}
\text{原式} &= \oiint_{\Sigma_1} \frac{1}{r^2}(\cos\alpha\mathrm{d}y\mathrm{d}z + \cos\beta\mathrm{d}z\mathrm{d}x + \cos\gamma\mathrm{d}x\mathrm{d}y) \\
&= \oiint_{\Sigma_1}\left(\frac{x^2}{r^4} + \frac{y^2}{r^4} + \frac{z^2}{r^4}\right)\mathrm{d}S = \oiint_{\Sigma_1} \frac{1}{r^2}\mathrm{d}S = \frac{1}{\varepsilon^2} \cdot 4\pi\varepsilon^2 \\
&= 4\pi.
\end{aligned}$$

例 11 计算 $\oint_\Gamma 2y\mathrm{d}x - z\mathrm{d}y - x\mathrm{d}z$，其中 Γ 是 $x^2 + y^2 + z^2 = R^2$ 和 $x + z = R$ 的交线，Γ 的正向和向量 $\boldsymbol{n} = \boldsymbol{i} + \boldsymbol{k}$ 成右手系.

分析 对于空间的曲线积分，根据被积表达式及积分路径的方程，选择直接用参数方程化为定积分计算还是用斯托克斯公式化成对坐标的曲面积分.

解 解法一 先将曲线 Γ 表示成参数方程，得

$$\begin{cases} x^2 + y^2 + z^2 = R^2, \\ x + z = R \end{cases} \quad \text{或} \begin{cases} x^2 + y^2 + (R-x)^2 = R^2, \\ x + z = R \end{cases}$$

或 $$\begin{cases} \dfrac{\left(x - \dfrac{R}{2}\right)^2}{\left(\dfrac{R}{2}\right)^2} + \dfrac{y^2}{\left(\dfrac{R}{\sqrt{2}}\right)^2} = 1, \\ z = R - x. \end{cases}$$

令 $x=\frac{R}{2}+\frac{R}{2}\cos t, y=\frac{R}{\sqrt{2}}\sin t, z=R-\left(\frac{R}{2}+\frac{R}{2}\cos t\right), 0\leqslant t\leqslant 2\pi$,得

$$\begin{cases} x=\frac{R}{2}(1+\cos t), \\ y=\frac{R}{\sqrt{2}}\sin t, \\ z=\frac{R}{2}-\frac{R}{2}\cos t. \end{cases}$$

所以 $\oint_\Gamma 2y\mathrm{d}x-z\mathrm{d}y-x\mathrm{d}z$

$$=\int_0^{2\pi} 2\frac{R}{\sqrt{2}}\sin t\mathrm{d}\left[\frac{R}{2}(1+\cos t)\right]-\frac{R}{2}(1-\cos t)\mathrm{d}\left(\frac{R}{\sqrt{2}}\sin t\right)$$

$$-\frac{R}{2}(1+\cos t)\mathrm{d}\left[\frac{R}{2}(1-\cos t)\right]$$

$$=\int_0^{2\pi}\left(-\frac{R^2}{\sqrt{2}}\sin^2 t+\frac{R^2}{2\sqrt{2}}\cos^2 t\right)\mathrm{d}t$$

$$=-\frac{\pi R^2}{2\sqrt{2}}.$$

解法二　取以 Γ 为边界的曲面 Σ 为平面 $x+z=R$ 的一部分,其方向与 Γ 的正向构成右手系,即为 $\boldsymbol{n}=\boldsymbol{i}+\boldsymbol{k}$. 由斯托克斯公式,得

$$\oint_\Gamma 2y\mathrm{d}x-z\mathrm{d}y-x\mathrm{d}z=\iint_\Sigma \begin{vmatrix} \mathrm{d}y\mathrm{d}z & \mathrm{d}z\mathrm{d}x & \mathrm{d}x\mathrm{d}y \\ \frac{\partial}{\partial x} & \frac{\partial}{\partial y} & \frac{\partial}{\partial z} \\ 2y & -z & -x \end{vmatrix}$$

$$=\iint_\Sigma \mathrm{d}y\mathrm{d}z+\mathrm{d}z\mathrm{d}x-2\mathrm{d}x\mathrm{d}y=\iint_\Sigma(\cos\alpha+\cos\beta-2\cos\gamma)\mathrm{d}S,$$

其中 $\cos\alpha,\cos\beta,\cos\gamma$ 为法向量 $\boldsymbol{n}=\boldsymbol{i}+\boldsymbol{k}$ 的方向余弦,从而

$$\iint_\Sigma(\cos\alpha+\cos\beta-2\cos\gamma)\mathrm{d}S=\iint_\Sigma\left(\frac{1}{\sqrt{2}}+0-2\frac{1}{\sqrt{2}}\right)\mathrm{d}S$$

$$=-\frac{1}{\sqrt{2}}\cdot A=-\frac{\pi R^2}{2\sqrt{2}}$$(其中 A 表示 S 的面积).

五、自测练习

A 组

1. 计算$\int_L(\sin x+\sin y)\mathrm{d}s$，其中 L 是以 $O(0,0)$，$A(\pi,0)$，$B(\pi,\pi)$ 为顶点的三角形的边界.

2. 计算$\int_L(12xy+\mathrm{e}^y)\mathrm{d}x-(\cos y-x\mathrm{e}^y)\mathrm{d}y$，其中 L 是由点 $A(-1,1)$ 沿曲线 $y=x^2$ 到点 $O(0,0)$，再沿直线 $y=0$ 到点 $B(2,0)$ 的路径.

3. 计算$\int_L\frac{y^2}{\sqrt{r^2+x^2}}\mathrm{d}x+[4x+2y\ln(x+\sqrt{r^2+x^2})]\mathrm{d}y$，其中 L 为沿 $x^2+y^2=r^2$ 由点 $A(r,0)$ 逆时针方向到点 $B(-r,0)$ 的半圆周.

4. 计算$\int_L(2xy^3-y^2\cos x)\mathrm{d}x+(1-2y\sin x+3x^2y^2)\mathrm{d}y$，其中 L 是抛物线 $2x=\pi y^2$ 从点 $O(0,0)$ 到点 $A\left(\frac{\pi}{2},1\right)$的一段弧.

5. 求质点 P 沿 xOy 平面内椭圆曲线$\frac{x^2}{a^2}+\frac{y^2}{b^2}=1$ 按逆时针方向运动一周场力 $\boldsymbol{F}$ 所做的功，已知场力 $\boldsymbol{F}=(3x-4y)\boldsymbol{i}+(4x+2y)\boldsymbol{j}$.

6. 求$\int_\Gamma x^2\mathrm{d}s$，其中 Γ：$\begin{cases}x^2+y^2+z^2=a^2,\\ x-y=0\end{cases}(a>0)$.

7. 证明：$\iint\limits_\Sigma\cos(\boldsymbol{n},x)\mathrm{d}S=0$，其中 Σ 是闭曲面的外侧，$\boldsymbol{n}$ 为外侧的法向量.

8. 计算曲面积分$\iint\limits_\Sigma(2x+z)\mathrm{d}y\mathrm{d}z+z\mathrm{d}x\mathrm{d}y$，其中 Σ 为有向曲面 $z=x^2+y^2$ $(0\leqslant z\leqslant 1)$，其法向量与 z 轴正向夹角为锐角.

9. 在静电场中，$\boldsymbol{E}$ 为电场强度，定义 $\boldsymbol{D}=\varepsilon\boldsymbol{E}$ 为电位移矢量，设 S 为包含点电荷 q 的闭曲面，证明：高斯定理$\oint\!\!\oint_S\boldsymbol{D}\cdot\mathrm{d}\boldsymbol{S}=q$.

10. 计算曲线积分$\oint_C(z-y)\mathrm{d}x+(x-z)\mathrm{d}y+(x-y)\mathrm{d}z$，其中 C 是曲线 $\begin{cases}x^2+y^2=1,\\ x-y+z=2,\end{cases}$ 从 z 轴正向往负向看 C 的方向是顺时针的.

11. 计算曲面积分 $I=\iint\limits_\Sigma(8y+1)x\mathrm{d}y\mathrm{d}z+2(1-y^2)\mathrm{d}z\mathrm{d}x-4yz\mathrm{d}x\mathrm{d}y$，其中

Σ是由曲线$\begin{cases} z = \sqrt{y-1}, \\ x = 0 \end{cases}$ $(1 \leqslant y \leqslant 3)$绕$y$轴旋转一周所成的曲面，它的法向量与$y$轴正向的夹角恒大于$\frac{\pi}{2}$.

12. 设空间区域Ω由曲面$z = a^2 - x^2 - y^2$与平面$z = 0$围成，其中a为正常数，设Ω表面的外侧为Σ，Ω的体积为V，证明：$\oiint\limits_{\Sigma} x^2yz^2\mathrm{d}y\mathrm{d}z - xy^2z^2\mathrm{d}z\mathrm{d}x + z(1+xyz)\mathrm{d}x\mathrm{d}y = V$.

B 组

1. 求旋轮线$\begin{cases} x=a(t-\sin t), \\ y=a(1-\cos t) \end{cases}$ $(0 \leqslant t \leqslant 2\pi)$的形心.

2. 证明曲线积分$\int_L \left(\sin\frac{x}{y} + \frac{x}{y}\cos\frac{x}{y}\right)\mathrm{d}x - \frac{x^2}{y^2}\cos\frac{x}{y}\mathrm{d}y$在曲线$L$不经过$x$轴的情况下与路径无关，并求曲线$L$的两端点为$A(\pi,1)$及$B(\pi,2)$时的积分值.

3. 计算$\int_L (\mathrm{e}^x\sin y - my)\mathrm{d}x + (\mathrm{e}^x\cos y - m)\mathrm{d}y$，其中$L$为圆周$x^2+y^2-ax=0$上从点$A(a,0)$到点$O(0,0)$的上半圆周.

4. 计算$\int_{\widehat{AB}} \frac{x\mathrm{d}y - y\mathrm{d}x}{(x-y)^2}$，其中$A(0,-1)$，$B(1,0)$，$\widehat{AB}$为单位圆在第四象限的部分，方向从$A$到$B$.

5. 利用曲线积分计算双纽线$r=a\sqrt{\cos 2\theta}$所围图形的面积.

6. 设在半平面$x>0$中，有力场$\boldsymbol{F} = -\frac{k}{r^3}(x\boldsymbol{i} + y\boldsymbol{j})$，其中$k$为常数，$r=\sqrt{x^2+y^2}$. 证明：在此力场中，场力所做的功与所取路径无关，并计算由点$(1,1)$到$(2,2)$场力所做的功.

7. 计算$\oint_L \frac{x\mathrm{d}y - y\mathrm{d}x}{|x|+|y|}$，其中

(1) L是以$A(3,0)$，$B(0,3)$，$C(-3,0)$，$D(0,-3)$为顶点的正方形的正向边界；

(2) L是圆周$x^2+y^2=1$的正向.

8. 计算$\int_L \frac{(x+y)\mathrm{d}x - (x-y)\mathrm{d}y}{x^2+y^2}$，其中$L$是沿$y = \pi\cos x$由点$A(\pi,-\pi)$到点$B(-\pi,-\pi)$的曲线段.

9. 计算$\iint\limits_{\Sigma} \frac{\mathrm{d}S}{r^2}$，其中$\Sigma$为柱面$x^2+y^2=R^2$介于平面$z=0$及$z=H$之间的

部分，r 是柱面上的点(x,y,z)到原点的距离.

10. 计算$\iint\limits_{\Sigma}\frac{ax\mathrm{d}y\mathrm{d}z+(z+a)^2\mathrm{d}x\mathrm{d}y}{(x^2+y^2+z^2)^{\frac{1}{2}}}$，其中 Σ 为下半球面$z=-\sqrt{a^2-x^2-y^2}$的上侧，$a>0$.

11. 计算$\iint\limits_{\Sigma}4z\mathrm{d}y\mathrm{d}z+2zy\mathrm{d}z\mathrm{d}x+(1-z^2)\mathrm{d}x\mathrm{d}y$，其中 Σ 为 $z=\mathrm{e}^y(0\leqslant y\leqslant a)$绕 z 轴旋转而成的曲面的下侧.

12. 计算$\oiint\limits_{\Sigma}\frac{\mathrm{e}^x}{\sqrt{y^2+z^2}}\mathrm{d}y\mathrm{d}z$，其中 Σ 是锥面 $x^2-y^2-z^2=0$ 及平面 $x=2$，$x=1$ 所围成的立体的外侧.

13. 计算$\iint\limits_{\Sigma}f(x)\mathrm{d}y\mathrm{d}z+g(y)\mathrm{d}z\mathrm{d}x+h(z)\mathrm{d}x\mathrm{d}y$，其中 f,g,h 是可微函数，Σ 是长方体 $0\leqslant x\leqslant a,0\leqslant y\leqslant b,0\leqslant z\leqslant c$ 的外侧.

CHAPTER 12

第十二章 无穷级数

一、目的要求

1. 理解常数项无穷级数的概念及其性质.

2. 掌握正项级数的比较审敛法,熟练掌握正项级数的比值、根值审敛法.

3. 能对简单的任意项级数和交错级数判定它是绝对收敛、条件收敛,还是发散.

4. 熟练掌握幂级数收敛半径的求法及收敛区间的确定.

5. 知道幂级数在其收敛区间内的一些基本性质及函数展开成泰勒级数的充要条件.

6. 掌握 e^x,$\sin x$,$\cos x$,$\ln(1+x)$和$\dfrac{1}{1+x}$等函数的麦克劳林展开式,并能利用这些展开式将一些简单函数展开成幂级数.

7. 会利用幂级数运算求出某些幂级数的和函数.

8. 知道函数展开为傅里叶级数的充分条件,能将定义在$[-\pi,\pi)$和$[-l,l)$上的函数展开为傅里叶级数,并能将定义在$[0,l)$上的函数展开为正弦级数和余弦级数,并确定收敛区间.

二、内容提要

1. 数项级数的部分和的概念,收敛、发散的概念.

级数$\sum\limits_{n=1}^{\infty}u_n$的前$n$项之和

$$s_n=u_1+u_2+\cdots+u_n=\sum_{k=1}^{n}u_k$$

称为级数的部分和.

如果级数$\sum\limits_{n=1}^{\infty}u_n$的部分和数列$\{s_n\}$有极限$s$,则称无穷级数$\sum\limits_{n=1}^{\infty}u_n$收敛,这时极限$s$叫做这个级数的和;如果$\{s_n\}$没有极限,则称无穷级数$\sum\limits_{n=1}^{\infty}u_n$发散.

2. $\lim\limits_{n\to\infty} u_n = 0$ 是级数 $\sum\limits_{n=1}^{\infty} u_n$ 收敛的必要条件，$\lim\limits_{n\to\infty} u_n \neq 0$ 或不存在是级数 $\sum\limits_{n=1}^{\infty} u_n$ 发散的充分条件.

3. 正项级数收敛性的判别法.

(1) 比较判别法：设 $\sum\limits_{n=1}^{\infty} u_n$ 和 $\sum\limits_{n=1}^{\infty} v_n$ 都是正项级数，若当 $n > N$ 时，$0 \leqslant u_n \leqslant v_n$ 成立，那么

① 若级数 $\sum\limits_{n=1}^{\infty} v_n$ 收敛，则级数 $\sum\limits_{n=1}^{\infty} u_n$ 亦收敛；

② 若级数 $\sum\limits_{n=1}^{\infty} u_n$ 发散，则级数 $\sum\limits_{n=1}^{\infty} v_n$ 亦发散.

(2) 比较判别法的极限形式：设 $\sum\limits_{n=1}^{\infty} u_n$ 和 $\sum\limits_{n=1}^{\infty} v_n$ 都是正项级数，

① 如果 $\lim\limits_{n\to\infty} \dfrac{u_n}{v_n} = l(0 \leqslant l < +\infty)$，且级数 $\sum\limits_{n=1}^{\infty} v_n$ 收敛，则级数 $\sum\limits_{n=1}^{\infty} u_n$ 收敛；

② 如果 $\lim\limits_{n\to\infty} \dfrac{u_n}{v_n} = l > 0$ 或 $\lim\limits_{n\to\infty} \dfrac{u_n}{v_n} = +\infty$，且级数 $\sum\limits_{n=1}^{\infty} v_n$ 发散，则级数 $\sum\limits_{n=1}^{\infty} u_n$ 发散.

(3) 比值判别法：设 $\sum\limits_{n=1}^{\infty} u_n$ 为正项级数，若 $\lim\limits_{n\to\infty} \dfrac{u_{n+1}}{u_n} = \rho$，则当 $\rho < 1$ 时，$\sum\limits_{n=1}^{\infty} u_n$ 收敛；当 $\rho > 1$ 时，$\sum\limits_{n=1}^{\infty} u_n$ 发散；当 $\rho = 1$ 时，此判别法无效.

(4) 根值判别法：设 $\sum\limits_{n=1}^{\infty} u_n$ 为正项级数，如果 $\lim\limits_{n\to\infty} \sqrt[n]{u_n} = \rho$，则当 $\rho < 1$ 时，$\sum\limits_{n=1}^{\infty} u_n$ 收敛；当 $\rho > 1$ 时，$\sum\limits_{n=1}^{\infty} u_n$ 发散；当 $\rho = 1$ 时，此判别法无效.

4. 莱布尼茨判别法：设有交错项级数 $\sum\limits_{n=1}^{\infty} (-1)^{n-1} u_n$，$u_n > 0$ 满足条件 (1) $u_{n+1} \leqslant u_n$，$(n = 1,2,\cdots)$，(2) $\lim\limits_{n\to\infty} u_n = 0$，则级数收敛，且其和小于首项 u_1.

5. 绝对收敛与收敛的关系：绝对收敛的级数必定收敛，但收敛级数未必绝对收敛.

6. 幂级数及其收敛性.

(1) 幂级数收敛域的结构(Abel 定理)：若 $x_0(\neq 0)$ 是幂级数 $\sum\limits_{n=1}^{\infty} a_n x^n$ 的收

敛点，则满足$|x|<|x_0|$的一切x使该级数绝对收敛；反之，若x_0是上述级数的发散点，则满足$|x|>|x_0|$的一切x使得该级数发散.

(2) 幂级数$\sum\limits_{n=0}^{\infty}a_nx^n$的收敛半径$R$的求法.

比值法：若$\lim\limits_{n\to\infty}\frac{|a_{n+1}|}{|a_n|}=\rho\ (0\leqslant\rho\leqslant+\infty)$，则

$$R=\begin{cases}\frac{1}{\rho}, & 0<\rho<+\infty,\\ +\infty, & \rho=0,\\ 0, & \rho=+\infty.\end{cases}$$

根值法：若$\lim\limits_{n\to\infty}\sqrt[n]{|a_n|}=\rho$，结论同上.

(3) 幂级数和函数性质.

① 连续性　和函数在幂级数的收敛区间上连续.

② 可积性　和函数$s(x)$在幂级数的收敛区间内可积，并有逐项积分公式：

$$\int_0^x s(x)\mathrm{d}x=\int_0^x\left(\sum_{n=0}^{\infty}a_nx^n\right)\mathrm{d}x=\sum_{n=0}^{\infty}\int_0^x a_nx^n\mathrm{d}x$$
$$=\sum_{n=0}^{\infty}\frac{a_n}{n+1}x^{n+1}\quad(|x|<R).$$

且逐项积分后所得级数与原级数有相同的收敛半径R.

③ 可微性　和函数$s(x)$在幂级数的收敛区间内可微，并有逐项求导公式：

$$s'(x)=\left(\sum_{n=0}^{\infty}a_nx^n\right)'=\sum_{n=0}^{\infty}(a_nx^n)'=\sum_{n=0}^{\infty}na_nx^{n-1}(|x|<R).$$

且逐项求导后所得级数与原级数有相同的收敛半径R.

7. 函数展开成幂级数.

(1) 直接展开法.

求出$f^{(n)}(0)\ (n=0,1,2,\cdots)$，组成$f(x)$的麦克劳林级数

$$\sum_{n=0}^{\infty}\frac{f^{(n)}(0)}{n!}x^n.$$

并根据书上定理证明上述级数在其收敛域内是否收敛于$f(x)$.

(2) 间接展开法.

用四则运算、逐项求导、逐项积分以及变量代换等，把所给函数展开成幂级数. 常用到的函数展开式有：

$$\mathrm{e}^x=1+x+\frac{x^2}{2!}+\cdots+\frac{x^n}{n!}+\cdots\quad(x\in\mathbf{R}),$$

$$\sin x=x-\frac{x^3}{3!}+\frac{x^5}{5!}+\cdots+(-1)^{n-1}\frac{x^{2n-1}}{(2n-1)!}+\cdots\quad (x\in\mathbf{R}),$$

$$\cos x=1-\frac{x^2}{2!}+\frac{x^4}{4!}+\cdots+(-1)^n\frac{x^{2n}}{(2n)!}+\cdots\quad (x\in\mathbf{R}),$$

$$\ln(1+x)=x-\frac{x^2}{2}+\frac{x^3}{3}+\cdots+(-1)^{n-1}\frac{x^n}{n}+\cdots\quad (x\in(-1,1)),$$

$$(1+x)^\alpha=1+\alpha x+\frac{\alpha(\alpha-1)}{2!}x^2+\cdots+\frac{\alpha(\alpha-1)\cdots(\alpha-n+1)}{n!}x^n+\cdots\quad (x\in(-1,1)),$$

$$\frac{1}{1-x}=1+x+x^2+\cdots+x^{n-1}+\cdots\quad (x\in(-1,1)).$$

8. 傅里叶级数.

(1) 收敛定理.

设 $f(x)$是周期为 2π 的周期函数,如果它满足

① 在一个周期内连续或只有有限个第一类间断点,

② 在一个周期内至多只有有限个极值点,

则 $f(x)$的傅里叶级数收敛,并且

当 x 是 $f(x)$的连续点时,级数收敛于 $f(x)$;

当 x 是 $f(x)$的间断点时,级数收敛于$\frac{1}{2}[f(x-0)+f(x+0)]$.

(2) 傅里叶系数计算公式(设 $f(x)$是周期为 2π 的周期函数).

$$a_n=\frac{1}{\pi}\int_{-\pi}^{\pi}f(x)\cos nx\,\mathrm{d}x(n=0,1,2,3,\cdots),$$

$$b_n=\frac{1}{\pi}\int_{-\pi}^{\pi}f(x)\sin nx\,\mathrm{d}x(n=1,2,3,\cdots).$$

三、复习提问

1. 怎样理解无穷级数和的概念?

2. 面对一个正项级数,可根据怎样的程序来选择恰当的审敛法则?

3. 指出下列命题中正确的命题:

A. 若级数 $\sum\limits_{n=1}^{\infty}a_n$ 收敛,则数列$\{a_n\}$收敛.

B. 若数列$\{a_n\}$收敛,则级数 $\sum\limits_{n=1}^{\infty}a_n$ 发散.

C. 若数列$\{a_n\}$发散,则级数 $\sum\limits_{n=1}^{\infty}a_n$ 发散.

D. 若级数 $\sum_{n=1}^{\infty} a_n$ 发散,则数列$\{a_n\}$发散.

4. 级数 $\sum_{n=1}^{\infty} a_n$ 收敛是 $\sum_{n=1}^{\infty} a_n^2$ 收敛的什么条件?若 $\sum_{n=1}^{\infty} a_n$ 为正项级数呢?

5. 幂级数的收敛半径有什么特点?

6. 怎样求幂级数的收敛区间?

7. 幂级数逐项求导或积分后,所得到的幂级数的收敛区间是否不变?

8. 写出 $f(x)$在$[-l,l)$上的傅里叶展开式.

四、例题分析

例 1 判别下列级数的敛散性:

(1) $\sum_{n=1}^{\infty} \frac{n^3[\sqrt{2}+(-1)^n]^n}{3^n}$; (2) $\sum_{n=1}^{\infty} \tan(\sqrt{n^2+1}\pi)$;

(3) $\sum_{n=1}^{\infty} \frac{\ln n}{n^{\frac{5}{4}}}$.

解 (1) $u_n = \frac{n^3[\sqrt{2}+(-1)^n]^n}{3^n} \leqslant v_n = \frac{n^3(\sqrt{2}+1)^n}{3^n}$, 又 $\lim_{n\to\infty} \frac{v_{n+1}}{v_n} = \frac{\sqrt{2}+1}{3} < 1$(或利用$\lim_{n\to\infty} \sqrt[n]{v_n} = \frac{\sqrt{2}+1}{3} < 1$),所以 $\sum_{n=1}^{\infty} v_n$ 收敛,故由比较审敛法知级数收敛.

注 由于$\lim_{n\to\infty}\frac{u_{n+1}}{u_n}$及$\lim_{n\to\infty}\sqrt[n]{u_n}$皆不存在,故用比值法、根值法皆得不出结论.

(2) $u_n = \tan(\sqrt{n^2+1}\pi) = \tan(\sqrt{n^2+1}\pi - n\pi) = \tan\frac{\pi}{\sqrt{n^2+1}+n}$,

因为$\lim_{n\to\infty} \frac{u_n}{\frac{\pi}{2n}} = 1$,而$\sum_{n=1}^{\infty} \frac{\pi}{2n}$ 发散,故原级数发散.

(3) 因为级数$\sum_{n=1}^{\infty} \frac{1}{n^p}$ 当 $p > 1$ 时收敛,而$\lim_{n\to\infty} \frac{\ln n}{n^{\alpha}} = 0(\alpha > 0)$,所以要求$\frac{5}{4} - \alpha > 1$,即 $0 < \alpha < \frac{1}{4}$(如可取 $\alpha = \frac{1}{8}$),则

$$\lim_{n\to\infty} \frac{\frac{\ln n}{n^{\frac{5}{4}}}}{\frac{1}{n^{\frac{5}{4}-\alpha}}} = \lim_{n\to\infty} \frac{\ln n}{n^{\alpha}} = 0,$$

而$\sum\limits_{n=1}^{\infty}\dfrac{1}{n^{\frac{5}{4}-\alpha}}$收敛，所以$\sum\limits_{n=1}^{\infty}\dfrac{\ln n}{n^{\frac{5}{4}}}$收敛.

注 易知$\sum\limits_{n=1}^{\infty}\dfrac{(\ln n)^k}{n^s}(s>1,k\in\mathbf{N})$收敛.

例 2 判别下列级数的敛散性，若收敛，指出是绝对收敛还是条件收敛：

(1) $\sum\limits_{n=1}^{\infty}\dfrac{(-1)^n\sin\dfrac{1}{n}}{\ln\left(1+\dfrac{3}{n}\right)}$；　(2) $\sum\limits_{n=1}^{\infty}n\sin\dfrac{1}{2^n}\cos n$；

(3) $\sum\limits_{n=1}^{\infty}\dfrac{(-1)^n}{n-\ln n}$.

解 (1) 因为 $|u_n|=\dfrac{\sin\dfrac{1}{n}}{\ln\left(1+\dfrac{3}{n}\right)}$，$\lim\limits_{n\to\infty}|u_n|=\lim\limits_{n\to\infty}\dfrac{\dfrac{1}{n}}{\dfrac{3}{n}}=\dfrac{1}{3}\neq 0$，

故$\sum\limits_{n=1}^{\infty}\dfrac{(-1)^n\sin\dfrac{1}{n}}{\ln\left(1+\dfrac{3}{n}\right)}$发散.

(2) 因为$|u_n|=\left|n\sin\dfrac{1}{2^n}\cos n\right|\leqslant n\sin\dfrac{1}{2^n}<\dfrac{n}{2^n}$，而$\sum\limits_{n=1}^{\infty}\dfrac{n}{2^n}$收敛，所以$\sum\limits_{n=1}^{\infty}|u_n|$收敛，即$\sum\limits_{n=1}^{\infty}n\sin\dfrac{1}{2^n}\cos n$收敛，且为绝对收敛.

(3) 因为$\left|\dfrac{(-1)^n}{n-\ln n}\right|=\dfrac{1}{n-\ln n}\geqslant\dfrac{1}{n}$，而$\sum\limits_{n=1}^{\infty}\dfrac{1}{n}$发散，故$\sum\limits_{n=1}^{\infty}\dfrac{1}{n-\ln n}$发散.

但$\sum\limits_{n=1}^{\infty}\dfrac{(-1)^n}{n-\ln n}$为交错项级数，注意到$\lim\limits_{n\to\infty}u_n=\lim\limits_{n\to\infty}\dfrac{1}{n-\ln n}=\lim\limits_{n\to\infty}\dfrac{\dfrac{1}{n}}{1-\dfrac{\ln n}{n}}=0$，令$f(x)=\dfrac{1}{x-\ln x}$，$f'(x)=\dfrac{1-x}{x(x-\ln x)^2}<0(x>1)$，所以$u_n=\dfrac{1}{n-\ln n}$单调递减，即$u_{n+1}\leqslant u_n$(也可利用$\dfrac{u_n+1}{u_n}\leqslant 1$或$u_{n+1}-u_n\leqslant 0$).

故$\sum\limits_{n=1}^{\infty}\dfrac{(-1)^n}{n-\ln n}$收敛，从而知$\sum\limits_{n=1}^{\infty}\dfrac{(-1)^n}{n-\ln n}$条件收敛.

例 3 讨论级数$\sum\limits_{n=2}^{\infty}\dfrac{a^n}{\ln(n!)}(a>0)$的敛散性.

解 $u_n=\dfrac{a^n}{\ln(n!)}$.

(1) 当 $a>1$ 时，$u_n=\dfrac{a^n}{\ln(n!)}>\dfrac{a^n}{n\ln n}$,

又 $\lim\limits_{x\to+\infty}\dfrac{a^x}{x\ln x}=\lim\limits_{x\to+\infty}\dfrac{a^x\ln a}{\ln x+1}=\lim\limits_{x\to+\infty}\dfrac{a^x\ln^2 a}{\dfrac{1}{x}}=\infty$，所以 $\lim\limits_{n\to\infty}u_n\neq 0$，故 $\sum\limits_{n=2}^{\infty}u_n$ 发散

(或利用 $u_n>\dfrac{1}{n\ln n}$).

(2) 当 $0<a<1$ 时，由于 $\lim\limits_{n\to\infty}\dfrac{u_n}{a^n}=0$，而 $\sum\limits_{n=1}^{\infty}a^n$ 收敛，故 $\sum\limits_{n=2}^{\infty}u_n$ 收敛.

(3) 当 $a=1$ 时，$u_n=\dfrac{1}{\ln(n!)}>\dfrac{1}{n\ln n}$，而 $\sum\limits_{n=2}^{\infty}\dfrac{1}{n\ln n}$ 发散，所以 $\sum\limits_{n=2}^{\infty}u_n$ 发散.

综上，$\sum\limits_{n=2}^{\infty}\dfrac{a^n}{\ln(n!)}$ 当 $0<a<1$ 时收敛，当 $a\geqslant 1$ 时发散.

注 若用比较法易得出结论，可不必先用根值法、比值法.

比较标准：几何级数 $\sum\limits_{n=1}^{\infty}aq^n(a\neq 0)$，$p$-级数 $\sum\limits_{n=1}^{\infty}\dfrac{1}{n^p}$，$\sum\limits_{n=1}^{\infty}\dfrac{1}{n(\ln n)^p}$ 等.

例 4 设 $\sum\limits_{n=1}^{\infty}u_n^2$，$\sum\limits_{n=1}^{\infty}v_n^2$ 皆收敛，证明：$\sum\limits_{n=1}^{\infty}u_nv_n$，$\sum\limits_{n=1}^{\infty}\dfrac{u_n}{n}$ 均绝对收敛.

证明 由于 $\sum\limits_{n=1}^{\infty}u_n^2$，$\sum\limits_{n=1}^{\infty}v_n^2$ 收敛，所以 $\sum\limits_{n=1}^{\infty}\dfrac{1}{2}(u_n^2+v_n^2)$ 收敛，而 $|u_nv_n|\leqslant\dfrac{1}{2}(u_n^2+v_n^2)$，因此 $\sum\limits_{n=1}^{\infty}|u_nv_n|$ 收敛，即 $\sum\limits_{n=1}^{\infty}u_nv_n$ 绝对收敛.

取 $v_n=\dfrac{1}{n}$，$\sum\limits_{n=1}^{\infty}v_n^2=\dfrac{1}{n^2}$ 收敛，故 $\sum\limits_{n=1}^{\infty}\dfrac{u_n}{n}$ 绝对收敛.

例 5 设 $a_n>0$，$b_n>0$，$c_n=b_n\dfrac{a_n}{a_{n+1}}-b_{n+1}(n=1,2,3,\cdots)$.

证明：(1) 若存在 N_0 及 k，当 $n>N_0$ 时，有 $c_n\geqslant k>0$，则 $\sum\limits_{n=1}^{\infty}a_n$ 收敛.

(2) 若 $n\geqslant N_0$ 时，有 $c_n\leqslant 0$ 且 $\sum\limits_{n=1}^{\infty}\dfrac{1}{b_n}$ 发散，则 $\sum\limits_{n=1}^{\infty}a_n$ 发散.

证明 不妨设 $N_0=1$.

(1) 由条件 $n\geqslant 1$ 时，有 $c_n\geqslant k$，即

$$a_nb_n-a_{n+1}b_{n+1}\geqslant ka_{n+1}(n=1,2,3,\cdots),$$

取其中 $n=1,2,3,\cdots,m$，将这 m 个不等式相加，得

$$a_1b_1-a_{m+1}b_{m+1}\geqslant k\,(a_2+a_3+\cdots+a_{m+1}).$$

于是 $a_2+a_3+\cdots+a_{m+1}\leqslant\dfrac{a_1b_1}{k}-\dfrac{a_{m+1}b_{m+1}}{k}$，故

$$a_1+a_2+\cdots+a_{m+1}\leqslant\frac{a_1b_1}{k}+a_1\,(m\in\mathbf{N}),$$

即 $\sum\limits_{n=1}^{\infty}a_n$ 的部分和数列有上界，所以 $\sum\limits_{n=1}^{\infty}a_n$ 收敛.

(2) 因为 $c_n\leqslant0$，所以 $a_nb_n\leqslant a_{n+1}b_{n+1}$，即 $a_nb_n\geqslant a_{n-1}b_{n-1}\geqslant\cdots\geqslant a_1b_1$，进而 $a_n\geqslant\dfrac{a_1b_1}{b_n}$，又 $\sum\limits_{n=1}^{\infty}\dfrac{1}{b_n}$ 发散，所以 $\sum\limits_{n=1}^{\infty}a_n$ 发散.

例 6 求级数 $\sum\limits_{n=0}^{\infty}(2n+1)x^{2n+1}$ 的收敛域及和函数.

解 (1) $\lim\limits_{n\to\infty}\left|\dfrac{u_{n+1}}{u_n}\right|=x^2$，所以，当 $x^2<1$，即 $|x|<1$ 时，级数绝对收敛，而当 $|x|=1$ 时，级数发散.

所以该级数的收敛域为 $(-1,1)$.

$$(2)\ \sum_{n=0}^{\infty}(2n+1)x^{2n+1}=x\sum_{n=0}^{\infty}(2n+1)x^{2n}=x\sum_{n=0}^{\infty}(x^{2n+1})'$$

$$=x\Big(\sum_{n=0}^{\infty}x^{2n+1}\Big)'=x\left(\frac{x}{1-x^2}\right)'=\frac{x(1+x^2)}{(1-x^2)^2}.$$

例 7 展开 $\dfrac{\mathrm{d}}{\mathrm{d}x}\left(\dfrac{\mathrm{e}^x-1}{x}\right)$ 为 x 的幂级数，求收敛域，并求级数 $\sum\limits_{n=1}^{\infty}\dfrac{n}{(n+1)!}$ 的和.

解 $\mathrm{e}^x=1+x+\dfrac{x^2}{2!}+\cdots+\dfrac{x^n}{n!}+\cdots(-\infty<x<+\infty)$，

$$\frac{\mathrm{d}}{\mathrm{d}x}\left(\frac{\mathrm{e}^x-1}{x}\right)=\frac{x\mathrm{e}^x-\mathrm{e}^x+1}{x^2}=\frac{1}{x}\mathrm{e}^x-\frac{1}{x^2}\mathrm{e}^x+\frac{1}{x^2}$$

$$=\frac{1}{x}\left(1+x+\frac{x^2}{2!}+\cdots+\frac{x^n}{n!}+\cdots\right)$$

$$-\frac{1}{x^2}\left(1+x+\frac{x^2}{2!}+\cdots+\frac{x^n}{n!}+\cdots\right)+\frac{1}{x^2}$$

$$=\frac{1}{2}+\left(\frac{1}{2!}-\frac{1}{3!}\right)x+\left(\frac{1}{3!}-\frac{1}{4!}\right)x^2+\cdots$$

$$+\left(\frac{1}{n!}-\frac{1}{(n+1)!}\right)x^{n-1}+\cdots$$

$$=\frac{1}{2!}+\frac{2}{3!}x+\cdots+\frac{n}{(n+1)!}x^{n-1}+\cdots.$$

因为$\lim\limits_{n\to\infty}\left|\frac{a_{n+1}}{a_n}\right|=0$,所以收敛域为$(-\infty,+\infty)$,且

$$\frac{\mathrm{d}}{\mathrm{d}x}\left(\frac{\mathrm{e}^x-1}{x}\right)=\frac{x\mathrm{e}^x-\mathrm{e}^x+1}{x^2}=\sum_{n=1}^{\infty}\frac{n}{(n+1)!}x^{n-1}.$$

令 $x=1$,得 $$\sum_{n=1}^{\infty}\frac{n}{(n+1)!}=\frac{\mathrm{e}-\mathrm{e}+1}{1}=1.$$

例 8 展开 $f(x)=\frac{1}{x^2}$为 $x-1$ 的幂级数.

解 $$f(x)=-\left[\frac{1}{1+(x-1)}\right]'=-\left[\sum_{n=0}^{\infty}(-1)^n(x-1)^n\right]'$$

$$=-\sum_{n=1}^{\infty}(-1)^n n(x-1)^{n-1}$$

$$=\sum_{n=0}^{\infty}(-1)^n(n+1)(x-1)^n\quad(0<x<2).$$

例 9 在$(0,2)$上展开 $f(x)=\begin{cases}x, & 0\leqslant x<1,\\ 2-x, & 1<x\leqslant 2\end{cases}$为余弦级数,若 $\sum\limits_{n=1}^{\infty}\frac{1}{n^2}=s$,求 s.

解 因 $f(x)$的图形关于 $x=1$ 对称,故

$$f(x)=\frac{a_0}{2}+\sum_{n=1}^{\infty}a_{2n}\cos\frac{2n\pi x}{2},0\leqslant x\leqslant 2.$$

其中 $a_0=\frac{4}{2}\int_0^1 x\mathrm{d}x=1$,

$$a_{2n}=\frac{4}{2}\int_0^1 x\cos\frac{2n\pi x}{2}\mathrm{d}x=\frac{2}{\pi^2 n^2}[(-1)^n-1].$$

于是 $$f(x)=\frac{1}{2}-\frac{4}{\pi^2}\sum_{n=1}^{\infty}\frac{\cos(2n-1)\pi x}{(2n-1)^2},0\leqslant x\leqslant 2.$$

当 $x=0$ 时,$0=\frac{1}{2}-\frac{4}{\pi^2}\sum\limits_{n=1}^{\infty}\frac{1}{(2n-1)^2}=\frac{1}{2}-\frac{4}{\pi^2}\left(s-\frac{s}{4}\right)$,

解之,得 $s=\frac{\pi^2}{6}$.

例 10 求 $s(x)=\sum\limits_{n=1}^{\infty}n2^{\frac{n}{2}}x^{3n-1}$.

解 $s(x)=\sqrt{2}x^2\sum_{n=1}^{\infty}n(\sqrt{2}x^3)^{n-1}=\sqrt{2}x^2\left(\sum_{n=0}^{\infty}y^n\right)'\Big|_{y=\sqrt{2}x^3}$

$=\dfrac{\sqrt{2}x^2}{(1-\sqrt{2}x^3)^2}\quad\left(|x|<\dfrac{1}{\sqrt[6]{2}}\right).$

五、自测练习

A 组

1. 用定义判别下列级数的敛散性：

(1) $\sum_{n=1}^{\infty}\dfrac{1}{9n^2-3n-2}$；　　(2) $\sum_{n=1}^{\infty}\dfrac{3n+5}{3^n}$.

2. 判别下列级数的敛散性：

(1) $\sum_{n=1}^{\infty}\dfrac{6^n}{7^n-5^n}$；　　(2) $\sum_{n=1}^{\infty}\dfrac{n-\sin x}{n^2},x\in(-\infty,+\infty)$；

(3) $\sum_{n=1}^{\infty}\dfrac{\cos n\pi}{\sqrt{n^3+n}}$；　　(4) $\sum_{n=1}^{\infty}\dfrac{n^{\ln n}}{(\ln n)^n}$；

(5) $\sum_{n=1}^{\infty}(-1)^n\dfrac{\ln n}{n}$；　　(6) $\sum_{n=1}^{\infty}q^n\tan\dfrac{1}{\sqrt{n}}$（$q$ 为常数）；

(7) $\sum_{n=1}^{\infty}\dfrac{1!+2!+\cdots+n!}{(2n)!}$；　　(8) $\sum_{n=1}^{\infty}\int_0^{\frac{1}{n}}\dfrac{\sqrt{x}}{1+\ln(1+x)}\mathrm{d}x$；

(9) $\sum_{n=1}^{\infty}\left(\dfrac{1}{n}-\ln\dfrac{n+1}{n}\right)$；　　(10) $\sum_{n=1}^{\infty}(\sqrt[3]{n+1}-\sqrt[3]{n})$；

(11) $\sum_{n=1}^{\infty}\dfrac{n\cdot\cos^3\dfrac{2\pi}{3}}{2^n}$；　　(12) $\sum_{n=1}^{\infty}\dfrac{a^n\cdot n!}{n^n}(a>0)$.

3. 设级数 $\sum_{n=1}^{\infty}u_n$ 绝对收敛，$u_n\neq-1(n=1,2,3,\cdots)$，求证：$\sum_{n=1}^{\infty}\dfrac{u_n}{1+u_n^3}$ 收敛.

4. 判别下列级数是否收敛，如果收敛，是条件收敛还是绝对收敛：

(1) $\sum_{n=1}^{\infty}(-1)^{n+1}\left(\dfrac{1}{\sqrt[n]{n}}+\dfrac{2}{3^n}\right)$；　　(2) $\sum_{n=1}^{\infty}(-1)^n\left(\cos\dfrac{1}{n}\right)^{n^3}$；

(3) $\sum_{n=1}^{\infty}\cos n\pi\sin\dfrac{n\pi}{n+1}$.

5. 求级数 $\sum_{n=1}^{\infty}\dfrac{1}{3n+1}\left(\dfrac{1-x}{1+x}\right)^{2n}$ 的收敛域.

6. 求级数$\sum\limits_{n=0}^{\infty}\dfrac{(x-1)^n}{n2^n}$的收敛域及和函数.

7. 把$f(x)=\int_0^x\dfrac{\ln(1+t)}{t}\mathrm{d}t$展开成$x$的幂级数,并求此级数的收敛半径.

8. 将函数$f(x)=\dfrac{1}{x^2-2x-3}$展开为关于$x-1$的幂级数.

9. 求级数$\sum\limits_{n=0}^{\infty}\dfrac{2n+1}{n!}$的和.

10. 在$(0,\pi)$内展开$\cos x$为正弦级数,写出级数在$[-2\pi,2\pi]$内的和函数.

11. 求下列幂级数的收敛域:

(1) $\sum\limits_{n=0}^{\infty}\dfrac{2^{n+1}}{\sqrt{n+1}}(x+1)^n$; (2) $\sum\limits_{n=0}^{\infty}(\sqrt{n+1}-\sqrt{n})2^n x^{2n}$;

(3) $\sum\limits_{n=1}^{\infty}\dfrac{1}{n(1+x)^n}$; (4) $\sum\limits_{n=1}^{\infty}\dfrac{(2n-1)(2n-3)\cdots5\cdot3\cdot1}{2n(2n-2)\cdots6\cdot4\cdot2}\cdot\left(\dfrac{2x}{1+x^2}\right)^n$.

12. 求$\sum\limits_{n=1}^{\infty}\dfrac{2n-1}{2^n}x^{2n-2}$的收敛域及和函数.

13. 求$\sum\limits_{n=1}^{\infty}\dfrac{1}{(2n-1)2n}x^{2n}$的收敛域及和函数.

14. 求数项级数$\sum\limits_{n=1}^{\infty}\dfrac{(-1)^{n-1}}{n(2n-1)}\left(\dfrac{1}{3}\right)^n$的和.

15. 展开$\dfrac{1}{x}$为$x-2$的幂级数.

16. 设$f(x)=\begin{cases}\dfrac{\sin x}{x}, & x\neq0,\\ 1, & x=0,\end{cases}$求$f^{(k)}(0)$.

17. 求证:$\int_0^1\dfrac{\ln(1-x)}{x}\mathrm{d}x=-\sum\limits_{n=1}^{\infty}\dfrac{1}{n^2}$.

18. 展开$\ln(1+x+x^2+x^3)$为x的幂级数,并写出收敛域.

19. 在$(0,8)$上展开$f(x)=\begin{cases}2-x, & 0\leqslant x\leqslant4,\\ x-6, & 4<x\leqslant8\end{cases}$为傅里叶级数.

20. 证明:$\mathrm{e}^{\pi}\mathrm{sh}\pi+4\sum\limits_{n=1}^{\infty}\dfrac{(-1)^n\mathrm{e}^{2\pi}-1}{n^2+4}\cos nx=\pi\mathrm{e}^{2x}(0\leqslant x\leqslant\pi)$.

B 组

1. 设级数 $\sum_{n=1}^{\infty} a_n$，$\sum_{n=1}^{\infty} c_n$ 收敛，对一切 n 有 $a_n < b_n < c_n$，证明：$\sum_{n=1}^{\infty} b_n$ 收敛.

2. 用级数理论证明：当 $n \to +\infty$ 时，$\frac{1}{n^n}$ 是比 $\frac{1}{n!}$ 高阶的无穷小.

3. 判别下列级数的敛散性：

(1) $\sqrt{2}+\sqrt{2-\sqrt{2}}+\sqrt{2-\sqrt{2+\sqrt{2}}}+\cdots$；

(2) $\sum_{n=1}^{\infty}(\sqrt{n+1}-\sqrt{n})^p \ln\frac{n-1}{n+1}$（$p$ 为常数）.

4. 设 $\sum_{n=1}^{\infty}(-1)^{n-1}a_n$（$a_n>0$）是条件收敛的交错级数，证明：级数 $\sum_{n=1}^{\infty} a_{2n-1}$，$\sum_{n=1}^{\infty} a_{2n}$ 都是发散的.

5. 设正项级数 $\sum_{n=1}^{\infty} a_n$ 收敛，证明：级数 $\sum_{n=1}^{\infty} \sqrt{a_n a_{n+1}}$ 收敛.

6. 设数列 $\{na_n\}$ 收敛，级数 $\sum_{n=2}^{\infty} n(a_n-a_{n-1})$ 收敛，证明：级数 $\sum_{n=1}^{\infty} a_n$ 收敛.

7. 判别级数 $\sum_{n=2}^{\infty} \frac{(-1)^{n-1}}{[n+(-1)^n]^p}$（$p>0$）的收敛性.

8. 求级数 $\sum_{n=1}^{\infty}(-1)^n \frac{n(n+1)}{2^n}$ 的和.

9. 设 $s(x)$ 是幂级数 $\frac{x^2}{1\cdot 2}-\frac{x^3}{2\cdot 3}+\frac{x^4}{3\cdot 4}-\cdots+(-1)^{n+1}\frac{x^{n+1}}{n(n+1)}+\cdots$ 的和函数，求 $\int_0^1 s(x)\mathrm{d}x$.

10. 在 $(-\pi,\pi)$ 上展开 $f(x)=x\sin x$ 为傅里叶级数.

11. 求 $A=\left(1+\frac{\pi^4}{5!}+\frac{\pi^8}{9!}+\cdots\right)\Big/\left(\frac{1}{3!}+\frac{\pi^4}{7!}+\cdots\right)$.

12. 证明：$\int_0^1 x^x \mathrm{d}x=\sum_{n=0}^{\infty}\frac{(-1)^n}{(n+1)^{n+1}}$.

13. 求级数 $\sum_{n=0}^{\infty}\frac{n^2+1}{2^n n!}$ 的和.

14. 展开 $f(x)=\sum_{n=0}^{\infty}\frac{(-1)^{n-1}}{4^{2n-2}(2n-1)!}x^{2n-1}$ 为 $x-1$ 的幂级数.

高等数学(上)综合练习一

一、填空题

1. 设 $f(x)=\begin{cases}1+x, & x<0,\\ 1, & x\geqslant 0,\end{cases}$ 则 $f[f(x)]=$________.

2. 设 $f(x)$ 处处连续,且 $f(2)=3$,则 $\lim\limits_{x\to 0}\dfrac{\sin 3x}{x}f\left(\dfrac{\sin 2x}{x}\right)=$________.

3. 设 $f(x)=\begin{cases}x\cdot\arctan\dfrac{1}{x}, & x\neq 0,\\ a-2, & x=0\end{cases}$ 在 $x=0$ 处连续,则 $a=$________.

4. 函数 $f(x)=2x^3-9x^2+12x-3$ 在闭区间________上单调递减.

二、选择题

1. $f(x)=x(e^x-e^{-x})$ 在 $(-\infty,+\infty)$ 上是 ( )

A. 有界函数　B. 单调函数　C. 奇函数　D. 偶函数

2. 极限 $\lim\limits_{x\to\pi}\dfrac{\sin mx}{\sin nx}$ 的值是 ( )

A. $\dfrac{m}{n}$　B. $\dfrac{n}{m}$　C. $-\dfrac{m}{n}$　D. 以上都不对

3. 设 $f(x)=x(x-1)(x+2)(x-3)(x+4)\cdots(x+100)$,则 $f'(1)$ 的值是 ( )

A. $101!$　B. $-100!$　C. $-\dfrac{101!}{100}$　D. $\dfrac{100!}{99}$

4. 定积分 $\int_0^{\frac{3}{4}\pi}|\sin 2x|\,dx$ 的值是 ( )

A. $\dfrac{1}{2}$　B. $\dfrac{3}{2}$　C. $-\dfrac{1}{2}$　D. $-\dfrac{3}{2}$

5. 下列函数在给定区间内不满足拉格朗日中值定理的条件的是 ( )

A. $f(x)=|\sin x|,[-1,2]$　B. $f(x)=\dfrac{2x}{1+x^2},[-1,1]$

C. $f(x)=4x^2-5x+2,[0,1]$　D. $f(x)=\ln(1+x^2),[0,3]$

三、计算题

1. 求极限$\lim\limits_{x\to 0}\dfrac{e^{x^2}-1-x^2}{x^2(e^{x^2}-1)}$.

2. 设 $y=\sin^2 x\ln x$,求$\dfrac{d^2y}{dx^2}$.

3. 设 $y=y(x)$由方程 $\ln\sqrt{x^2+y^2}=\arctan\dfrac{y}{x}$所确定($x\neq 0,y\neq 0$),求 dy.

4. 设$\begin{cases}x=\int_0^t e^u\cos u du,\\ y=\int_0^t e^u\sin u du,\end{cases}$求$\dfrac{d^2y}{dx^2}$,其中$-\dfrac{\pi}{2}<t<\dfrac{\pi}{2}$.

5. 求不定积分$\int x^2e^{-x}dx$.

6. 求定积分$\int_0^a x^2\sqrt{a^2-x^2}dx(a>0)$.

四、解下列各题

1. 设 $f(x)=\begin{cases}e^{\frac{1}{x-1}}, & x>0,\\ \ln(1+x), & -1<x\leqslant 0,\end{cases}$求 $f(x)$的间断点,并说明其类型.

2. 当 $x>0$ 时,试证:$1+x\ln(x+\sqrt{1+x^2})>\sqrt{1+x^2}$.

五、求由曲线 $y=x^3$ 与 $y=2x-x^2$ 所围成的平面图形的面积.

六、曲线 $y=\dfrac{1}{3}x^6(x>0)$上哪一点的法线在 y 轴上的截距最小?

七、设 $f(x)$在$[a,b]$上连续,在(a,b)内二阶可导,且 $f(a)=f(b)\geqslant 0$,又有 $f(c)<0(a<c<b)$. 试证:在(a,b)内至少存在两点 ξ_1,ξ_2,使 $f''(\xi_1)>0$,$f''(\xi_2)>0$.

高等数学(上)综合练习二

一、填空题

1. 若 $f(x)=\begin{cases}(x-1)^{\alpha}\cos\dfrac{1}{x-1}, & x>1,\\ 0, & x=1\end{cases}$ 在 $x=1$ 处右连续，则 $\alpha=$________.

2. $\lim\limits_{x\to\infty}\dfrac{x+\sin x}{x}=$________.

3. $\int\left(\sin\dfrac{x}{2}-\cos\dfrac{x}{2}\right)^2\mathrm{d}x=$________.

4. 若 $f(x)$在$(-\infty,+\infty)$上连续，则 $\dfrac{\mathrm{d}}{\mathrm{d}x}\int_{3x}^{\sin x^2}f(t)\mathrm{d}t=$________.

二、选择题

1. $x=0$ 是函数 $f(x)=\begin{cases}\dfrac{\sin x}{|x|}, & x\neq 0,\\ 1, & x=0\end{cases}$ 的 ( )

A. 可去间断点 B. 跳跃间断点 C. 振荡间断点 D. 无穷间断点

2. 若 $f(x)$是可微函数，当 $\Delta x\to 0$ 时，$\Delta y-\mathrm{d}y$ 是关于 Δx 的 ( )

A. 等价无穷小 B. 高阶无穷小 C. 低阶无穷小 D. 不可比较

3. 方程 $x^3-3x+1=0$ 在区间$(0,1)$内 ( )

A. 无实根 B. 有唯一实根 C. 有两个实根 D. 有三个实根

4. 函数 $y=\dfrac{3}{16}x^2+\dfrac{3}{x}(x>0)$的最小值是 ( )

A. 不存在 B. 1 C. $\dfrac{27}{16}$ D. $\dfrac{9}{4}$

5. 半径为 R 的半球形水池装满了水，要将水全部吸出水池，需做功 W 为 ( )

A. $\int_0^R\pi(R^2-y^2)\mathrm{d}y$ B. $\int_0^R\pi y^2\mathrm{d}y$

C. $\int_0^R\pi y(R^2-y^2)\mathrm{d}y$ D. $\int_0^R\pi y^2\cdot y\mathrm{d}y$

三、计算题

1. 计算数列极限：$\lim\limits_{n\to\infty} n\left(\sqrt{\dfrac{n-1}{n+2}}-1\right)$.

2. 设函数 $y=y(x)$ 由方程 $e^y+xy=e$ 所确定，求 $y''(0)$.

3. 设 $y=x\ln x$，求 $y^{(n)}$.

4. 求不定积分 $\int x^2\arctan x\mathrm{d}x$.

5. 求定积分 $\int_0^{\pi}\sqrt{\sin^3x-\sin^5x}\mathrm{d}x$.

6. 求反常积分 $\int_0^1\sqrt{\dfrac{1+x}{1-x}}\mathrm{d}x$.

四、解下列各题

1. 设曲线 $y=x^2+ax+b$ 与 $2y=-1+xy^3$ 在点 $(1,-1)$ 处相切，求常数 a,b.

2. 已知点 $(1,3)$ 为曲线 $y=x^3+ax^2+bx+14$ 的拐点，求 a,b 的值.

五、求由曲线 $y=e^x$，$y=\sin x$，直线 $x=0$，$x=1$ 所围成的图形绕 x 轴旋转一周所得旋转体的体积.

六、已知 $f(\pi)=1$，$f(x)$ 二阶连续可微，且 $\int_0^{\pi}[f(x)+f''(x)]\sin x\mathrm{d}x=3$. 求 $f(0)$.

七、设 $f(x)$ 在 $[a,b]$ 上连续，在 (a,b) 内可微 $(0<a<b)$，试证：存在 $\xi\in(a,b)$，使 $2\xi[f(b)-f(a)]=(b^2-a^2)f'(\xi)$.

高等数学(上)综合练习三

一、填空题

1. $\lim\limits_{x\to\infty}\left(\frac{3x+2}{3x+1}\right)^{6x}=$ ________.

2. 设 $f(x)=(x^{2000}-1)g(x)$，其中 $g(x)$ 在 $x=1$ 处连续，且 $g(1)=1$，则 $f'(1)=$ ________.

3. 曲线 $y=\frac{3}{20}e^{5x}$ 在点 $\left(0,\frac{3}{20}\right)$ 处的曲率 $K=$ ________.

4. 设 $f(x)=\ln x$，则 $\int\frac{f'(e^{-x})}{e^{x}}dx=$ ________.

5. $\int_{-a}^{a}(x+b)\sqrt{a^2-x^2}dx=$ ________.

二、选择题

1. 极限 $\lim\limits_{x\to\infty}\frac{\sin 2x}{x}$ 的值是 (　　)

A. 2　　B. 1　　C. 0　　D. 不存在

2. 设 $f(x)=\sin\frac{x}{2}+\cos 2x$，则 $f^{(27)}(\pi)$ 的值是 (　　)

A. 0　　B. $2^{-\frac{1}{27}}$　　C. $2^{27}-\frac{1}{2^{27}}$　　D. 2^{27}

3. 设 $g(x)$ 在 $(-\infty,+\infty)$ 上严格单调递减，又 $f(x)$ 在 $x=x_0$ 处有极大值，则必有 (　　)

A. $g[f(x)]$ 在 $x=x_0$ 处有极大值

B. $g[f(x)]$ 在 $x=x_0$ 处有极小值

C. $g[f(x)]$ 在 $x=x_0$ 处有最小值

D. $g[f(x)]$ 在 $x=x_0$ 处既无极值也无最小值

4. 设 $f'(e^x)=x+1$，则 $f(x)$ 等于 (　　)

A. $\frac{1}{2}x^2+x+C$　　B. xe^x+C　　C. x^2+C　　D. $x\ln x+C$

5. 设在$[a,b]$上，$f(x)>0$，$f'(x)<0$，$f''(x)>0$，记$M=f(a)(b-a)$，$N=\frac{1}{2}[f(a)+f(b)](b-a)$，$P=\int_a^b f(x)\mathrm{d}x$，则 (　　)

A. $M>N>P$　　B. $M<N<P$　　C. $M>P>N$　　D. $N<M<P$

三、计算题

1. 求极限$\lim\limits_{x\to 0}\frac{\sin x^6}{x^2-\arcsin x^2}$.

2. 设 $x-y+\frac{1}{2}\sin y=0$，求$\frac{\mathrm{d}^2 y}{\mathrm{d}x^2}$.

3. 设$\begin{cases}x=2t-t^2,\\ y=3t-t^3,\end{cases}$求$\frac{\mathrm{d}^3 y}{\mathrm{d}x^3}$.

4. 求不定积分$\int\frac{x^2\mathrm{d}x}{\sqrt{a^2-x^2}}(a>0)$.

5. 计算$\int_1^{\mathrm{e}}\sin(\ln x)\mathrm{d}x$.

四、解下列各题

1. 设 $f(x)=x^3+ax^2+bx$ 在 $x=1$ 处取得极小值 -2，求 a,b 的值.

2. 讨论方程 $1-x-\tan x=0$ 在$(0,1)$内的实根情况.

3. 设 $f(x)=\begin{cases}x\mathrm{e}^{-x^2}, & x\geqslant 0,\\ \frac{1}{\sqrt{1-x^2}}, & -1<x<0,\end{cases}$求$\int_{\frac{5}{2}}^{5}f(x-3)\mathrm{d}x$.

五、抛物线 $y=x(x-a)$在横坐标 $x=0$ 和 $x=c(0<a<c)$之间的部分与两直线 $y=0$ 及$x=c$围成平面图形，求：

(1) 该平面图形的面积；

(2) 该平面图形绕 x 轴旋转一周所成旋转体的体积.

六、设 $f(x)=\begin{cases}x^{\alpha}\sin\frac{1}{x}, & x>0,\\ \mathrm{e}^x+\beta, & x\leqslant 0,\end{cases}$试根据 α 和β 的不同情况，讨论 $f(x)$在 $x=0$ 处的连续性.

七、设 $f(x)$一阶连续可导，$a>0$，$x=a$ 是 $F(x)=\int_0^x(x-t)f'(t)\mathrm{d}t$ 的驻点，试证：在$(0,a)$内至少存在一点 ξ，使 $f'(\xi)=0$.

高等数学(上)综合练习四

一、填空题

1. 设 $f'(\ln x)=1+x$,则 $f(x)=$ ________.

2. 设 $f(x)$ 为可导函数,$\varphi(x)=f(x)e^{f(x)}$,则 $d[\varphi(x)]=$ ________.

3. $\lim\limits_{n\to\infty}\frac{1}{n}\left(\sin\frac{\pi}{n}+\sin\frac{2\pi}{n}+\cdots+\sin\frac{(n-1)\pi}{n}+\sin\frac{n\pi}{n}\right)=\int_0^1$ ________ $dx=$ ________.

4. 曲线 $y=e^{-x^2}$ 的凸区间是________.

二、选择题

1. 若 $\lim\limits_{x\to 0}(1-x)^{\frac{1}{kx}}=e^2$,则 k 的值是 ( )

A. $-\frac{1}{2}$　　B. $\frac{1}{2}$　　C. 1　　D. -1

2. 曲线 $y=\frac{1+e^{-x^2}}{1-e^{-x^2}}$ ( )

A. 没有渐近线
B. 仅有水平渐近线
C. 仅有铅直渐近线
D. 既有水平渐近线又有铅直渐近线

3. 设 $f(x),\varphi(x)$ 在点 $x=0$ 的某邻域内连续,且当 $x\to 0$ 时,$f(x)$ 是 $\varphi(x)$ 的高阶无穷小,则当 $x\to 0$ 时,$\int_0^x f(t)\sin t\,dt$ 是 $\int_0^x t\varphi(t)\,dt$ 的 ( )

A. 低阶无穷小　　B. 高阶无穷小
C. 同阶但不等价无穷小　　D. 等阶无穷小

4. 下列反常积分收敛的是 ( )

A. $\int_e^{+\infty}\frac{\ln x}{x}dx$　　B. $\int_e^{+\infty}\frac{1}{x\ln x}dx$

C. $\int_e^{+\infty}\frac{1}{x(\ln x)^2}dx$　　D. $\int_e^{+\infty}\frac{1}{x\sqrt{\ln x}}dx$

5. 设 $f(x)$ 为连续函数，$I=\int_0^a \frac{f(x)}{f(x)+f(a-x)}\mathrm{d}x$（$a$ 为常数），则 I 的值是（　　）

A. $\frac{a}{2}$　　B. a　　C. $2a$　　D. 0

三、解下列各题

1. 求极限：$\lim\limits_{x\to 0}\frac{1}{\sin x}\left(\frac{1}{\sin x}-\frac{1}{\tan x}\right)$.

2. 求函数 $y=x^{\frac{1}{x}}(x>0)$ 的极值.

3. 求不定积分 $\int \mathrm{e}^{\sqrt{2x-1}}\mathrm{d}x$.

4. 求极限 $\lim\limits_{x\to 0}\frac{\int_0^{x^2}(\mathrm{e}^{t^2-1})\mathrm{d}t}{\ln(1+x^6)}$.

5. 求定积分 $\int_0^{\pi} x\cos^2 x\mathrm{d}x$.

6. 已知 $f(x)$ 的一个原函数为 $\ln(x+\sqrt{1+x^2})$，求 $\int xf'(x)\mathrm{d}x$.

四、求不定积分 $\int \frac{\cos x\cdot\sin^3 x}{1+\sin^2 x}\mathrm{d}x$.

五、设 $y=y(x)$ 由 $\begin{cases}x=\arctan t,\\ 2y-ty^2+\mathrm{e}^t=5\end{cases}$ 所确定，求 $\frac{\mathrm{d}y}{\mathrm{d}x}$.

六、过点 $P(1,0)$ 作抛物线 $y=\sqrt{x-2}$ 的切线，该切线与上述抛物线及 x 轴围成一平面图形，求：

(1) 切线方程；

(2) 平面图形的面积；

(3) 该平面图形绕 x 轴旋转一周所成旋转体的体积.

七、设 $f(x)$ 在 $[-1,1]$ 上具有三阶连续导数，且 $f(-1)=0$，$f(1)=1$，$f'(0)=0$，证明在 $(-1,1)$ 内至少存在一点 ξ，使 $f'''(\xi)=3$.

高等数学(上)综合练习五

一、填空题

1. 设 $f(x)=\dfrac{1}{2+e^{\frac{1}{x}}}$,则 $f(0^-)=$______.

2. 极限 $\lim\limits_{x\to 2}\dfrac{2^x-x^2}{x-2}=$______.

3. 设 $\begin{cases} x=\displaystyle\int_0^t \frac{\sin u}{u}\mathrm{d}u, \\ y=\cos t \end{cases}(t>0)$,则 $\dfrac{\mathrm{d}y}{\mathrm{d}x}=$______.

4. $\displaystyle\int_{-\frac{\pi}{2}}^{\frac{\pi}{2}} x(\sin x+\cos^4 x)\mathrm{d}x=$______.

5. 曲线 $x=a(\cos t+t\sin t)$,$y=a(\sin t-t\cos t)$ 自 $t=0$ 到 $t=\pi$ 的一段弧长 $s=$______.

二、选择题

1. 极限 $\lim\limits_{x\to 0}\left(1+\dfrac{x}{a}\right)^{\frac{b}{x}}(a\neq 0,b\neq 0)$ 的值为 ( )

A. 1　　B. $\ln\dfrac{b}{a}$　　C. $e^{\frac{b}{a}}$　　D. $\dfrac{be}{a}$

2. 若当 $x\to x_0$ 时,$\alpha(x)$,$\beta(x)$ 都是无穷小,则当 $x\to x_0$ 时,下列表达式哪一个不一定是无穷小 ( )

A. $|\alpha(x)|+|\beta(x)|$　　B. $\alpha^2(x)+\beta^2(x)$

C. $\ln[1+\alpha(x)\beta(x)]$　　D. $\dfrac{\alpha^2(x)}{\beta(x)}$

3. 设 $f(x)$ 为连续函数,又 $F(x)=\displaystyle\int_{x^3}^{e^x} f(t)\mathrm{d}t$,则 $F'(0)$ 的值为 ( )

A. e　　B. $f(1)$

C. 0　　D. $f(1)-f(0)$

4. 定积分 $\int_0^2 |x-1|\mathrm{d}x$ 的值为 ( )

A. 0 B. 1 C. 2 D. $\frac{1}{2}$

5. 设 $f(x)=|(x-1)(2-x)|$,则 ( )

A. $x=1$ 是 $f(x)$ 的极值点,但 $(1,0)$ 不是曲线 $y=f(x)$ 的拐点

B. $x=1$ 不是 $f(x)$ 的极值点,$(1,0)$ 也不是曲线 $y=f(x)$ 的拐点

C. $x=1$ 是 $f(x)$ 的极值点,且 $(1,0)$ 也是曲线 $y=f(x)$ 的拐点

D. $x=1$ 不是 $f(x)$ 的极值点,但 $(1,0)$ 是曲线 $y=f(x)$ 的拐点

三、解下列各题

1. 求极限 $\lim\limits_{x\to 0}\frac{1}{x}\left(\frac{1}{\sin x}-\frac{1}{\tan x}\right)$.

2. 求定积分 $\int_1^{\sqrt{3}}\frac{\mathrm{d}x}{x^2(1+x^2)}$.

3. 求不定积分 $\int\frac{3x^5}{\sqrt{1-x^2}}\mathrm{d}x$.

4. 求函数 $y=2x^3-3x^2$ 在 $[-1,4]$ 上的最大值和最小值.

5. 已知 $\int_{-\infty}^0\frac{k}{1+x^2}\mathrm{d}x=\frac{1}{2}$,求常数 k 的值.

6. 设 $y=y(x)$ 由方程 $y^x+x^y=3$ 所确定,求 $\left.\frac{\mathrm{d}y}{\mathrm{d}x}\right|_{x=1}$.

四、求经过点 $(1,2)$ 的曲线方程,使此曲线在 $[1,x]$ 上所形成的曲边梯形面积的值等于此曲线终点的横坐标 x 与纵坐标 y 乘积的 2 倍减去 4.

五、求曲线 $y=\sin x$ 和它在 $x=\frac{\pi}{2}$ 处的切线及 y 轴所围成的平面图形的面积,并求此平面图形绕 x 轴旋转而成的旋转体的体积.

六、设 $f(x)=\begin{cases}\frac{1}{1+x}, & x\geqslant 0,\\ \frac{1}{1+\mathrm{e}^x}, & x<0,\end{cases}$ 求 $\int_0^2 f(x-1)\mathrm{d}x$.

七、求极限:$\lim\limits_{n\to\infty}\left(\frac{1}{\sqrt{4n^2-1}}+\frac{1}{\sqrt{4n^2-2^2}}+\cdots+\frac{1}{\sqrt{4n^2-n^2}}\right)$.

高等数学(上)综合练习六

一、填空题

1. $\dfrac{d}{dx}(\arcsin e^{-x^2})=$________.

2. $\lim\limits_{x\to 0}\arctan\left(\dfrac{\sin x}{x}\right)$的值等于________.

3. $d(x^2\cdot 2^x)=$________dx.

4. $\displaystyle\int_{-1}^{1}\frac{2x+|x|}{1+x^2}dx=$________.

5. 由曲线 $y=\dfrac{x^2}{2}$和直线 $x=1,x=2,y=-1$ 所围成的图形绕直线 $y=-1$ 旋转所得旋转体体积的定积分表达式是(不计算积分值)____________.

二、选择题

1. 函数 $y=\ln(x+\sqrt{1+x^2})$的反函数是　　(　　)

A. $\dfrac{1}{2}(e^x-e^{-x})$　　B. $\dfrac{1}{2}(e^x+e^{-x})$

C. $\dfrac{e^x-e^{-x}}{e^x+e^{-x}}$　　D. $\dfrac{e^x+e^{-x}}{e^x-e^{-x}}$

2. 设 $y=(1+x)^{\frac{1}{x}}$,则 $y'(1)$的值是　　(　　)

A. $1-\ln 4$　　B. $\dfrac{1}{2}-\ln 2$　　C. e　　D. 2

3. 下列函数中,在 $x=0$ 处连续的是　　(　　)

A. $f(x)=\begin{cases}e^{-\frac{1}{x^2}}, & x\neq 0,\\ 0, & x=0\end{cases}$　　B. $f(x)=\begin{cases}\dfrac{\sin x}{|x|}, & x\neq 0,\\ 1, & x=0\end{cases}$

C. $f(x)=\begin{cases}e^{\frac{1}{x}}, & x\neq 0,\\ 0, & x=0\end{cases}$　　D. $f(x)=\begin{cases}(1-2x)^{\frac{1}{x}}, & x\neq 0,\\ e^2, & x=0\end{cases}$

4. 设 $f(x)$在$[0,1]$上连续,$f(x)\geqslant 0$,记 $I_1=\displaystyle\int_0^1 f(x)dx$,$I_2=\displaystyle\int_0^{\frac{\pi}{2}} f(\sin x)dx$,

$I_3=\int_0^{\frac{\pi}{4}} f(\tan x)\mathrm{d}x$，则 （　　）

A. $I_1<I_2<I_3$　　B. $I_3<I_1<I_2$　　C. $I_2<I_3<I_1$　　D. $I_1<I_3<I_2$

5. $\int_{\frac{1}{e}}^{e}\sqrt{\ln^2 x}\,\mathrm{d}x$ 等于 （　　）

A. $\frac{1}{e}-1$　　B. $1-\frac{1}{e}$　　C. $\frac{2}{e}$　　D. $2\left(1-\frac{1}{e}\right)$

三、解下列各题

1. 求 $\lim\limits_{x\to x_0}\frac{\ln x-\ln x_0}{x-x_0}(x_0>0)$.

2. 求曲线 $y=x^2+6x+4$ 在点$(-2,-4)$处的法线方程.

3. 求 $\int\frac{x^2}{1+x}\mathrm{d}x$.

4. 求 $\int\cos\sqrt{x}\,\mathrm{d}x$.

5. 求 $\lim\limits_{x\to+\infty}\frac{\int_1^x\sqrt{t+\frac{1}{t}}\,\mathrm{d}t}{x\sqrt{x}}$.

6. 求 $\int\frac{\mathrm{d}x}{x\sqrt{x^2+1}}$.

四、已知曲边三角形由抛物线 $y^2=2x$ 及直线 $x=0$，$y=1$ 所围成，求：

(1) 该曲边三角形的面积；

(2) 该曲边三角形绕 $y=1$ 旋转所得旋转体的体积.

五、求极限 $\lim\limits_{x\to+\infty}x^2\left(a^{\frac{1}{x}}+a^{-\frac{1}{x}}-2\right)(a>0,a\neq1)$.

六、计算 $\int_1^5(|2-x|+|\sin x|)\mathrm{d}x$.

七、设 $f(x)$在$[0,+\infty)$上连续，在$(0,+\infty)$内可导，且 $f'(x)<k<0$，又 $f(0)>0$，证明：方程 $f(x)=0$ 在$(0,+\infty)$内必有唯一实根.

高等数学(上)综合练习七

一、填空题

1. $\lim\limits_{x\to\infty}\left(\dfrac{x+3}{x+1}\right)^{3x+1}=$________.

2. 设 $f(x)=\begin{cases}\dfrac{1}{1+e^{\frac{1}{x}}}, & x<0,\\ a, & x=0\end{cases}$ 在 $x=0$ 处左连续,则 $a=$________.

3. 设 $\begin{cases}x=\int_0^t \cos u\mathrm{d}u,\\ y=\int_0^t \sin u\mathrm{d}u,\end{cases}$ 则 $\left.\dfrac{\mathrm{d}y}{\mathrm{d}x}\right|_{t=\frac{\pi}{4}}=$________, $\left.\dfrac{\mathrm{d}^2y}{\mathrm{d}x^2}\right|_{t=\frac{\pi}{4}}=$________.

4. 设 $f(x)$ 为 $[0,+\infty)$ 上的连续函数,且 $\int_0^{x(1+x^2)} f(t)\mathrm{d}t=x^2$,则 $f(2)=$________.

5. 反常积分 $\int_1^{+\infty} x^p\mathrm{d}x$ 当________时收敛.

二、选择题

1. 数列极限 $\lim\limits_{n\to\infty} n[\ln(n-1)-\ln n]$ 的运算结果为 ( )

A. 1　　B. ∞

C. -1　　D. 不存在

2. 设 $f(x)=\ln\left(1+\dfrac{1}{x}\right)$, $g(x)=\operatorname{arccot}x$,则当 $x\to+\infty$ 时, ( )

A. $f(x)$ 与 $g(x)$ 是同阶无穷小,但不等价

B. $f(x)$ 与 $g(x)$ 为等价无穷小

C. $f(x)$ 比 $g(x)$ 是高阶无穷小

D. $f(x)$ 比 $g(x)$ 是低阶无穷小

3. 在区间 $(0,+\infty)$ 内,方程 $x^{\frac{1}{2}}+x^{\frac{2}{3}}+\sin x-1=0$ ( )

A. 无实根　　B. 有且仅有一个实根

C. 有且仅有两个实根　　D. 有无穷多个实根

4. 微分方程 $x\dfrac{dy}{dx}=y\ln\dfrac{y}{x}$ 的通解为 （　　）

A. $y=e^{Cx}$　　B. $y=xe^{Cx}$　　C. $y=xe^{Cx+1}$　　D. $y=e^{Cx+1}$

5. $I(x)=\int_e^x \dfrac{1}{t}\ln t dt$ 在$[e,e^2]$上的最大值为 （　　）

A. 0　　B. 1　　C. 2ln2　　D. $\dfrac{3}{2}$

三、解下列各题

1. 求$\lim\limits_{x\to 0}\dfrac{x^2}{xe^x-\sin x}$.

2. 求$\int x\cdot\cos^2 x dx$.

3. 求$\int_0^1 x^3\sqrt{1-x^2}dx$.

4. 求函数 $y=xe^{-x}$的凹凸区间及拐点.

5. 求$\int_{-3}^{2}\min\{2,x^2\}dx$.

6. 设曲线 $y=x^2+ax+b$ 与曲线 $2y=-1+xy^3$ 在点$(1,-1)$处相切，求 a，b 的值.

四、过抛物线 $x=y^2$ 上点 $P(1,1)$作切线，该切线与上述抛物线及 x 轴围成一平面图形.求：

(1) 平面图形的面积；

(2) 平面图形绕 x 轴旋转一周所成的旋转体的体积.

五、若 $f(x)$在$[a,b]$上具有连续的导数，且 $f(a)=f(b)=0$，又$\int_a^b f^2(x)dx=1$，求$\int_a^b xf(x)f'(x)dx$.

六、设连续函数 $f(x)$满足 $f(x)=x+x^2\int_0^1 f(x)dx+x^3\int_0^2 f(x)dx$，求 $f(x)$.

七、设$\lim\limits_{x\to 0}\dfrac{f(x)}{x}=1$，且 $f''(x)>0$，试证：$f(x)\geqslant x$.

高等数学(上)综合练习八

一、填空题

1. $\lim\limits_{x\to 0}[1-2\sin x\ln(1+x)]^{\frac{1}{1-\cos x}}=$________.

2. $\int_{-\frac{\pi}{2}}^{\frac{\pi}{2}}\dfrac{\sin^2 x}{1+e^{-x}}dx=$________.

3. 设 $f(x)$连续,且 $\int_0^{x^2-1}f(t)dt=x^4$,则当 $x>0$ 时,$f(8)=$________.

4. $f(1)=2,f'(1)=2$,则$\lim\limits_{h\to 0}\dfrac{f^3(1+h)-f^3(1)}{h}=$________.

5. $\lim\limits_{n\to\infty}\left(\dfrac{1}{\sqrt{9n^2-1}}+\dfrac{1}{\sqrt{9n^2-2^2}}+\cdots+\dfrac{1}{\sqrt{9n^2-n^2}}\right)=$________.

二、选择题

1. 已知 $\lim\limits_{x\to+\infty}(3x-\sqrt{ax^2+bx+c})=2$,则必有 (　　)

A. $a=9,b=-12$　　B. $a=b=-9$

C. $a=-9,b=0$　　D. $a=1,b=2$

2. 设 $f(x)=\begin{cases}\arctan\dfrac{1}{x}, & x<0,\\ ax+b, & x\geqslant 0\end{cases}$ 在 $x=0$ 处可导,则 (　　)

A. $a=1,b=\dfrac{\pi}{2}$　　B. $a=1,b=-\dfrac{\pi}{2}$

C. $a=-1,b=-\dfrac{\pi}{2}$　　D. $a=-1,b=\dfrac{\pi}{2}$

3. 设 $f(x)$为连续函数,则下列函数中必为偶函数的是 (　　)

A. $\int_0^x t[f(t)+f(-t)]dt$　　B. $\int_0^x t[f(t)-f(-t)]dt$

C. $\int_0^x f(t^2)dt$　　D. $\int_0^x f^2(t)dt$

4. $f(x)$为可导函数,它在 $x=0$ 的某邻域内满足 $f(1+x)-2f(1-x)=3x+o(x)$,其中 $o(x)$是当 $x\to 0$ 时比 x 高阶的无穷小,则曲线 $y=f(x)$在 $x=1$

处的切线方程为　　（　　）

A. $y=x+2$　　B. $y=x+1$　　C. $y=x-1$　　D. $y=x-2$

5. 设 $I=\int_0^{2\pi}(2^{\sin x}-2^{-\sin x})\mathrm{d}x$，则　　（　　）

A. $I=0$　　B. $I>0$　　C. $I<0$　　D. $I=2\pi$

三、解下列各题

1. 求 $\lim\limits_{x\to 0}\dfrac{1-\cos(1-\cos x)}{x^2(\mathrm{e}^{x^2}-1)}$.

2. 设 $f(x)=\begin{cases}x^2\arctan\dfrac{1}{x}, & x<0,\\ x^2, & x\geqslant 0,\end{cases}$ 求 $f''(x)$.

3. 设 $f(x)=\dfrac{5}{1+x-6x^2}$，求 $f^{(n)}(0)$.

4. 求函数 $f(x)=\begin{cases}1-x^2, & x\leqslant 0,\\ x^x, & x>0\end{cases}$ 的极值.

5. 求 $\int x(\arctan x-\mathrm{e}^{2x})\mathrm{d}x$.

6. 求 a 的值，使 $\lim\limits_{x\to 0}\dfrac{1}{x^4}\int_0^{x^2}\dfrac{t}{\sqrt{a+t}}\mathrm{d}t=1$.

四、求 $\int_0^{\frac{\pi}{2}}\sqrt{1-\sin 4x}\,\mathrm{d}x$.

五、过抛物线 $y=x^2$ 上一点 $P(a,a^2)$ 作切线，问 a 为何值时，所作切线与抛物线 $y=-x^2+4x-1$ 所围图形面积最小？

六、设 $f(x)$ 连续，且 $\int_0^x tf(2x-t)\mathrm{d}t=\arctan x$，$f(2)=\dfrac{1}{2}$，求 $\int_2^4 f(x)\mathrm{d}x$.

七、设 $f(x)$ 在 $[a,b]$ 上连续且单调增加，试证：$(a+b)\int_a^b f(x)\mathrm{d}x\leqslant 2\int_a^b xf(x)\mathrm{d}x$.

高等数学(下)综合练习一

一、填空题

1. 设 $f(x,y)=\begin{cases}\dfrac{1}{xy}\sin(x^2y), & xy\neq 0,\\ 0, & xy=0,\end{cases}$ 则 $f_x(0,1)=$________.

2. 设 D: $0\leqslant x\leqslant \pi, 0\leqslant y\leqslant \dfrac{\pi}{2}$,则 $\iint\limits_D \sin x\cdot\cos y\,\mathrm{d}x\mathrm{d}y=$________.

3. 若 $\lim\limits_{n\to\infty}\left|\dfrac{a_n}{a_{n+1}}\right|=L, 0<L<+\infty$,则幂函数 $\sum\limits_{n=0}^{\infty}a_n(x-1)^n$ 的收敛域(不考虑端点)是________.

4. 设 $f(x,y)$ 在 $\dfrac{x^2}{4}+y^2\leqslant 1$ 上具有连续的二阶偏导数,C 是椭圆周 $\dfrac{x^2}{4}+y^2=1$ 的顺时针方向,则 $\oint_C[2y+f_x(x,y)]\mathrm{d}x+f_y(x,y)\mathrm{d}y=$________.

5. 已知 $\boldsymbol{a}=(3,-1,-2)$,$\boldsymbol{b}=(1,2,-1)$,则 $\boldsymbol{a}$,$\boldsymbol{b}$ 夹角的余弦值为________.

二、选择题

1. 设 $f(x,y)=\begin{cases}\dfrac{x^2y}{x^4+y^2}, & (x,y)\neq(0,0),\\ 0, & (x,y)=(0,0),\end{cases}$ 则 ( )

A. $\lim\limits_{(x,y)\to(0,0)}f(x,y)$ 存在,但 $f(x,y)$ 在 $(0,0)$ 处不连续

B. $\lim\limits_{(x,y)\to(0,0)}f(x,y)$ 不存在,$f(x,y)$ 在 $(0,0)$ 处不连续

C. $\lim\limits_{(x,y)\to(0,0)}f(x,y)$ 存在,$f(x,y)$ 在 $(0,0)$ 处连续

D. $\lim\limits_{(x,y)\to(0,0)}f(x,y)$ 不存在,$f(x,y)$ 在 $(0,0)$ 处连续

2. 点 $O(0,0)$ 是函数 $z=xy$ 的 ( )

A. 极小值点　　B. 驻点但非极值点

C. 极大值点　　D. 最大值点

3. 设 D: $(x-2)^2+(y-1)^2\leqslant 1$,比较 $I_1=\iint\limits_D(x+y)^2\mathrm{d}\sigma$ 与 $I_2=\iint\limits_D(x+y)^3\mathrm{d}\sigma$,

则应有 （　　）

A. $I_1=I_2$　　B. $I_1>I_2$

C. $I_1<I_2$　　D. $I_1\geqslant I_2$

4. 设 $\boldsymbol{F}=x^3\boldsymbol{i}+y^3\boldsymbol{j}+z^3\boldsymbol{k}$，则在点(1,0,−1)处的 div $\boldsymbol{F}$ 等于 （　　）

A. 6　　B. 0　　C. $\sqrt{6}$　　D. $3\sqrt{2}$

5. 设常数 $k>0$，则级数 $\sum\limits_{n=1}^{\infty}(-1)^n\dfrac{k+n}{n^2}$ （　　）

A. 发散　　B. 绝对收敛

C. 条件收敛　　D. 收敛或发散与 k 的取值有关

三、解下列各题

1. 求函数 $z=(1+xy)^x$ 在点 $P(1,1)$ 处的全微分.

2. 设 D：$x^2+y^2\leqslant x+y$，求 $\iint\limits_D(x+y)\mathrm{d}\sigma$.

3. 计算 $\iint\limits_\Sigma x^2\mathrm{d}y\mathrm{d}z+y^2\mathrm{d}z\mathrm{d}x+z^2\mathrm{d}x\mathrm{d}y$，$\Sigma$ 是抛物面 $z=x^2+y^2$ 被平面 $z=1$ 所截下的有限部分的下侧.

4. 设 Γ：$\begin{cases}x^2+y^2+z^2=4,\\ z=\sqrt{3},\end{cases}$ 求 $\oint_\Gamma x^2\mathrm{d}s$.

5. 判断级数 $\sum\limits_{n=1}^{\infty}(-1)^{n-1}\dfrac{\ln n}{\sqrt{n}}$ 的收敛性.

四、求曲线 Γ：$\begin{cases}y^2=x,\\ x^2=z\end{cases}$ 在点 $P_0(1,1,1)$ 处的切线方程.

五、求 $\oint_C\dfrac{x\mathrm{d}y-y\mathrm{d}x}{4x^2+y^2}$，其中 C 是以(1,0)为中心，$R(R>1)$为半径的圆周，取逆时针方向.

六、由曲面 $z=\sqrt{2-x^2-y^2}$ 与 $z=\sqrt{x^2+y^2}$ 围成一立体，其密度 $\rho=\sqrt{x^2+y^2}$，求此立体的质量.

七、求微分方程 $y''+a^2y=\sin x$ 的通解，其中常数 $a>0$.

高等数学(下)综合练习二

一、填空题

1. 设 $z=xyf\left(\frac{x}{y}\right)$，$f(u)$可导，则 $x\frac{\partial z}{\partial x}+y\frac{\partial z}{\partial y}=$________.

2. 改变二次积分次序，$\int_0^a \mathrm{d}x\int_x^{\sqrt{2ax-x^2}} f(x,y)\mathrm{d}y=$________.

3. 幂级数 $\sum\limits_{n=1}^{\infty}\frac{x^n}{\sqrt{n+1}}$ 收敛域是________.

4. 微分方程 $y''+4y'+4y=1$ 的通解是________.

5. 设 Ω 是由平面 $x+y+z=1$，$x+y=1$，$x=0$，$y=0$，$z=1$ 围成的闭区域，则将三重积分 $\iiint\limits_{\Omega} f(x,y,z)\mathrm{d}V$ 化为先对 z，再对 x，最后对 y 的三次积分为________________.

6. 设$|\boldsymbol{a}+\boldsymbol{b}|=|\boldsymbol{a}-\boldsymbol{b}|$，$\boldsymbol{a}=(3,-5,8)$，$\boldsymbol{b}=(-1,1,z)$，则 $z=$________.

二、选择题

1. 三元函数 $u=\ln\sqrt{x^2+y^2+z^2}$ 在点$(1,1,1)$处的全微分是 ( )

A. $\frac{1}{2}(\mathrm{d}x+\mathrm{d}y+\mathrm{d}z)$ B. $\frac{1}{3}(\mathrm{d}x+\mathrm{d}y+\mathrm{d}z)$

C. $\frac{1}{4}(\mathrm{d}x+\mathrm{d}y+\mathrm{d}z)$ D. $\frac{1}{2}\mathrm{d}x+\frac{1}{3}\mathrm{d}y+\frac{1}{4}\mathrm{d}z$

2. 已知曲面 $z=4-x^2-y^2$ 上点 P 处的切平面平行于平面 $2x+2y+z-1=0$，则点 P 的坐标是 ( )

A. $(1,1,2)$ B. $(1,-1,2)$ C. $(-1,1,2)$ D. $(-1,-1,2)$

3. 设 Σ 为曲面 $z=2-x^2-y^2$ 在 xOy 面上方部分，则 $\iint\limits_{\Sigma}\mathrm{d}S$ 等于 ( )

A. $\int_0^{2\pi}\mathrm{d}\theta\int_0^{\sqrt{2}}\sqrt{1+4r^2}\,\mathrm{d}r$ B. $\int_0^{2\pi}\mathrm{d}\theta\int_0^{2}\sqrt{1+4r^2}\,r\mathrm{d}r$

C. $\int_0^{2\pi}\mathrm{d}\theta\int_0^{2}(2-r^2)\sqrt{1+4r^2}\,r\mathrm{d}r$ D. $\int_0^{2\pi}\mathrm{d}\theta\int_0^{\sqrt{2}}\sqrt{1+4r^2}\,r\mathrm{d}r$

4. 微分方程 $y''+y=2\cos x$ 的一个特解具有的形式为(a 和 b 为常数)（　　）

A. $a\cos x+b\sin x$　　B. $x(a\cos x+b\sin x)$

C. $x^2(a\cos x+b\sin x)$　　D. $a\cos x$

5. 幂级数 $\sum_{n=1}^{\infty} nx^{n+1}$ 在$(-1,1)$内的和函数是（　　）

A. $-\left(\frac{x}{1-x}\right)^2$　　B. $\left(\frac{x}{1-x}\right)^2$　　C. $-\frac{x^2}{1-x}$　　D. $\frac{x^2}{1-x}$

三、解下列各题

1. 求空间曲线 $\begin{cases} x^2+y^2+z^2=50, \\ x^2+y^2=z^2 \end{cases}$ 在点$(3,4,5)$处的切线方程.

2. 计算二重积分 $\iint\limits_D \frac{1-x^2-y^2}{1+x^2+y^2}\mathrm{d}x\mathrm{d}y$，其中 D 是 $x^2+y^2=1, x=0, y=0$ 所围成的区域在第一象限的部分.

3. 计算曲线积分 $\int_L (x-y)^2\mathrm{d}s$，其中 L 为 $y=\sqrt{1-x^2}$ 以 $A(0,1)$ 到 $B(1,0)$ 的弧段.

4. 求曲面 $z=\sqrt{x^2+y^2}$ 包含在柱面 $x^2+y^2=2x$ 内的那部分(记为 Σ)的面积.

5. 计算 $\iiint\limits_\Omega (x^2+y^2)\mathrm{d}V$，其中 Ω 是由曲面 $4z^2=25(x^2+y^2)$ 与平面 $z=5$ 所围成的闭区域.

6. 计算 $\iint\limits_\Sigma z\mathrm{d}x\mathrm{d}y$，$\Sigma$ 是球面 $x^2+y^2+z^2=R^2$ 在第一卦限的部分，取上侧.

四、级数 $\sum_{n=1}^{\infty}\sin\left(n\pi+\frac{1}{\sqrt{n}}\right)$ 是否收敛？如果收敛，是绝对收敛还是条件收敛？

五、已知 $M_1(1,-1,2)$，$M_2(3,3,1)$，$M_3(3,1,3)$.

(1) 求与 $\overrightarrow{M_1M_2}$，$\overrightarrow{M_2M_3}$ 同时垂直的单位向量；

(2) 求 $\angle M_1M_2M_3$.

六、计算 $\int_L \frac{(x+y)\mathrm{d}x-(x-y)\mathrm{d}y}{x^2+y^2}$，其中 L 是沿 $y=\pi\cos x$ 由点 $A(\pi,-\pi)$ 到点 $B(-\pi,-\pi)$ 的曲线段.

高等数学(下)综合练习三

一、填空题

1. 设 $z=\arcsin\sqrt{\frac{x}{y}}$,其中 $y>x>0$,则 $dz=$________.

2. 函数 $u=xyz$ 在点(5,1,2)处从点(5,1,2)到点(9,4,14)的方向导数为________.

3. $\int_0^1 dy\int_y^{\sqrt{y}}\frac{\sin x}{x}dx$ 的值为________.

4. 微分方程 $y''-3y'+2y=2e^x$ 的特解 y^* 的形式可设为____________.

5. 幂级数 $x-\frac{x^2}{2}+\frac{x^3}{3}-\frac{x^4}{4}+\cdots+(-1)^{n-1}\frac{x^n}{n}+\cdots$的收敛域是________.

二、解下列各题

1. 设$\begin{cases}x+y+z=0,\\x^2+y^2+z^2=1,\end{cases}$求$\frac{dx}{dz},\frac{dy}{dz}$.

2. 求曲面 $e^z-z+xy=3$ 在点(2,1,0)处的切平面和法线方程.

3. 计算二次积分 $\int_0^2 dx\int_0^{\sqrt{2x-x^2}}\frac{1}{\sqrt{x^2+y^2}}dy$.

4. 计算曲线积分$\oint_C(2x-y+4)dx+(5y+3x-6)dy$,其中 C: $x^2+y^2=1$ 取逆时针方向.

5. 将 $f(x)=\frac{1}{3+x}$展开成 $x-2$ 的幂级数,并指出收敛域.

6. 设向量 $\boldsymbol{a}=(1,1,1)$,求垂直于 $\boldsymbol{a}$ 且垂直于 y 轴的单位向量.

三、判断下列级数的敛散性

1. $\sum_{n=1}^{\infty}\frac{3^n n!}{n^n}$.

2. $\sum_{n=1}^{\infty}(-1)^{n-1}\frac{\ln n}{n}$.

四、已知 $f(x)$ 具有连续的导数，曲线积分 $I=\int_L\left[1+\frac{1}{x}f(x)\right]y\mathrm{d}x-f(x)\mathrm{d}y$ 与路径无关，且 $f(1)=\frac{1}{2}$，试求 $f(x)$.

五、计算 $\iiint\limits_{\Omega}z^3\mathrm{d}V$，其中 Ω 由曲面 $z=\sqrt{x^2+y^2}$，$x^2+y^2+z^2=2$ 所围成.

六、计算 $\iint\limits_{\Sigma}(x^2+y^2)\mathrm{d}S$，其中 Σ 是锥面 $z=\sqrt{x^2+y^2}$ 及平面 $z=1$ 围成的区域的整个边界曲面.

七、计算 $\oint\!\!\!\oint\limits_{\Sigma}x^3\mathrm{d}y\mathrm{d}z+xy\mathrm{d}z\mathrm{d}x+z\mathrm{d}x\mathrm{d}y$，其中 Σ 为球面 $x^2+y^2+z^2=a^2$ $(a>0)$ 的外侧.

八、设 D 为曲线 C：$r=1+\cos\theta$ 所围成的闭区域，其面积为 A，C 的方向为逆时针. 函数 $u=u(x,y)$ 在 D 上具有二阶连续偏导数，且 $u''_{xx}+u''_{yy}=1$，证明：$\oint_C\frac{\partial u}{\partial \boldsymbol{n}}\mathrm{d}s=A$，其中 $\frac{\partial u}{\partial \boldsymbol{n}}$ 是函数 $u(x,y)$ 沿 D 的边界外向法线的方向导数，并求此积分值.

高等数学(下)综合练习四

一、填空题

1. 设 $z=f\left(x^2,\frac{x}{y}\right)$，其中 f 具有一阶连续偏导数，则 $\frac{\partial z}{\partial x}=$________.

2. 函数 $u=3x^2y^2-2y+4x+6z$ 在原点沿 $\overrightarrow{OA}=(2,3,1)$ 方向的方向导数为________.

3. 改变二次积分的积分次序：$\int_0^2 \mathrm{d}y\int_{y^2}^{2y} f(x,y)\mathrm{d}x=$ ____________.

4. 微分方程 $4y''+4y'+y=0$ 的通解为____________.

5. 曲面 $z=f(x,y)$ 经过点 $M(1,-1,2)$，$f(x,y)$ 可微，$f_x(1,-1)=-2$，$f_y(1,-1)=2$，过点 M 作一法向量 $\boldsymbol{n}$，$\boldsymbol{n}$ 与 y 轴正向的夹角为锐角，则 $\boldsymbol{n}$ 与 x 轴正向夹角的余弦 $\cos\alpha=$________.

6. 已知三点 $A(1,2,3)$，$B(2,0,4)$，$C(2,-1,3)$，则 $\triangle ABC$ 的面积是________.

二、选择题

1. 函数 $f(x,y)=\begin{cases}\frac{xy}{x-y}, & x\neq y,\\ 0, & x=y\end{cases}$ 在点 $(0,0)$ 处 (   )

A. 极限值为 1　　B. 极限值为 -1

C. 连续　　D. 无极限

2. 空间曲线 $x=t$，$y=-t^2$，$z=t^3$ 的所有切线中，与平面 $x+2y+z=4$ 平行的切线 (   )

A. 只有 1 条　　B. 只有 2 条

C. 至少 3 条　　D. 不存在

3. 设 C 为取正向的圆周 $x^2+y^2=4$，则曲线积分 $\oint_C(2xy-2y)\mathrm{d}x+(x^2-4x)\mathrm{d}y$ 的值为 (   )

A. -8π　　B. -4π　　C. 8π　　D. 4π

4. 设 a 为常数，则级数 $\sum_{n=1}^{\infty}\left[\frac{\sin(na)}{n^2}+\frac{1}{\sqrt{n}}\right]$ （　　）

A. 绝对收敛　　B. 条件收敛

C. 发散　　D. 收敛性与 a 的取值有关

5. 微分方程 $y''-y=e^x+1$ 的一个特解应具有的形式为（式中 a 和 b 为常数） （　　）

A. ae^x+b　　B. axe^x+b　　C. ae^x+bx　　D. axe^x+bx

三、解下列各题

1. 设 $2\sin(x+2y+3z)=x+2y+3z$，证明：$\frac{\partial z}{\partial x}+\frac{\partial z}{\partial y}=-1$.

2. 计算 $\int_0^1 dx\int_x^{\sqrt{x}}\frac{\sin y}{y}dy$.

3. 判别级数 $\sum_{n=1}^{\infty}\sin(\pi\sqrt{n^2+1})$ 是否条件收敛.

4. 设 Ω 由抛物柱面 $y=\sqrt{x}$ 及平面 $y=0, z=0, x+z=\frac{\pi}{2}$ 所围成，求 $\iiint_{\Omega}y\cos(x+z)dV$.

5. 求 $\iint_{\Sigma}2xz^2 dydz+y(z^2+1)dzdx+(9-z^3)dxdy$，其中 Σ 是曲面 $z=x^2+y^2+1\ (1\leqslant z\leqslant 2)$ 的下侧.

6. 求幂级数 $\sum_{n=1}^{\infty}\frac{x^n}{n3^n}$ 的收敛域.

四、计算 $\int_L(x\sin 2y-2y)dx+(x^2\cos 2y-1)dy$，其中 L 为圆 $x^2+y^2=R^2$ $(R>0)$ 上从点 $A(R,0)$ 经第一象限到点 $B(0,R)$ 的一段.

五、在 xOy 面的第一象限内求一曲线，使由其上任一点 P 处的切线、x 轴及线段 OP 所围三角形的面积为常数 k，且曲线通过点 $(1,1)$.

六、试证：曲面 $z=x+f(y-z)$ 上任一点处的切平面都平行于一条直线，式中 f 连续可导.

七、设级数 $\sum_{n=1}^{\infty}u_n$ 收敛，且 $\lim_{n\to\infty}\frac{v_n}{u_n}=1$，问级数 $\sum_{n=1}^{\infty}v_n$ 是否收敛？试说明理由.

高等数学(下)综合练习五

一、填空题

1. $\mathrm{div}(\boldsymbol{r}^2\boldsymbol{c})=$________,其中 $\boldsymbol{r}$ 是点(x,y,z)的矢径,$\boldsymbol{c}$ 为常向量.

2. 设 Σ 是球面 $x^2+y^2+z^2=9$ 在第一卦限的部分,则 $\iint\limits_{\Sigma}\ln(x^2+y^2+z^2-1)\mathrm{d}S=$________.

3. 若 $f_x(x_0,y_0)=1$,则函数 $f(x,y)$ 在点(x_0,y_0)沿方向$(-1,0)$的方向导数是________.

4. 若曲线积分 $\int_L(x^2+y)\mathrm{d}x+(ax+y)\mathrm{d}y$ 与积分路径无关,则 $a=$________.

5. 若级数 $\sum\limits_{n=1}^{\infty}\dfrac{(-1)^{n+1}}{n^p}$ 条件收敛,则 p 的取值范围是________.

二、选择题

1. 曲面 $\mathrm{e}^z-z+xy=3$ 在点 $P(2,1,0)$处的切平面方程是 ( )

A. $2x+y-4=0$　　B. $2x+y-z=4$

C. $x+2y-4=0$　　D. $2x+y-5=0$

2. 设 $f(\sqrt{x^2+y^2})$是连续函数,则二重积分 $\iint\limits_{x^2+y^2\leqslant 1}f(\sqrt{x^2+y^2})\mathrm{d}x\mathrm{d}y$ 可化为 ( )

A. $2\pi\int_0^1 f(r)\mathrm{d}r$　　B. $2\pi\int_0^1 rf(r)\mathrm{d}r$

C. $2\pi\int_0^r f(r)\mathrm{d}r$　　D. $2\pi\int_0^r rf(r)\mathrm{d}r$

3. 若 $f(x,x^2)=x^2\mathrm{e}^{-x}$,$f_x(x,x^2)=-x^2\mathrm{e}^{-x}$,则 $f_y(x,x^2)$为 ( )

A. $2x\mathrm{e}^{-x}$　　B. $(-x^2+2x)\mathrm{e}^{-x}$

C. e^{-x}　　D. $(2x-1)\mathrm{e}^{-x}$

4. 若级数 $\sum_{n=1}^{\infty} a_n$ 收敛，则 （　　）

A. $\sum_{n=1}^{\infty} |a_n|$ 收敛　　B. $\sum_{n=1}^{\infty} a_n^2$ 收敛

C. $\sum_{n=1}^{\infty} (-1)^n a_n$ 收敛　　D. $\sum_{n=1}^{\infty} a_{n+50}$ 收敛

5. 设 $f(x)$ 是 $(-\infty,+\infty)$ 内以 2π 为周期的函数，在 $(-\pi,\pi]$ 中定义为 $f(x)=\begin{cases}2, & -\pi<x\leqslant 0,\\ x^3, & 0<x\leqslant\pi,\end{cases}$ 则 $f(x)$ 的傅里叶级数在 $x=0$ 处收敛于 （　　）

A. 2　　B. 0　　C. 1　　D. -1

三、解下列各题

1. 设 $f(x,y)=\begin{cases}\dfrac{1-\cos(xy)}{xy}, & xy\neq 0,\\ 0, & xy=0,\end{cases}$ 判别 $f(x,y)$ 在 $(1,0)$ 点的连续性，并说明理由.

2. 设 $z=f(x-y^2,\cos(xy))$，其中 f 具有二阶连续偏导数，求 $\dfrac{\partial^2 z}{\partial x\partial y}$.

3. 计算二次积分 $\int_1^2 \mathrm{d}x\int_{\sqrt{x}}^{x}\sin\dfrac{\pi x}{2y}\mathrm{d}y+\int_2^4\mathrm{d}x\int_{\sqrt{x}}^{2}\sin\dfrac{\pi x}{2y}\mathrm{d}y$.

4. 求微分方程 $y''-5y'+6y=\mathrm{e}^{2x}$ 的通解.

5. 求微分方程 $(3x^2+2x\mathrm{e}^{-y})\mathrm{d}x+(3y^2-x^2\mathrm{e}^{-y})\mathrm{d}y=0$ 的通解.

6. 计算由曲面 $y^2=2x+4$ 和平面 $x+z=1$，$z=0$ 所包围的闭区域的体积.

四、计算 $\iint_{\Sigma}(y-z)x^2\mathrm{d}z\mathrm{d}x+(x+y)\mathrm{d}x\mathrm{d}y$，其中 Σ 是柱面 $x^2+y^2=1$ 及平面 $z=0$，$z=3$ 所围成的空间闭区域 Ω 的整个边界曲面的外侧.

五、计算 $\oint_{\Gamma} z\mathrm{d}x+x\mathrm{d}y+y\mathrm{d}z$，其中 Γ 为平面 $x+y+z=1$ 被三个坐标面所截成的三角形的整个边界，它的正向与这个三角形的上侧的法向量之间符合右手法则.

六、求幂级数 $\sum_{n=1}^{\infty}\dfrac{2n-1}{2^n}x^{2n-2}$ 的收敛区间，并求它的和函数.

七、将周长为 2 的矩形绕它的一边旋转围成一个圆柱体，问矩形的边长各是多少时，才能使圆柱体的体积达到最大？

高等数学(下)综合练习六

一、填空题

1. 设 $f(x,y,z)=x^2+2y^2+3z^2+3x-2y-6z$,则在(1,1,1)处 $f_x+f_y+f_z$ =________.

2. 改变二次积分的积分次序:$\int_0^1 dy\int_0^{2y} f(x,y)dx+\int_1^3 dy\int_0^{3-y} f(x,y)dx=$ ________.

3. 微分方程 $y''+3y'+2y=3xe^{-x}$ 待定的特解形式为________.

4. 设函数 $u=f(x,x+y,xz)$,其 f 具有一阶连续偏导数,则 $\mathbf{grad}\ u=$ ________.

5. 级数 $\sum_{n=1}^{\infty}\frac{2n-1}{2^n}$ 的和为________.

二、选择题

1. 设 $f(x,y)=\begin{cases} x\sin\frac{1}{y}+y\sin\frac{1}{x}, & xy\neq 0, \\ 0, & xy=0, \end{cases}$ 则 $\lim\limits_{\substack{x\to 0\\ y\to 0}} f(x,y)$ 等于 ( )

A. 1　　B. 2　　C. 0　　D. 不存在

2. 函数 $f(x,y,z)=z-2$ 在条件 $4x^2+2y^2+z^2=1$ 下的极大值是 ( )

A. 1　　B. 0　　C. -1　　D. -2

3. 设 $z=x^{y^x}$,则 $\frac{\partial z}{\partial x}$ 等于 ( )

A. $y^x x^{y^x-1}$　　B. $y^x\left(\ln x\ln y+\frac{1}{x}\right)$

C. $y^x x^{y^x}\left(\ln x\ln y+\frac{1}{x}\right)$　　D. $y^x x^{y^x}\left(\ln x+\frac{1}{x}\right)$

4. 设 $a>0,b>0,L:\frac{x^2}{a^2}+\frac{y^2}{b^2}=1$,则曲线积分 $\int_L\frac{x\,dy-y\,dx}{x^2+y^2}$ 的值 ( )

A. 与 L 取向无关,与 a,b 的大小有关

B. 与 L 取向无关,与 a,b 的大小无关

C. 与 L 取向有关，与 a,b 的大小有关

D. 与 L 取向有关，与 a,b 的大小无关

5. 若级数 $\sum\limits_{n=1}^{\infty} a_n$ 收敛，$\lim\limits_{n\to\infty} b_n = 1$，则级数 $\sum\limits_{n=1}^{\infty} a_n b_n$ （　　）

A. 收敛性不确定　　B. 绝对收敛

C. 条件收敛　　D. 发散

三、解下列各题

1. 求曲线 $x^2+y^2+z^2=6, x+y+z=0$ 在点 $(1,-2,1)$ 处的切线方程.

2. 设 $z=f\left(x,\dfrac{x}{y}\right)$，$f$ 具有二阶连续偏导数，求 $\dfrac{\partial^2 z}{\partial x^2}$.

3. 求 $f(x,y)=\mathrm{e}^{2x}(x+y^2+2y)$ 的极值.

4. 判别级数 $\sum\limits_{n=1}^{\infty} \dfrac{\sin nx}{(\ln 3)^n}$ 是否收敛？如果收敛，是绝对收敛还是条件收敛？

5. 将 $f(x)=\ln(a+x)\ (a>0)$ 展开为 x 的幂级数.

6. 计算 $\iiint\limits_{\Omega} z^2 \mathrm{d}V$，其中 Ω 是由球面 $x^2+y^2+z^2=2z$ 围成的区域.

四、设 $f(x)$ 在 $(-\infty,+\infty)$ 上有连续导数，求 $\int_L \dfrac{1+y^2 f(xy)}{y}\mathrm{d}x + \dfrac{x}{y^2}[y^2 f(xy)-1]\mathrm{d}y$，其中 L 是从点 $A\left(3,\dfrac{2}{3}\right)$ 到点 $B(1,2)$ 的直线段.

五、求微分方程 $xy''=y'(\ln y'+1-\ln x)$ 满足 $y(1)=2, y'(1)=\mathrm{e}$ 的特解.

六、判别级数 $\sum\limits_{n=1}^{\infty} \dfrac{a^n}{n^s}\ (a>0, s>0)$ 的敛散性.

七、求球面 Σ：$x^2+y^2+z^2-2ax-2ay-2az+2a^2=0\ (a>0)$ 上与平面 $x+y+z=0$ 距离最近的点与最远的点，并证明：$\iint\limits_{\Sigma}(x+y+z+\sqrt{3}a)^2\mathrm{d}S \geqslant 36\pi a^4$.

高等数学(下)综合练习七

一、填空题

1. 设 $u=\ln(x^2+y^2+z^2)$，则 $\mathrm{div}(\mathrm{grad}u)=$________.

2. 改变二重积分的积分次序：$\int_0^1 \mathrm{d}y\int_{\sqrt{y}}^{\sqrt{2-y^2}} f(x,y)\mathrm{d}x=$________.

3. 设 Σ 为 $\frac{x}{2}+\frac{y}{3}+\frac{z}{4}=1$ 被三个坐标面所截部分，则 $\iint\limits_{\Sigma}\left(\frac{x}{2}+\frac{y}{3}+\frac{z}{4}\right)\mathrm{d}S$ $=$________.

4. 级数 $\sum\limits_{n=1}^{\infty}\frac{(x-3)^n}{n-3^n}$ 的收敛域是________.

5. 微分方程 $y''+y=-2x$ 的通解为________.

二、选择题

1. 设 $z=\sqrt{xy}$，则 $\left.\frac{\partial z}{\partial x}\right|_{(0,0)}$ 等于 ( )

A. 0　　B. 不存在　　C. -1　　D. 1

2. 曲面 $x^2-4y^2+2z^2=6$ 在点(2,2,3)处的法线方程是 ( )

A. $\frac{x-2}{-1}=\frac{y-2}{-4}=\frac{z-3}{3}$　　B. $\frac{x-2}{1}=\frac{y-2}{-4}=\frac{z-3}{3}$

C. $\frac{x-2}{1}=\frac{y-2}{-4}=\frac{z-3}{-3}$　　D. $\frac{x-2}{1}=\frac{y-2}{4}=\frac{z-3}{3}$

3. 设 $z=x^3-3x-y$，则它在点(1,0)处 ( )

A. 取得极大值　　B. 无极值

C. 取得极小值　　D. 无法判别是否有极值

4. 设 C_1,C_2 是含原点的两条同向闭曲线，若已知 $\oint_{C_1}\frac{2x\mathrm{d}x+y\mathrm{d}y}{x^2+y^2}=k$($k$ 为常数)，则 $\oint_{C_2}\frac{2x\mathrm{d}x+y\mathrm{d}y}{x^2+y^2}$ ( )

A. 一定等于 k　　B. 不一定等于 k，与 C_2 的形状有关

C. 一定等于 $-k$　　D. 不一定等于 k，与 C_2 的形状无关

5. 设 $y=f(x)$是方程 $y''-2y'+4y=0$ 的一个解，若 $f(x_0)<0$，且 $f'(x_0)=0$，则函数 $f(x)$在 x_0 （　　）

A. 取得极大值　　　　B. 取得极小值

C. 某邻域内单调增加　　　　D. 某邻域内单调减少

三、解下列各题

1. 求 $\iiint\limits_{\Omega} e^z \mathrm{d}V$，其中 Ω 是平面 $x+y+z=1$ 与三坐标面围成的闭区域.

2. 将函数 $f(x)=\arctan x$ 展开为 x 的幂级数.

3. 设 $z+\ln z=\int_y^x e^{-t^2}\mathrm{d}t$，求 $\mathrm{d}z$.

4. 求微分方程 $xy''+y'=3$ 满足条件 $y(1)=0, y'(1)=1$ 的特解.

5. 在曲面 $z=\sqrt{x^2+y^2}$ 上找一点，使它到点$(1,\sqrt{2},3\sqrt{3})$的距离最短，并求最短距离.

6. 求 $\iint\limits_{\Sigma}(x+y+z)\mathrm{d}S$，式中 Σ 为球面 $x^2+y^2+z^2=a^2$ 上 $z\geqslant h(0<h<a)$的部分.

四、设 $f(u)$具有连续的二阶导数，而函数 $z=f(e^x\sin y)$满足方程 $\frac{\partial^2 z}{\partial^2 x}+\frac{\partial z^2}{\partial y^2}=ze^{2x}$，求 $f(u)$.

五、设 Σ 是旋转曲面 $z=e^{\sqrt{x^2+y^2}}(1\leqslant z\leqslant e^2)$的下侧，求 $\iint\limits_{\Sigma}(2x-3z^2)\mathrm{d}y\mathrm{d}z+4yz\mathrm{d}z\mathrm{d}x+2(1-z^2)\mathrm{d}x\mathrm{d}y$.

六、设有连结点 $O(0,0)$和 $A(1,1)$的一段向上凸的曲线弧$\overset{\frown}{OA}$，对$\overset{\frown}{OA}$上任一点 $P(x,y)$，曲线弧$\overset{\frown}{OP}$与直线段$\overline{OP}$所围成的面积为 x^2，求曲线弧$\overset{\frown}{OA}$的方程.

七、设 $f(t)$连续，且 $f(0)=0$，$\Omega: 0\leqslant z\leqslant h, x^2+y^2\leqslant t^2 (t>0)$，又 $F(t)=\iiint\limits_{\Omega}[z^2+f(x^2+y^2)]\mathrm{d}V$，求 $\lim\limits_{t\to 0^+}\frac{F(t)}{t^2}$.

高等数学(下)综合练习八

一、填空题

1. 空间曲线 $x=e^t\cos t, y=e^t\sin t, z=2e^t$ 相应于点 $t=0$ 处的切线与 Oz 轴夹角的正弦 $\sin\gamma=$________.

2. 设 D: $0\leqslant x\leqslant 1, 0\leqslant y\leqslant 4$,则 $\iint\limits_D \sqrt[3]{x}\,dxdy=$________.

3. 设 C 是由 $y=x^2$ 及 $y=1$ 所围成的区域 D 的正向边界,则

$\oint_C (xy+x^3y^3)dx+(x^2+x^4y^2)dy=$________.

4. 周期为 2π 的周期函数 $f(x)$ 在一个周期上的表达式为 $f(x)=x, -\pi\leqslant x<\pi$,设它的傅里叶级数的和函数为 $s(x)$,则 $s\left(\frac{3\pi}{2}\right)=$________.

5. 设二阶常系数非齐次线性微分方程的三个特解为 $y_1=x, y_2=x+\sin x$, $y_3=x+\cos x$,则该微分方程的通解为________________.

二、解下列各题

1. 设 $f(u,v,s)$ 具有连续的一阶偏导数,且 $w=f(x-y,y-z,z-t)$,求 $\frac{\partial w}{\partial x}+\frac{\partial w}{\partial y}+\frac{\partial w}{\partial z}+\frac{\partial w}{\partial t}$.

2. 计算 $\iint\limits_D (x^2+y^2)\sqrt{a^2-x^2-y^2}\,dxdy$,其中 D 为:$x^2+y^2\leqslant a^2\ (a>0)$.

3. 求 $\int_L e^x\cos y\,dy+e^x\sin y\,dx$ 的值,其中 L 是由点 $A(1,0)$ 沿 $y=\sqrt{1-x^2}$ 到点 $B(-1,0)$ 的一段弧.

4. 求幂级数 $\sum\limits_{n=1}^{\infty}(\sqrt{n+1}-\sqrt{n})2^n x^{2n}$ 的收敛域.

5. 计算 $\oiint\limits_{\Sigma} \frac{x}{r^3}dydz+\frac{y}{r^3}dzdx+\frac{z}{r^3}dxdy$,其中 $r=\sqrt{x^2+y^2+z^2}$,Σ 为球面 $x^2+y^2+z^2=a^2$ 的外侧.

6. 求微分方程 $xdy-(y+x^3e^x)dx=0$ 的通解.

三、解下列各题

1. 计算 $\iiint\limits_{\Omega}(x+z)\mathrm{d}V$，式中 Ω 是曲面 $z=\sqrt{x^2+y^2}$，$z=\sqrt{1-x^2-y^2}$ 所围成的闭区域.

2. 求 $\iint\limits_{\Sigma}(8y+1)x\mathrm{d}y\mathrm{d}z+2(1-y^2)\mathrm{d}z\mathrm{d}x-4yz\mathrm{d}x\mathrm{d}y$，其中 Σ 是曲线 $\begin{cases}z=\sqrt{y-1}\ (1\leqslant y\leqslant 3),\\ x=0\end{cases}$ 绕 y 轴旋转一周所围成的曲面，它的法线向量与 y 轴正向夹角恒大于 $\frac{\pi}{2}$.

3. 设 $F(u,v,w)$ 可微，且 $F_u(2,2,2)=F_w(2,2,2)=3$，$F_v(2,2,2)=-6$，曲面 $F(x+y,y+z,z+x)=0$ 通过点 $(1,1,1)$，求曲面过这点的法线方程.

4. 求曲面 $2az=x^2-y^2$ 被柱面 $x^2+y^2=a^2$ 截下的部分的面积 $(a>0)$.

四、设 $f(u)$ 具有连续导数，L 是从 $A(2,0)$ 沿直线到 $B(1,\sqrt{3})$ 的线段，试求
$$I=\int_L\left[\frac{xf(\sqrt{x^2+y^2})}{\sqrt{x^2+y^2}}-\frac{y}{x^2}\right]\mathrm{d}x+\left[\frac{1}{x}+\frac{yf(\sqrt{x^2+y^2})}{\sqrt{x^2+y^2}}\right]\mathrm{d}y.$$

五、设 $f(x)$ 二阶可导，且满足 $\int_0^x(x-t)f(t)\mathrm{d}t=x\mathrm{e}^x-f(x)$，求 $f(x)$.

六、判别级数 $\sum\limits_{n=1}^{\infty}(-1)^n(\sqrt{n+1}-\sqrt{n})$ 是否收敛，如果是收敛的，是绝对收敛还是条件收敛？

七、设 $f(t)$ 在 $[0,+\infty)$ 上连续，且当 $t\geqslant 0$ 时，满足 $f(t)=\mathrm{e}^{4\pi t^2}+\iint\limits_{x^2+y^2\leqslant 4t^2}f\left(\frac{1}{2}\sqrt{x^2+y^2}\right)\mathrm{d}x\mathrm{d}y$，求 $f(x)$.

参 考 答 案

第一章　函数与极限

A 组

1. $a=-\dfrac{1}{2\sin\dfrac{1}{2}}, b=1, c=-\dfrac{1}{2}$.　**2.** 略.

3. $\varphi[\varphi(x)]=x, \varphi^{-1}(x)=\varphi(x)=\sqrt[n]{1-x^n}(0<x\leqslant 1)$.　**4.** $a=-\dfrac{\pi}{2}\pm 2k\pi, k=0,1,2,\cdots$.

5. (1) $\dfrac{1}{4}$;(2) 1;(3) e^2;(4) $-\sin x$;(5) $\dfrac{1}{2}$;(6) 0.　**6.** 1,−1,不存在,1,不存在.

7. (1) $x=1$ 是无穷间断点;$x=0$ 是跳跃间断点.　(2) $x=0$ 是跳跃间断点;$x=4k-1, k=0,\pm 1,\pm 2,\cdots$ 是无穷间断点.　**8.** 略.　**9.** $a=-2$.　**10.** 略.

B 组

1. 解:由于 $\dfrac{(2k-1)(2k+1)}{(2k)^2}=\dfrac{4k^2-1}{4k^2}<1, k=1,2,3,\cdots$,

故 $a_n^2=\left(\dfrac{1\cdot 3}{2^2}\right)\cdot\left(\dfrac{3\cdot 5}{4^2}\right)\cdot\left(\dfrac{5\cdot 7}{6^2}\right)\cdot\cdots\cdot\left(\dfrac{(2n-1)(2n+1)}{(2n)^2}\right)\cdot\dfrac{1}{2n+1}<\dfrac{1}{2n+1}$,

从而有 $0<a_n<\dfrac{1}{\sqrt{2n+1}}$,因 $\lim\limits_{n\to+\infty}\dfrac{1}{\sqrt{2n+1}}=0$,由夹逼定理知 $\lim\limits_{n\to+\infty}a_n=0$.

2. 解:由于 $a_n=\dfrac{1}{p}+\dfrac{2}{p^2}+\dfrac{3}{p^3}+\cdots+\dfrac{n}{p^n}$,故 $pa_n=1+\dfrac{2}{p}+\dfrac{3}{p^2}+\cdots+\dfrac{n}{p^{n-1}}$,

两式相减得 $(p-1)a_n=1+\dfrac{1}{p}+\dfrac{1}{p^2}+\cdots+\dfrac{1}{p^{n-1}}-\dfrac{n}{p^n}=\dfrac{1-\left(\dfrac{1}{p}\right)^n}{1-\dfrac{1}{p}}-\dfrac{n}{p^n}$,

因为 $p>1$,故 $\lim\limits_{n\to+\infty}\left(\dfrac{1}{p}\right)^n=0$, $\lim\limits_{n\to+\infty}\dfrac{n}{p^n}=0$,所以 $\lim\limits_{n\to+\infty}a_n=\dfrac{p}{(p-1)^2}$.

3. 解:(1) $\lim\limits_{x\to 0}(\cos x)^{\frac{1}{x^2}}=\lim\limits_{x\to 0}[1+(\cos x-1)]^{\frac{1}{x^2}}=\lim\limits_{x\to 0}\left\{[1+(\cos x-1)]^{\frac{1}{\cos x-1}}\right\}^{\frac{\cos x-1}{x^2}}=e^{-\frac{1}{2}}$;

(2) $\lim\limits_{x\to\infty}\tan[\ln(4x^2+1)-\ln(x^2+4x)]=\lim\limits_{x\to\infty}\tan\left(\ln\dfrac{4x^2+1}{x^2+4x}\right)=\tan\ln\left(\lim\limits_{x\to+\infty}\dfrac{4x^2+1}{x^2+4x}\right)=\tan(\ln 4)$.

4. 解:$f(x)$ 在 $(-\infty,0)\cup(0,+\infty)$ 是初等函数,所以,$f(x)$ 在 $(-\infty,0)\cup(0,+\infty)$ 上连续,只要确定 a 与 b,使 $f(x)$ 在 $x=0$ 处连续即可,由于

$$\lim_{x\to 0^-}f(x)=-\frac{1}{2}+a, \lim_{x\to 0^+}f(x)=\frac{1}{2}+b, f(0)=1.$$

当 $a-\frac{1}{2}=b+\frac{1}{2}=1$ 时，$f(x)$ 在 $x=0$ 连续，所以，当 $a=\frac{3}{2}$，$b=\frac{1}{2}$ 时，$f(x)$ 在 $(-\infty,+\infty)$ 上连续.

5. 证明：由于 $\frac{1}{n+1}<\ln\left(1+\frac{1}{n}\right)<\frac{1}{n}$，即 $\frac{1}{n+1}<\ln(n+1)-\ln n<\frac{1}{n}$.

由右端不等式可得
$$\sum_{k=1}^{n}[\ln(k+1)-\ln k]<\sum_{k=1}^{n}\frac{1}{k},$$
即
$$\ln(n+1)<1+\frac{1}{2}+\cdots+\frac{1}{n}.$$
于是
$$c_{n+1}=1+\frac{1}{2}+\cdots+\frac{1}{n+1}-\ln(n+1)>\frac{1}{n+1}>0.$$
说明 $\{c_n\}$ 有下界，注意到对任意 n，
$$c_{n+1}-c_n=\left[1+\frac{1}{2}+\cdots+\frac{1}{n+1}-\ln(n+1)\right]-\left(1+\frac{1}{2}+\cdots+\frac{1}{n}-\ln n\right)$$
$$=\frac{1}{n+1}-[\ln(n+1)-\ln n]<0,$$
即 $\{c_n\}$ 是单调递减有下界的数列，故 $\lim\limits_{n\to+\infty}c_n$ 存在.

6. 证明：因为 $\cos x\cdot\cos\frac{x}{2}\cdot\cdots\cdot\cos\frac{x}{2^n}=\dfrac{2^{n+1}\cos x\cos\frac{x}{2}\cdots\cos\frac{x}{2^n}\cdot\sin\frac{x}{2^n}}{2^{n+1}\sin\frac{x}{2^n}}=\dfrac{\sin 2x}{2^{n+1}\sin\frac{x}{2^n}}$，

所以 $\lim\limits_{n\to+\infty}\left[\cos x\cos\frac{x}{2}\cos\frac{x}{2^2}\cdots\cos\frac{x}{2^n}\right]=\lim\limits_{n\to+\infty}\dfrac{\sin 2x}{2^{n+1}\sin\frac{x}{2^n}}=\lim\limits_{n\to+\infty}\dfrac{\sin 2x}{2^{n+1}\cdot\frac{x}{2^n}}=\dfrac{\sin 2x}{2x}$.

7. 解：
$$\lim_{x\to+\infty}\left[\sqrt{(a+x)(b+x)}-\sqrt{(a-x)(b-x)}\right]$$
$$=\lim_{x\to+\infty}\frac{(a+x)(b+x)-(a-x)(b-x)}{\sqrt{(a+x)(b+x)}+\sqrt{(a-x)(b-x)}}$$
$$=\lim_{x\to+\infty}\frac{2ax+2bx}{\sqrt{(a+x)(b+x)}+\sqrt{(a-x)(b-x)}}$$
$$=\lim_{x\to+\infty}\frac{2a+2b}{\sqrt{\left(1+\frac{a}{x}\right)\left(1+\frac{b}{x}\right)}+\sqrt{\left(\frac{a}{x}-1\right)\left(\frac{b}{x}-1\right)}}=a+b.$$

8. 证明：因为 $\max\{f(x),g(x)\}=\dfrac{f(x)+g(x)+|f(x)-g(x)|}{2}$，

所以
$$\lim_{x\to x_0}\max\{f(x),g(x)\}=\lim_{x\to x_0}\frac{f(x)+g(x)+|f(x)-g(x)|}{2}$$
$$=\frac{A+B+|A-B|}{2}=\max\{A,B\}.$$

9. 证明：由 $\lim\limits_{x\to+\infty}f(x)=A$，则对 $\varepsilon_0=1$，存在 $X>a$，使得 $x>X$ 时恒有
$$|f(x)-A|<1.$$
从而，
$$|f(x)|\leqslant|f(x)-A|+|A|<1+|A|.$$

同时，$f(x)$在$[a,X]$上连续，根据闭区间上连续函数的有界性，存在$B>0$，使得

$$|f(x)|\leqslant B,\ \forall x\in[a,X].$$

取$M=\max\{1+|A|,B\}$，则对任意$x\in[a,+\infty)$，有$|f(x)|\leqslant M$，即$f(x)$在$[a,+\infty)$上有界.

10. 证明：反证法，倘若$f(x)\neq 0(\forall x\in[a,b])$，则$f(x)$在$[a,b]$上恒为正或恒为负，否则由介值性就能保证零点存在. 不失一般性，设$f(x)>0,x\in[a,b]$. 由于$f(x)$在$[a,b]$上连续，必有最小值，设为

$$f(\xi)=\min_{x\in[a,b]}\{f(x)\}.$$

由前面的假设知$f(\xi)>0$，对于$x=\xi\in[a,b]$，由条件知存在相应的$y=\eta\in[a,b]$使得

$$f(\eta)=|f(\eta)|\leqslant\frac{1}{2}|f(\xi)|=\frac{1}{2}f(\xi)<f(\xi).$$

这与$f(\xi)$为最小值相矛盾，所以$f(x)$在$[a,b]$上必有零点.

第二章　导数与微分

A 组

1. (1) $18x(1+3x^2)^2$； (2) $\cos x\ln x^2+\dfrac{2\sin x}{x}$； (3) $\dfrac{2}{3(1+4x^2)(\arctan 2x+\frac{\pi}{2})^{\frac{2}{3}}}$；

(4) $a^{\operatorname{ch}x}\cdot\ln a\cdot\operatorname{sh}x$； (5) $(1+x^2)^{\sec x}\left[\tan x\ln(1+x^2)+\dfrac{2x}{1+x^2}\right]\sec x$； (6) $2\tan x\cot^2 x^2\cdot(\tan x^2\sec^2 x-x\tan x\sec^2 x^2)$； (7) $\dfrac{1}{2}\left(\dfrac{\arccos\sqrt{t}}{\sqrt{t}}-\dfrac{1}{\sqrt{1-t}}\right)$； (8) $\dfrac{4\operatorname{arch}2x}{\sqrt{4x^2-1}}$；

(9) $\sqrt{\dfrac{e^{3x}}{x^3}}\left[\dfrac{1}{\sqrt{1-x^2}}+\dfrac{3}{2}\left(1-\dfrac{1}{x}\right)\arcsin x\right]$.

2. $2\sqrt{2}x-3y-1=0,2\sqrt{2}x+3y+1=0$.　**3.** 略.　4. $a=0,b=1$.　**5.** 略.　6. $a=3,b=-1,c=1,d=3$.　**7.** 43s.　**8.** $-f'(x)$.　9. $y''=-\dfrac{4\sin y}{(2-\cos y)^3}$.

10. $f'_+(a)=\varphi(a),f'_-(a)=-\varphi(a)$，在$\varphi(a)=0$时$f'(a)$存在.

B 组

1. 证明：
$$\begin{aligned}\lim_{h\to 0}\frac{f(x_0+\alpha h)-f(x_0-\beta h)}{h}&=\lim_{h\to 0}\frac{[f(x_0+\alpha h)-f(x_0)]-[f(x_0-\beta h)-f(x_0)]}{h}\\&=\lim_{\alpha h\to 0}\frac{\alpha[f(x_0+\alpha h)-f(x_0)]}{\alpha h}-\lim_{-\beta h\to 0}\frac{-\beta[f(x_0-\beta h)-f(x_0)]}{-\beta h}\\&=\alpha f'(x_0)+\beta f'(x_0)=(\alpha+\beta)f'(x_0).\end{aligned}$$

2. 解：$y=\dfrac{1}{x+3}+\dfrac{1}{x-1}$，故$y^{(n)}=\left(\dfrac{1}{x+3}\right)^{(n)}+\left(\dfrac{1}{x-1}\right)^{(n)}=\dfrac{(-1)^n n!}{(x+3)^{n+1}}+\dfrac{(-1)^n n!}{(x-1)^{n+1}}$.

3. 证明：方程$x^{\frac{2}{3}}+y^{\frac{2}{3}}=a^{\frac{2}{3}}$的两端对$x$求导得$\dfrac{2}{3}x^{-\frac{1}{3}}+\dfrac{2}{3}y^{-\frac{1}{3}}\cdot y'_x=0$，因此$y'_x=-\sqrt[3]{\dfrac{y}{x}}$.

则星形线上任意点$M_0(x_0,y_0)$处的切线方程为$y-y_0=-\sqrt[3]{\dfrac{y_0}{x_0}}(x-x_0)$，即$\dfrac{x}{\sqrt[3]{x_0}}+\dfrac{y}{\sqrt[3]{y_0}}=a^{\frac{2}{3}}$.

切线与 x 轴、y 轴的截距依次为 $\sqrt[3]{a^2x_0}$、$\sqrt[3]{a^2y_0}$，则切线在两坐标轴间的长度为

$$d=\sqrt{a^{\frac{4}{3}}x_0^{\frac{2}{3}}+a^{\frac{4}{3}}y_0^{\frac{2}{3}}}=a.$$

4. 解：方程两边对 x 依次求一阶与二阶导数得

$$x^2-y^2\cdot y'_x-2-y'_x=0,$$

$$2x-2y\cdot y_x'^2-y^2y''_x-y''_x=0.$$

由前一等式得
$$y'_x=\frac{x^2-2}{1+y^2},$$

由后一等式得

$$y''_x=\frac{2x-2yy_x'^2}{1+y^2}=\frac{2x-2y\cdot\dfrac{(x^2-2)^2}{(1+y^2)^2}}{1+y^2}=\frac{2}{(1+y^2)^3}[x(1+y^2)^2-y(x^2-2)^2].$$

当 $x=2$ 时，从方程求得 $y=-1$，从而 $y'_x|_{x=2}=1$，代入 y''_x 得 $y''_x|_{x=2}=3$.

5. 解：因为 $f(x_0)=x_0^2$ 及 $\lim\limits_{x\to x_0^-}f(x)=\lim\limits_{x\to x_0^-}x^2=x_0{}^2$，$\lim\limits_{x\to x_0^+}f(x)=\lim\limits_{x\to x_0^+}(ax+b)=ax_0+b$，

所以由 $f(x)$ 在 x_0 点的连续性，有 $x_0^2=ax_0+b$.

又
$$\lim_{x\to x_0^-}\frac{f(x)-f(x_0)}{x-x_0}=\lim_{x\to x_0^-}\frac{x^2-x_0^2}{x-x_0}=2x_0,$$

$$\lim_{x\to x_0^+}\frac{f(x)-f(x_0)}{x-x_0}=\lim_{x\to x_0^+}\frac{(ax+b)-x_0^2}{x-x_0}=\lim_{x\to x_0^+}\frac{(ax+b)-(ax_0+b)}{x-x_0}=a,$$

由 $f(x)$ 在 x_0 点可微得 $a=2x_0$，将之代入 $x_0^2=ax_0+b$ 得 $b=-x_0^2$.

即当 $a=2x_0$，$b=-x_0^2$ 时，$f(x)$ 在 x_0 点连续且可微.

6. 解：$y=\log_{\varphi(x)}\psi(x)=\dfrac{\ln\psi(x)}{\ln\varphi(x)}$，故

$$y'=\left[\frac{\ln\psi(x)}{\ln\varphi(x)}\right]'=\frac{[\ln\psi(x)]'\ln\varphi(x)-\ln\psi(x)[\ln\varphi(x)]'}{\ln^2\varphi(x)}$$

$$=\frac{\dfrac{\psi'(x)}{\psi(x)}\ln\varphi(x)-\ln\psi(x)\dfrac{\varphi'(x)}{\varphi(x)}}{\ln^2\varphi(x)}$$

$$=\frac{\varphi(x)\psi'(x)\ln\varphi(x)-\psi(x)\varphi'(x)\ln\psi(x)}{\varphi(x)\psi(x)\ln^2\varphi(x)}.$$

7. 证明：(1) 若 $g(a)\cdot g(b)<0$，则由 $g(x)$ 的连续性，在 (a,b) 内存在 x_0 使得 $g(x_0)=0$，从而 $f(x_0)=0(a<x_0<b)$，这与 a,b 为 $f(x)$ 的两个相邻根矛盾，又 $g(a)\neq0$，$g(b)\neq0$，所以

$$g(a)\cdot g(b)>0.$$

(2) $f'(x)=(x-b)g(x)+(x-a)g(x)+(x-a)(x-b)g'(x)$，所以 $f'(a)=(a-b)g(a)$，$f'(b)=(b-a)g(b)$.

又 $g(a)$ 和 $g(b)$ 同号，所以 $f'(a)$ 和 $f'(b)$ 异号，因为 $f'(x)$ 为多项式，必连续，故存在 (a,b) 内某个 x 有 $f'(x)=0$.

8. 证明：由 $f'_+(a)\cdot f'_-(b)>0$，则 $f'_+(a)$ 与 $f'_-(b)$ 同号，不妨设 $f'_+(a)>0$，$f'_-(b)>0$. 由于

$$f'_{+}(a)=\lim_{x\to a^{+}}\frac{f(x)-f(a)}{x-a}=\lim_{x\to a^{+}}\frac{f(x)}{x-a}>0,$$

据连续函数的保号性，存在 $\delta>0$，使得当 $x\in(a,a+\delta)$ 时，有 $\frac{f(x)}{x-a}>0$，所以 $f(x)>0$. 从而，对任意 $x_1\in(a,a+\delta)\subset(a,b)$，有 $f(x_1)>0$.
同理 $f'_{-}(b)>0$，存在 $x_2\in(a,b)$，使 $f(x_2)<0$. 因为 $f(x)$ 在 $[x_1,x_2]\subset[a,b]$ 上连续，由介值定理，存在 $\xi\in(a,b)$，使得 $f(\xi)=0$.

9. 证明：(1) 由 $|f(x)|\leqslant x^2$，所以 $f(0)=0$，又 $\frac{|f(h)|}{|h|}\leqslant\left|\frac{h^2}{h}\right|=|h|$，所以 $\lim\limits_{h\to 0}\left|\frac{f(h)}{h}\right|=0$，因此 $\lim\limits_{h\to 0}\frac{f(h)}{h}=0$，即 $f'(0)=0$. (2) 如果 $g(0)=0$，$g'(0)=0$，则 $\left|\frac{f(h)}{h}\right|\leqslant\left|\frac{g(h)}{h}\right|=\left|\frac{g(h)-g(0)}{h}\right|$，由 $g'(0)=0$ 可知 $\lim\limits_{h\to 0}\frac{f(h)}{h}=0$，所以 $g(x)$ 只要满足 $g(0)=0$，$g'(0)=0$ 即可.

10. 证明：由 $e^{xy}=a^x b^y$ 可得 $xy=x\ln a+y\ln b$，因此 $x\mathrm{d}y+y\mathrm{d}x=\ln a\mathrm{d}x+\ln b\mathrm{d}y$，即 $\frac{\mathrm{d}y}{\mathrm{d}x}=\frac{\ln a-y}{x-\ln b}$，

$$\frac{\mathrm{d}^2y}{\mathrm{d}x^2}=\left(\frac{\ln a-y}{x-\ln b}\right)'_x=\frac{-y'_x(x-\ln b)-(\ln a-y)}{(x-\ln b)^2}=\frac{\frac{y-\ln a}{x-\ln b}(x-\ln b)+(y-\ln a)}{(x-\ln b)^2}=\frac{2(y-\ln a)}{(x-\ln b)^2},$$

故 $(y-\ln a)y''-2(y')^2=(y-\ln a)\cdot\frac{2(y-\ln a)}{(x-\ln b)^2}-2\cdot\frac{(y-\ln a)^2}{(x-\ln b)^2}=0.$

第三章　微分中值定理与导数的应用

A 组

1. 提示：由 $f(1)=f(2)=f(3)=0$，在 $[1,2]$，$[2,3]$ 上应用罗尔中值定理得 ξ_1，ξ_2，再在 $[\xi_1,\xi_2]$ 上应用罗尔中值定理.　**2.** 略.

3. 提示：求出 $\theta(x)$，然后逐一证明.　**4.** (1) $-\frac{1}{12}$；(2) ∞；(3) $-\frac{1}{2}e$；(4) $e^{-\frac{1}{3}}$.　**5.** 提示：令 $f(x)=\tan x$.　**6.** 提示：反证法，再应用罗尔定理.　**7.** $a=\frac{1}{2}$，$b=-\frac{1}{2}$，$c=-\frac{1}{12}$.

8. 提示：应用洛必达法则，求 $\lim\limits_{x\to 0}\frac{e^{\tan x}-e^x}{x^n}$.　**9.** 提示：证明 $F'(x)>0$，$x\in(a,+\infty)$.　**10.** 提示：利用隐函数求导法求出 y'，令 $y'=0$.　**11.** 提示：由 $p'(1)=p'(3)=0$，知 $p(x)$ 是次数等于 2 的多项式，设 $p'(x)=A(x-1)(x-3)$，x^3-6x^2+9x+2.　**12.** $y=\frac{\pi}{4}$，$x=0$.　**13.** $\sqrt[3]{3}$.

14. $h=4R$，$V_{\min}=\frac{8}{3}\pi R^3$.

B 组

1. 证法一：欲证 $2\xi[f(b)-f(a)]=(b^2-a^2)f'(\xi)$，只要证 $2\xi[f(b)-f(a)]-(b^2-a^2)f'(\xi)=0$.
设 $\varphi(x)=x^2[f(b)-f(a)]-(b^2-a^2)f(x)$，$x\in[a,b]$，
则 $\varphi(x)$ 在 $[a,b]$ 上连续，在 (a,b) 内有

$$\varphi'(x)=2x[f(b)-f(a)]-(b^2-a^2)f'(x),$$

且 $\varphi(a)=\varphi(b)=a^2f(b)-b^2f(a)$. 所以，由罗尔定理至少存在一点 $\xi\in(a,b)$，使 $\varphi'(\xi)=0$，即

$$2\xi[f(b)-f(a)]-(b^2-a^2)f'(\xi)=0,$$

从而 $2\xi[f(b)-f(a)]=(b^2-a^2)f'(\xi)$.

证法二：对函数 $f(x)$ 及 $g(x)=x^2$ 在 $[a,b]$ 上应用柯西中值定理，得

$$\frac{f(b)-f(a)}{b^2-a^2}=\frac{f'(\xi)}{2\xi},\xi\in(a,b),$$

即 $2\xi[f(b)-f(a)]=(b^2-a^2)f'(\xi)$.

2. 证明：$F'(x)=2xf(x)+x^2f'(x)$，$F''(x)=2f(x)+4xf'(x)+x^2f''(x)$，则 $F'(0)=F''(0)=0$. 由于 $F(0)=F(1)=0$，应用罗尔定理，必存在 $\xi_1\in(0,1)$ 使得 $F'(\xi_1)=0$；对 $F'(x)$ 在 $[0,\xi_1]$ 上应用罗尔定理，必存在 $\xi_2\in(0,\xi_1)\subset(0,1)$，使 $F''(\xi_2)=0$；对 $F''(x)$ 在 $[0,\xi_2]$ 上应用罗尔定理，必存在 $\xi\in(0,\xi_2)\subset(0,1)$，使得 $F'''(\xi)=0$.

3. 证明：任给 $x\in[0,2]$，由泰勒公式

$$f(0)=f(x)+f'(x)(0-x)+\frac{f''(\xi_1)}{2}x^2,0<\xi_1<x,$$

$$f(2)=f(x)+f'(x)(2-x)+\frac{f''(\xi_2)}{2}(2-x^2),x<\xi_2<2,$$

两式相减，整理得

$$2f'(x)=f(2)-f(0)+\frac{1}{2}x^2f''(\xi_1)-\frac{1}{2}(2-x)^2f''(\xi_2),$$

上式两端取绝对值，得

$$2|f'(x)|\leqslant|f(2)|+|f(0)|+\frac{1}{2}x^2|f''(\xi_1)|+\frac{1}{2}(2-x)^2|f''(\xi_2)|,$$

由条件得
$$2|f'(x)|\leqslant2+\frac{1}{2}(x^2+(2-x)^2),$$

容易证明函数 $g(x)=x^2+(2-x)^2$ 在区间 $[0,2]$ 上的最大值是 4，从而 $2|f'(x)|\leqslant4$，即 $|f'(x)|\leqslant2,x\in[0,2]$.

4. 解：应用 $e^x,\ln(1+x),\sin x$ 的麦克劳林展式

$$e^x=1+x+\frac{1}{2}x^2+\frac{1}{6}x^3+\frac{1}{24}x^4+o(x^4),$$

$$\ln(1-x)=-x-\frac{1}{2}x^2-\frac{1}{3}x^3-\frac{1}{4}x^4+o(x^4),$$

$$\sin x=x^3-\frac{1}{6}x^3+o(x^4).$$

这里展开到 4 阶是根据题意预选，若代入 $f(x)$ 后 x^4 的系数为 0，则应展开至 5 阶以上，于是

$$f(x)=(1+c)+(b-1)x+ax^2-\frac{5}{24}x^4+o(x^4),$$

故得 $a=0,b=0,c=-1$，$f(x)$ 比 x 为 4 阶无穷小.

5. 解：令 $x-1=t$，则原式化为

$$\lim_{t\to 0}\frac{at^2+bt+c-\sqrt{t^2+2t+4}}{t^2}=0,$$

则有 $\lim\limits_{t\to 0}(at^2+bt+c-\sqrt{t^2+2t+4})=0$，由此得 $c=2$，

于是有 $\lim\limits_{t\to 0}\frac{bt+2-\sqrt{t^2+2t+4}}{t^2}=-a$，

上式左端应用洛必达法则得

$$\lim_{t\to 0}\frac{bt+2-\sqrt{t^2+2t+4}}{t^2}=\lim_{t\to 0}\frac{b-\frac{t+1}{\sqrt{t^2+2t+4}}}{2t}=-a,$$

由此得 $b=\lim\limits_{t\to 0}\frac{t+1}{\sqrt{t^2+2t+4}}=\frac{1}{2}$，于是

$$a=-\lim_{t\to 0}\frac{\frac{1}{2}-\frac{t+1}{\sqrt{t^2+2t+4}}}{2t}=-\lim_{t\to 0}\frac{\sqrt{t^2+2t+4}-2(t+1)}{4t\sqrt{t^2+2t+4}}$$

$$=-\lim_{t\to 0}\frac{t^2+2t+4-4(t+1)^2}{8t(\sqrt{t^2+2t+4}+2(t+1))}=-\lim_{t\to 0}\frac{-3t^2-6t}{32t}=\frac{3}{16},$$

即得 $a=\frac{3}{16}, b=\frac{1}{2}, c=2$.

6. 解：因 $f(x)$ 在 $x\to 0$ 时与 $1-\cos x\sim\frac{1}{2}x^2$ 为等价无穷小，且 $f(x)$ 在 $x=0$ 连续，故 $f(0)=0$，因为 $\lim\limits_{x\to 0}\frac{f(x)-f(0)}{x-0}=\lim\limits_{x\to 0}\frac{f(x)}{1-\cos x}\cdot\frac{1-\cos x}{x}=\lim\limits_{x\to 0}\frac{1-\cos x}{x}=\lim\limits_{x\to 0}\frac{\frac{1}{2}x^2}{x}=0$，所以 $f'(0)=0$，$x=0$ 为 $f(x)$ 的驻点. 由于

$$\lim_{x\to 0}\frac{f(x)}{x^2}=\lim_{x\to 0}\frac{f(x)}{1-\cos x}\cdot\frac{1-\cos x}{x^2}=1\cdot\frac{1}{2}=\frac{1}{2},$$

所以存在 $x=0$ 的某个去心邻域 I，使 $\frac{f(x)}{x^2}>\frac{1}{4}, x\in I$，因而 $f(x)>\frac{1}{4}x^2>0, x\in I$.

这表明 $f(0)=0$ 是 $f(x)$ 的极小值.

7. 解：由 $f''(x)$ 连续，$|x|$ 连续，$\lim\limits_{x\to 0}\frac{f''(x)}{|x|}=1$，利用极限性质可得：存在 $\delta>0$，当 $0<|x|<\delta$ 时，$\frac{f''(x)}{|x|}>\frac{1}{2}$，于是 $f''(x)>\frac{1}{2}|x|>0$，在 $x=0$ 的左、右附近，$f''(x)$ 同号，故 $(0,f(0))$ 不是拐点，又由 $f''(x)>0$，可得 $f'(x)$ 单调递增，而 $f'(0)=0$，故 $0<x<\delta$ 时，$f'(x)>0$，当 $-\delta<x<0$ 时，$f'(x)<0$，即在 $x=0$ 的左、右附近，$f'(x)$ 异号，故 $f(0)$ 是极小值.

8. 证明：(1) 由条件知 $f'(x)$ 单调减少，又 $f'(a)<0$，故 $f'(x)<0$，于是 $f(x)$ 单调减少，

$f\left(a-\frac{f(a)}{f'(a)}\right)=f(a)-\frac{f(a)}{f'(a)}f'(\xi)=\frac{f(a)}{f'(a)}[f'(a)-f'(\xi)]$，其中 $a<\xi<a-\frac{f(a)}{f'(a)}$，因为

$f(a)=A>0$，$f'(a)<0$，$f'(a)-f'(\xi)>0$，所以 $f\left(a-\dfrac{f(a)}{f'(a)}\right)<0$.

(2) 由 $f(a)=A>0$，$f\left(a-\dfrac{f(a)}{f'(a)}\right)<0$，于是 $f(x)$ 在 $\left(a,a-\dfrac{f(a)}{f'(a)}\right)\subset[a,+\infty)$ 内至少有一个零点，而 $f(x)$ 是单调减函数，故 $f(x)=0$ 在 $[a,+\infty)$ 内有且仅有一实根.

9. 分析：本题是利用泰勒展开式证明的，把"相交"、"相切"和"有相同的曲率"的数学表达式列出可证得.

证明：先证必要性.

由已知曲线 $y=f(x)$ 与 $y=g(x)$ 在点 (x_0,y_0) 处相交、相切，可得 $f(x_0)=g(x_0)$，$f'(x_0)=g'(x_0)$，又由两曲线在 (x_0,y_0) 处有相同的凹凸性和相同的曲率知 $f''(x_0)$，$g''(x_0)$ 同号且 $\dfrac{|f''(x_0)|}{[1+f'^2(x_0)]^{\frac{3}{2}}}=\dfrac{|g''(x_0)|}{[1+g'^2(x_0)]^{\frac{3}{2}}}$，从而 $f''(x_0)=g''(x_0)$，故

$$\lim_{x\to x_0}\frac{f(x)-g(x)}{(x-x_0)^2}=\lim_{x\to x_0}\frac{f'(x_0)-g'(x_0)}{2(x-x_0)^2}=\frac{1}{2}\lim_{x\to x_0}[f''(x_0)-g''(x_0)]=0.$$

充分性的证明略.

10. 证法一：设 $\varphi(x)=\ln^2 x-\dfrac{4}{e^2}x$，则 $\varphi'(x)=2\dfrac{\ln x}{x}-\dfrac{4}{e^2}$，$\varphi''(x)=2\dfrac{1-\ln x}{x^2}$. 所以当 $x>e$ 时，$\varphi''(x)<0$，故 $\varphi'(x)$ 单调减少，从而当 $e<x<e^2$ 时，$\varphi'(x)>\varphi'(e^2)=0$，即 $e<x<e^2$ 时，$\varphi(x)$ 单调递增，因此当 $e<a<b<e^2$ 时，$\varphi(b)>\varphi(a)$，即 $\ln^2 b-\dfrac{4}{e^2}b>\ln^2 a-\dfrac{4}{e^2}a$，故 $\ln^2 b-\ln^2 a>\dfrac{4}{e^2}(b-a)$.

证法二：对函数 $\ln^2 x$ 在 $[a,b]$ 上应用拉格朗日中值定理，得 $\ln^2 b-\ln^2 a=\dfrac{2\ln\xi}{\xi}(b-a)$，$a<\xi<b$. 设 $\varphi(t)=\dfrac{\ln t}{t}$，则 $\varphi'(t)=\dfrac{1-\ln t}{t^2}$. 当 $t>e$ 时，$\varphi'(t)<0$，故 $\varphi(t)$ 单调减少，从而 $\varphi(\xi)>\varphi(e^2)$，即 $\dfrac{\ln\xi}{\xi}>\dfrac{\ln e^2}{e^2}=\dfrac{2}{e^2}$，故 $\ln^2 b-\ln^2 a>\dfrac{4}{e^2}(b-a)$.

11. 解：因 $x\to+\infty$，$y\to A(A\in\mathbf{R})$ 时上式不可能成立，同样当 $x\to-\infty$，$y\to A(A\in\mathbf{R})$ 时上式也不可能成立，故曲线 $y=y(x)$ 无水平渐近线.

因 $x\to a(a\in\mathbf{R})$，$y\to\infty$ 时上式不可能成立，故曲线 $y=y(x)$ 不存在铅直渐近线.

由于 $1+\left(\dfrac{y}{x}\right)^3-2\dfrac{y}{x}\cdot\dfrac{1}{x}=0$，令 $x\to\infty$ 得 $a=\lim\limits_{x\to\infty}\dfrac{y}{x}=-1$，又

$$b=\lim_{x\to\infty}(y-ax)=\lim_{x\to\infty}(y+x)=\lim_{x\to\infty}\frac{2xy}{x^2-xy-y^2}=\lim_{x\to\infty}\frac{2\dfrac{y}{x}}{1-\dfrac{y}{x}+\left(\dfrac{y}{x}\right)^2}=-\frac{2}{3},$$

故 $y=-x-\dfrac{2}{3}$ 为原曲线的斜渐近线.

12. 分析：讨论方程根的个数时，一般转化为求相应函数的零点个数，所以关键是构造好辅助函数.

解：令 $f(x)=x-\ln x+k$，$f'(x)=1-\frac{1}{x}$，令 $f'(x)=0$，得唯一驻点 $x=1$，又 $f''(x)=\frac{1}{x^2}>0$，所以 $f(1)=1+k$ 为 $f(x)$ 的极小值，也是 $f(x)$ 在 $(0,+\infty)$ 内的最小值.

在 $(-\infty,1)$ 内 $f'(x)<0$，即 $f(x)$ 单调减少. 在 $(1,+\infty)$ 内 $f'(x)>0$，即 $f(x)$ 单调递增，且 $\lim\limits_{x\to0^+}f(x)=+\infty$，$\lim\limits_{x\to+\infty}f(x)=+\infty$. 于是由连续函数的零点存在定理可知：

(1) 当 $1+k<0$，即 $k<-1$ 时，方程 $f(x)=0$ 有两相异实根；

(2) 当 $1+k=0$，即 $k=-1$ 时，方程 $f(x)=0$ 有唯一实根；

(3) 当 $1+k>0$，即 $k>-1$ 时，方程 $f(x)=0$ 无实根.

第四章　不定积分

A 组

1. (1) $-2e^{-\frac{1}{2}x+1}+C$；(2) $\frac{a^2}{2}\arcsin\frac{x}{a}-\frac{x}{2}\sqrt{a^2-x^2}+C$；(3) $\cos x-\frac{2\sin x}{x}+C$；(4) $2(\sqrt{x}-\arctan\sqrt{x})-(\arctan\sqrt{x})^2+C$；(5) $\frac{2}{3}[\ln(x+\sqrt{1+x^2})+5]^{\frac{3}{2}}+C$；(6) $-\frac{1}{2}\left(\arctan\frac{1}{x}\right)^2+C$；(7) $-\frac{1}{2\sqrt{2}}\ln\left|\frac{\sqrt{2}+\sqrt{1-x^2}}{\sqrt{2}-\sqrt{1-x^2}}\right|+C$；(8) $\frac{1}{\sqrt{1+x^2}}+\sqrt{1+x^2}+C$；(9) $-\frac{1}{14}\ln|2+x^7|+\frac{1}{2}\ln|x|+C$；(10) $x-3\ln(1+e^{\frac{x}{6}})-\frac{3}{2}\ln(1+e^{\frac{x}{3}})-3\arctan(e^{\frac{x}{6}})+C$；(11) $\frac{1}{2}[\sin(\ln x)-x\cos(\ln x)]x+C$；(12) $\frac{1}{a^2+b^2}(ax-b\ln|a\sin x+b\cos x|)+C$.

2. $$\int f(x)\mathrm{d}x=\begin{cases}x+C, & x<0,\\ \frac{1}{2}x^2+x+C, & 0\leqslant x\leqslant 1,\\ x^2+\frac{1}{2}+C, & x>1.\end{cases}$$

3. (1) $\int\frac{f(x)}{f'(x)}\mathrm{d}\left[\frac{f(x)}{f'(x)}\right]=\frac{1}{2}\left[\frac{f(x)}{f'(x)}\right]^2+C$；(2) $2\sqrt{f(\ln x)}+C$.

B 组

1. (1) $$I=\int\frac{(x-1)\arctan\sqrt{x-1}}{x\sqrt{x-1}}\mathrm{d}x=\int\frac{\arctan\sqrt{x-1}}{\sqrt{x-1}}\mathrm{d}x-\int\frac{\arctan\sqrt{x-1}}{x\sqrt{x-1}}\mathrm{d}x$$
$$=2\int\arctan\sqrt{x-1}\,\mathrm{d}(\sqrt{x-1})-2\int\frac{\arctan\sqrt{x-1}}{(\sqrt{x-1})^2+1}\mathrm{d}(\sqrt{x-1})$$
$$=2\sqrt{x-1}\arctan\sqrt{x-1}-\ln x-2\int\arctan\sqrt{x-1}\,\mathrm{d}(\arctan\sqrt{x-1})$$
$$=2\sqrt{x-1}\arctan\sqrt{x-1}-\ln x-(\arctan\sqrt{x-1})^2+C.$$

(2) $$\int\tan^5x\cdot\sec^3x\mathrm{d}x=\int\tan^4x\sec^2x\cdot\tan x\sec x\mathrm{d}x=\int(\sec^2x-1)^2\sec^2x\cdot\mathrm{d}(\sec x)$$

$$=\frac{1}{7}\sec^7 x-\frac{2}{5}\sec^5 x+\frac{1}{3}\sec^3 x+C.$$

(3) $\int\frac{1+\cos x}{1+\sin^2 x}\mathrm{d}x=\int\frac{\mathrm{d}x}{1+\sin^2 x}+\int\frac{\cos x}{1+\sin^2 x}\mathrm{d}x=\int\frac{\mathrm{d}x}{\cos^2 x+2\sin^2 x}+\int\frac{\mathrm{d}(\sin x)}{1+\sin^2 x}$

$$=\int\frac{\mathrm{d}x}{\cos^2 x(1+2\tan^2 x)}+\arctan(\sin x)$$

$$=\frac{1}{\sqrt{2}}\arctan(\sqrt{2}\tan x)+\arctan(\sin x)+C.$$

(4) $\sin^6 x+\cos^6 x=(\sin^2 x)^3+(\cos^2 x)^3=(\sin^2 x+\cos^2 x)(\sin^4 x-\sin^2 x\cos^2 x+\cos^4 x)$

$$=(\sin^2 x+\cos^2 x)^2-3\sin^2 x\cos^2 x=1-\frac{3}{4}\sin^2 2x=\frac{1}{4}(1+3\cos^2 2x),$$

故原式$=\int\frac{4}{1+3\cos^2 2x}\mathrm{d}x=\int\frac{4}{\cos^2 2x(3+\sec^2 2x)}\mathrm{d}x$

$$=2\int\frac{\mathrm{d}(\tan 2x)}{4+\tan^2 2x}=\arctan\left(\frac{1}{2}\tan 2x\right)+C.$$

(5) 令 $x=2a\sin^2 t$　则 $\mathrm{d}x=4a\sin t\cos t\mathrm{d}t$，于是

$$I=\int 2a\sin^2 t\cdot\frac{\sqrt{2a}\sin t}{\sqrt{2a}\cos t}\cdot 4a\sin t\cos t\mathrm{d}t=8a^2\int\sin^4 t\mathrm{d}t$$

$$=8a^2\int\left(\frac{1-\cos 2t}{2}\right)^2\mathrm{d}t=a^2\int(3-4\cos 2t+\cos 4t)\mathrm{d}t$$

$$=3a^2 t-2a^2\sin 2t+\frac{1}{4}a^2\sin 4t+C$$

$$=3a^2\arcsin\sqrt{\frac{x}{2a}}-2a^2\sqrt{x(2a-x)}+\frac{a-x}{2}\sqrt{x(2a-x)}+C.$$

(6) $I=\int\frac{1}{(x+1)^3\sqrt{(x+1)^2-1}}\mathrm{d}x\xlongequal{令 x+1=\frac{1}{t}}\int\frac{t^3}{\sqrt{\frac{1}{t^2}-1}}\left(-\frac{1}{t^2}\right)\mathrm{d}t$

$$=-\int\frac{t^2\mathrm{d}t}{\sqrt{1-t^2}}=\int\frac{(1-t^2)\mathrm{d}t}{\sqrt{1-t^2}}-\int\frac{\mathrm{d}t}{\sqrt{1-t^2}}=\int\sqrt{1-t^2}\mathrm{d}t-\int\frac{\mathrm{d}t}{\sqrt{1-t^2}}$$

$$=\frac{1}{2}t\sqrt{1-t^2}+\frac{1}{2}\arcsin t-\arcsin t+C$$

$$=-\frac{1}{2}\arcsin\frac{1}{x+1}+\frac{1}{2}\frac{\sqrt{x^2+2x}}{(x+1)^2}+C.$$

(7) 令 $u=\cos x\mathrm{e}^{\sin x}$，则 $\mathrm{d}u=(\cos^2 x-\sin x)\mathrm{e}^{\sin x}\mathrm{d}x$，

$$\int\frac{\cos^2 x-\sin x}{\cos x(1+\cos x\mathrm{e}^{\sin x})}\mathrm{d}x=\int\frac{(\cos^2 x-\sin x)\mathrm{e}^{\sin x}}{\cos x\mathrm{e}^{\sin x}(1+\cos x\mathrm{e}^{\sin x})}\mathrm{d}x$$

$$=\int\frac{\mathrm{d}u}{u(1+u)}=\int\left(\frac{1}{u}-\frac{1}{u+1}\right)\mathrm{d}u$$

$$=\ln|u|-\ln|u+1|+C$$

$$=\ln|\cos x\mathrm{e}^{\sin x}|-\ln|1+\cos x\mathrm{e}^{\sin x}|+C$$

$$= \sin x + \ln|\cos x| - \ln|1 + \cos x e^{\sin x}| + C.$$

(8) 令 $\sqrt{1+\cos x} = u$，则 $x = \arccos(u^2 - 1)$，$dx = -\dfrac{2du}{\sqrt{2-u^2}}$，

$$\int \frac{dx}{\sin x\sqrt{1+\cos x}} = \int \frac{2du}{u^2(u^2-2)} = \int \left(-\frac{1}{u^2} + \frac{1}{u^2-2}\right)du$$

$$= \frac{1}{u} + \frac{1}{2\sqrt{2}}\ln\left|\frac{\sqrt{2}-u}{\sqrt{2}+u}\right| + C$$

$$= \frac{1}{\sqrt{1+\cos x}} + \frac{1}{2\sqrt{2}}\ln\left|\frac{\sqrt{2}-\sqrt{1+\cos x}}{\sqrt{2}+\sqrt{1+\cos x}}\right| + C.$$

(9) 令 $u = \ln(x + \sqrt{1+x^2})$，$du = \dfrac{du}{\sqrt{1+x^2}}$，

$dv = \dfrac{x}{(1-x^2)^2}dx$，$v = \dfrac{1}{2(1-x^2)}$，

$$I = \frac{1}{2(1-x^2)}\ln(x + \sqrt{1+x^2}) - \frac{1}{2}\int \frac{1}{(1-x^2)\sqrt{1+x^2}}dx.$$

令 $x = \tan t$，$dx = \sec^2 t dt$，则

$$\int \frac{dx}{(1-x^2)\sqrt{1+x^2}} = \int \frac{\sec^2 t}{(1-\tan^2 t)\sec t}dt = \int \frac{\cos t dt}{\cos^2 t - \sin^2 t}$$

$$= \frac{1}{\sqrt{2}}\int \frac{d(\sqrt{2}\sin t)}{1-(\sqrt{2}\sin t)^2} = \frac{1}{2\sqrt{2}}\ln\left|\frac{1+\sqrt{2}\sin t}{1-\sqrt{2}\sin t}\right| + C_1$$

$$= \frac{1}{2\sqrt{2}}\ln\left|\frac{1+\sqrt{2}\cdot\dfrac{x}{\sqrt{1+x^2}}}{1-\sqrt{2}\cdot\dfrac{x}{\sqrt{1+x^2}}}\right| + C_1$$

$$= \frac{1}{2\sqrt{2}}\ln\left|\frac{\sqrt{1+x^2}+\sqrt{2}x}{\sqrt{1+x^2}-\sqrt{2}x}\right| + C_1,$$

于是 $I = \dfrac{1}{2(1-x^2)}\ln(x + \sqrt{1+x^2}) - \dfrac{\sqrt{2}}{8}\ln\left|\dfrac{\sqrt{1+x^2}+\sqrt{2}x}{\sqrt{1+x^2}-\sqrt{2}x}\right| + C.$

(10) 由 $\dfrac{1}{\sin(x+a)\sin(x+b)} = \dfrac{A\cos(x+a)}{\sin(x+a)} + \dfrac{B\cos(x+b)}{\sin(x+b)}$，

故 $1 = A\cos(x+a)\sin(x+b) + B\cos(x+b)\sin(x+a)$.

令 $x = -a$，$A = \dfrac{1}{\sin(b-a)}$，

$x = -b$，$B = \dfrac{1}{\sin(a-b)}$，

于是 $I = \dfrac{1}{\sin(b-a)}\displaystyle\int\left[\frac{\cos(x+a)}{\sin(x+a)} - \frac{\cos(x+b)}{\sin(x+b)}\right]dx = \dfrac{1}{\sin(b-a)}\ln\left|\dfrac{\sin(x+a)}{\sin(x+b)}\right| + C.$

2. 解：$\displaystyle\int f'(e^x)e^x dx = \int f'(e^x)d(e^x) = \int (a\sin x + b\cos x)e^x dx$，

所以 $f(e^x)=a\int e^x\sin x dx+b\int e^x\cos x dx$.

又 $\int e^x\sin x dx=-e^x\cos x+\int e^x\cos x dx=e^x(\sin x-\cos x)-\int e^x\sin x dx$,

因此$\int e^x\sin x dx=\frac{e^x}{2}(\sin x-\cos x)+C_1$.

同理$\int e^x\cos x dx=\frac{e^x}{2}(\cos x+\sin x)+C_2$,

则 $f(e^x)=\frac{e^x}{2}[(a+b)\sin x+(b-a)\cos x]+C$,

故 $f(x)=\frac{x}{2}[(a+b)\sin(\ln x)+(b-a)\cos(\ln x)]+C$.

3. 解：$\int x\cdot f''(x)dx=\int x\cdot df'(x)=xf'(x)-\int f'(x)dx=xf'(x)-f(x)+C$,

又由 $f'(x)=g(x),g'(x)=f(x)+\varphi(x)$，于是有

$$\begin{aligned}\int x\cdot f''(x)dx&=xg(x)-[g'(x)-\varphi(x)]+C\\&=xg(x)-g'(x)+\varphi(x)+C\\&=-\cos x+C.\end{aligned}$$

4. 解：由已知 $F'(x)=f(x)$，则 $F(x)F'(x)=\sin^2 2x$，故

$$\int F(x)F'(x)dx=\int \sin^2 2x dx=\int\frac{1-\cos 4x}{2}dx,$$

即 $F^2(x)=x-\frac{1}{4}\sin 4x+C$.

由 $F(0)=1$，所以 $C=F^2(0)=1$，又 $F(x)\geqslant 0$，则

$$F(x)=\sqrt{x-\frac{1}{4}\sin 4x+1},$$

故 $f(x)=F'(x)=\dfrac{\sin^2 2x}{\sqrt{x-\frac{1}{4}\sin 4x+1}}$.

5. 解：因为$\dfrac{xf'(x)-(1+x)f(x)}{x^2e^x}=\dfrac{xe^x\cdot f'(x)-(1+x)e^xf(x)}{x^2e^{2x}}=\left[\dfrac{f(x)}{xe^x}\right]'$,

所以 $\int\dfrac{xf'(x)-(1+x)f(x)}{xe^x}dx=\int\left[\dfrac{f(x)}{xe^x}\right]'dx=\dfrac{f(x)}{xe^x}+C$.

第五章 定积分

A 组

1. (1) $\ln 2$；(2) $\frac{2}{3}(2\sqrt{2}-1)$；(3) $-\frac{26}{3}$. **2.** (1) $\sin^2(x-y)$； (2) $-\dfrac{e}{16(1+2\ln 2)^2}$.

3. 最大值 $2\ln 2-1$，最小值 0. **4.** $\frac{\ln x}{x}-\frac{4}{x}$. **5.** $\frac{1}{2}(\cos 1-1)$. **6.** 2. **7.** (1) $\frac{4}{3}\pi-\sqrt{3}$；

(2) $\sin\frac{\pi^2}{4}-\ln\left(1+\sin\frac{\pi^2}{4}\right)$；(3) $\frac{3}{2}\ln\frac{3}{2}+\frac{1}{2}\ln\frac{1}{2}$；(4) $\frac{37}{24}-\frac{1}{e}$；(5) $\frac{\pi}{4}$. **8.** 1. **9.** 提示：用罗尔定理. **10.** 提示：令 $F(x)=2\int_a^x tf(t)dt-(a+x)\int_a^x f(t)dt, x\in[a,b]$，证其单调非减. **11.** 提示：$[a,2a]$上定积分利用 $x=2a-t$ 进行换元，$\int_0^{\pi}\frac{x\sin x}{1+\cos^2 x}dx=\frac{\pi^2}{4}$. **12.** 提示：$\int_0^{+\infty}e^{-x^2}dx=\int_0^1 e^{-x^2}dx+\int_1^{+\infty}e^{-x^2}dx$. **13.** $\frac{2(n-1)!!}{n!!}$. **14.** $\frac{\pi}{4}+\frac{1}{2}\ln 2$. **15.** $\frac{(-1)^n\cdot n!}{(\lambda+1)^{n+1}}$.

B 组

1. 解：(1) 因 $\frac{n}{n+1}\sum_{i=1}^{n}\sqrt{1+\cos\frac{i}{n}\pi}\cdot\frac{1}{n}\leqslant\sum_{i=1}^{n}\frac{\sqrt{1+\cos\frac{i}{n}\pi}}{n+\frac{1}{i}}\leqslant\sum_{i=1}^{n}\sqrt{1+\cos\frac{i}{n}\pi}\cdot\frac{1}{n}$,

而 $\lim_{n\to\infty}\sum_{i=1}^{n}\sqrt{1+\cos\frac{i}{n}\pi}\cdot\frac{1}{n}=\int_0^1\sqrt{1+\cos\pi x}dx=\sqrt{2}\int_0^1\cos\frac{\pi}{2}xdx=\frac{2\sqrt{2}}{\pi}$,

且 $\lim_{n\to\infty}\frac{n}{n+1}=1$，故原式 $=\frac{2\sqrt{2}}{\pi}$.

(2) 原式 $=\lim_{x\to1}\frac{x\int_{x^2}^{1}f(u)du}{6x\sqrt{1+x^8}\left(\int_1^{x^2}\sqrt{1+t^4}dt\right)^2}=\lim_{x\to1}\frac{\int_{x^2}^{1}f(u)du}{6\sqrt{2}\left(\int_1^{x^2}\sqrt{1+t^4}dt\right)^2}$

$$=\frac{1}{6\sqrt{2}}\lim_{x\to1}\frac{-2xf(x^2)}{4x\sqrt{1+x^8}\int_1^{x^2}\sqrt{1+t^4}dt}=\frac{1}{24}\lim_{x\to1}\frac{-f(x^2)}{\int_1^{x^2}\sqrt{1+t^4}dt}=\infty.$$

(3) 因 $\int_{-a}^{a}\frac{1}{a}\left(1-\frac{|x|}{a}\right)(\cos b\cos x+\sin b\sin x)dx$

$$=2\int_0^a\frac{1}{a}\left(1-\frac{x}{a}\right)\cos b\cos xdx=\frac{2\cos b}{a}\int_0^a\cos xdx-\frac{2\cos b}{a^2}\int_0^a x\cos xdx,$$

而 $\lim_{a\to0}\frac{\int_0^a\cos xdx}{a}=\lim_{a\to0}\frac{\cos a}{1}=1$，$\lim_{a\to0}\frac{\int_0^a x\cos xdx}{a^2}=\lim_{a\to0}\frac{a\cos a}{2a}=\frac{1}{2}$,

于是　原式 $=2\cos b-\cos b=\cos b$.

2. 解：令 $u=x^2-t^2$，则 $F(x)=\frac{1}{2}\int_0^{x^2}f(u)du$，从而

$$\lim_{x\to0}\frac{F(x)}{x^n}=\lim_{x\to0}\frac{xf(x^2)}{nx^{n-1}}=\frac{1}{n}\lim_{x\to0}\frac{f(x^2)-f(0)}{x^2}\cdot\frac{1}{x^{n-4}}=\frac{f'(0)}{n}\lim_{x\to0}\frac{1}{x^{n-4}},$$

要使上述极限存在，n 最大可取 4，故 $F(x)$ 是 x 的 4 阶无穷小.

3. 解：等式两边对 x 求导数得

$g[f(x)]f'(x)=\frac{1}{2}\sqrt{x}$，即 $xf'(x)=\frac{1}{2}\sqrt{x}$.

因 $x>0$，故有 $f'(x)=\dfrac{1}{2\sqrt{x}}$，于是 $f(x)=\int\dfrac{dx}{2\sqrt{x}}=\sqrt{x}+C$.

令 $f(x)=1$，可得 $x=(1-C)^2$，而 $\int_1^1 g(t)dt=0$，所以

$\dfrac{1}{3}\{[(1-C)^2]^{\frac{3}{2}}-8\}=0$，解得 $C=-1$，故 $f(x)=\sqrt{x}-1$.

4. 解：由题设知 $f(0)=0,\varphi(0)=0$，令 $u=xt$，得 $\varphi(x)=\dfrac{1}{x}\int_0^x f(u)du(x\neq 0)$，

于是 $\varphi'(x)=\dfrac{xf(x)-\int_0^x f(u)du}{x^2}$.

由导数定义得 $\varphi'(0)=\lim\limits_{x\to 0}\dfrac{\varphi(x)-\varphi(0)}{x}=\lim\limits_{x\to 0}\dfrac{\int_0^x f(u)du}{x^2}=\lim\limits_{x\to 0}\dfrac{f(x)}{2x}=\dfrac{A}{2}$，

而 $\lim\limits_{x\to 0}\varphi'(x)=\lim\limits_{x\to 0}\dfrac{f(x)}{x}-\lim\limits_{x\to 0}\dfrac{\int_0^x f(u)du}{x^2}=A-\dfrac{A}{2}=\dfrac{A}{2}=\varphi'(0)$，

故 $\varphi(x)$在 $x=0$ 处连续.

5. 解：(1) $x-[x]$是以 1 为周期的函数，于是

原式 $=200\int_0^1(x-[x])dx=200\int_0^1 xdx=100$.

(2) 令 $3-x=t+1$，即 $x=2-t$，则 $dx=-dt$，于是

$I=\int_{-1}^3\dfrac{\sqrt{3-x}}{\sqrt{3-x}+\sqrt{x+1}}dx=\int_3^{-1}\dfrac{\sqrt{t+1}}{\sqrt{t+1}+\sqrt{3-t}}(-dt)=\int_{-1}^3\dfrac{\sqrt{x+1}}{\sqrt{3-x}+\sqrt{x+1}}dx$，

故 $2I=\int_{-1}^3 dx=4,I=2$.

(3) 令 $x=\tan t$，则

原式 $=\int_0^{\frac{\pi}{4}}\dfrac{\ln(1+\tan t)}{1+\tan^2 t}\sec^2 tdt=\int_0^{\frac{\pi}{4}}\ln(1+\tan t)dt$

$$=\int_0^{\frac{\pi}{4}}\ln\frac{\sqrt{2}\cos\left(\frac{\pi}{4}-t\right)}{\cos t}dt=\frac{\pi}{8}\ln 2+\int_0^{\frac{\pi}{4}}\ln\cos\left(\frac{\pi}{4}-t\right)dt-\int_0^{\frac{\pi}{4}}\ln\cos tdt,$$

而 $\int_0^{\frac{\pi}{4}}\ln\cos\left(\frac{\pi}{4}-t\right)dt\xlongequal{\frac{\pi}{4}-t=u}-\int_{\frac{\pi}{4}}^0\ln\cos udu=\int_0^{\frac{\pi}{4}}\ln\cos tdt$，

于是，原式 $=\dfrac{\pi}{8}\ln 2$.

(4) $\operatorname{sgn}(\cos x)=\begin{cases}1, & 0\leqslant x<\dfrac{\pi}{2}\text{或}\dfrac{3}{2}\pi<x\leqslant 2\pi,\\ 0, & x=\dfrac{\pi}{2},\dfrac{3}{2}\pi,\\ -1, & \dfrac{\pi}{2}<x<\dfrac{3}{2}\pi,\end{cases}$

原式 $=\int_0^{\frac{\pi}{2}}\frac{x+\sin x}{1+\cos x}dx-\int_{\frac{\pi}{2}}^{\frac{3}{2}\pi}\frac{x+\sin x}{1+\cos x}dx+\int_{\frac{3\pi}{2}}^{2\pi}\frac{x+\sin x}{1+\cos x}dx=I_1+I_2+I_3$,

而 $\int\frac{x+\sin x}{1+\cos x}dx=\int x d\left(\tan\frac{x}{2}\right)-\int\frac{2\sin\frac{x}{2}\cos\frac{x}{2}}{2\cos^2\frac{x}{2}}dx=x\tan\frac{x}{2}+\int\tan\frac{x}{2}dx-\int\tan\frac{x}{2}dx$

$=x\tan\frac{x}{2}+C$,

故原式 $=I_1+I_2+I_3=\frac{\pi}{2}+2\pi+\frac{3}{2}\pi=4\pi$.

6. 解：原式 $=\int_0^{\frac{\pi}{2}}\frac{\sin 2x}{2(x+1)}dx\xlongequal{2x=t}\frac{1}{2}\int_0^{\pi}\frac{\sin t}{t+2}dt=-\frac{1}{2}\int_0^{\pi}\frac{1}{t+2}d(\cos t)$

$=-\frac{1}{2}\left[\frac{\cos t}{t+2}\bigg|_0^{\pi}+\int_0^{\pi}\frac{\cos t}{(t+2)^2}dt\right]=\frac{\pi+4}{4(\pi+2)}-\frac{A}{2}$.

7. 解：当 $-1\leqslant x<0$ 时，$F(x)=\int_{-1}^{x}\left(2t+\frac{3}{2}t^2\right)dt=\frac{1}{2}x^3+x^2-\frac{1}{2}$.

当 $0\leqslant x\leqslant 1$ 时，$F(x)=\int_{-1}^{0}f(t)dt+\int_0^x f(t)dt=\int_{-1}^{0}\left(2t+\frac{3}{2}t^2\right)dt+\int_0^x\frac{te^t}{(1+e^t)^2}dt$

$=-\frac{1}{2}-\int_0^x t d\left(\frac{1}{e^t+1}\right)=-\frac{1}{2}-\frac{t}{e^t+1}\bigg|_0^x+\int_0^x\frac{dt}{e^t+1}$

$=-\frac{1}{2}-\frac{x}{e^x+1}-\ln(1+e^{-x})+\ln 2$.

于是 $F(x)=\begin{cases}\frac{1}{2}x^3+x^2-\frac{1}{2}, & -1\leqslant x<0,\\ -\frac{x}{e^x+1}-\ln(1+e^{-x})+\ln 2-\frac{1}{2}, & 0\leqslant x\leqslant 1.\end{cases}$

8. 解：$\lim\limits_{x\to\infty}\left(\frac{x-a}{x+a}\right)^x=\lim\limits_{x\to\infty}\left(1+\frac{-2a}{x+a}\right)^{\frac{x+a}{-2a}\cdot\frac{-2a}{x+a}\cdot x}=e^{-2a}$,

而 $\int_a^{+\infty}4x^2e^{-2x}dx=-(2x^2+2x+1)e^{-2x}\bigg|_a^{+\infty}=(2a^2+2a+1)e^{-2a}$,

由已知得 $e^{-2a}=(2a^2+2a+1)e^{-2a}$，故 $a=0$ 或 $a=-1$.

9. 证明：$x=0, x=\frac{\pi}{2}$ 为瑕点.

原式 $\xlongequal{\tan\theta=x}\int_0^{+\infty}\frac{\ln x}{1+x^2}dx=\int_0^1\frac{\ln x}{1+x^2}dx+\int_1^{+\infty}\frac{\ln x}{1+x^2}dx$,

而 $\int_1^{+\infty}\frac{\ln x}{1+x^2}dx=\int_1^{+\infty}\frac{\ln\frac{1}{x}}{1+\left(\frac{1}{x}\right)^2}d\left(\frac{1}{x}\right)\xlongequal{\frac{1}{x}=t}\int_1^0\frac{\ln t}{1+t^2}dt=-\int_0^1\frac{\ln x}{1+x^2}dx$,

于是，原式 $=0$.

10. 证明：将 y 看做常数，原方程两边对 x 求导，得

$$yf(xy) = yf(x) + \int_1^y f(x)\mathrm{d}x,$$

令 $x = 1$，得 $yf(y) = yf(1) + \int_1^y f(x)\mathrm{d}x = 3y + \int_1^y f(x)\mathrm{d}x$，

于是 $\int_1^y f(x)\mathrm{d}y = yf(y) - 3y.$

两边对 y 求导，得

$f'(y) = \dfrac{3}{y}$，即 $f'(x) = \dfrac{3}{x}$.

当 $x>0$ 时，$f'(x)>0$，从而 $f(x)$ 在 $(0,+\infty)$ 上单调增加.

11. 证明：(1) 由 $\lim\limits_{x\to a^+}\dfrac{f(2x-a)}{x-a}$ 存在，得 $\lim\limits_{x\to a^+} f(2x-a)=0$，由 $f(x)$ 在 $[a,b]$ 上连续，可知 $f(a)=0$，又 $f'(x)>0$，故 $f(x)$ 在 $[a,b]$ 内单调增加，故 $x\in(a,b)$ 时，$f(x)>f(a)=0$.

(2) 设 $F(x)=x^2$，$g(x) = \int_a^x f(t)\mathrm{d}t\,(a\leqslant x\leqslant b)$，则 $x\in(a,b)$ 时 $g'(x)=f(x)>0$，故 $F(x)$，$g(x)$ 满足柯西中值定理条件，于是 $\exists\,\xi\in(a,b)$，使

$$\frac{F(b)-F(a)}{G(b)-G(a)} = \frac{b^2-a^2}{\int_a^b f(t)\mathrm{d}t - \int_a^a f(t)\mathrm{d}t} = \frac{(x^2)'}{\left[\int_a^x f(t)\mathrm{d}t\right]'}\Bigg|_{x=\xi},$$

即 $$\frac{b^2-a^2}{\int_a^b f(x)\mathrm{d}x} = \frac{2\xi}{f(\xi)}.$$

注：(2) 也可用罗尔定理证明.

12. 证明：由泰勒公式

$$f(x)=f(x_0)+f'(x_0)(x-x_0)+\frac{f''(\xi)}{2!}(x-x_0)^2,\ \xi \text{ 在 } x_0 \text{ 与 } x \text{ 之间}.$$

而 $f''(x)\geqslant 0$，故 $f(x)\geqslant f(x_0)+f'(x_0)(x-x_0)$.

取 $x=u(t)$，$x_0 = \dfrac{1}{a}\int_0^a u(t)\mathrm{d}t$，则有

$$f[u(t)]\geqslant f\left[\frac{1}{a}\int_0^a u(t)\mathrm{d}t\right]+f'\left[\frac{1}{a}\int_0^a u(t)\mathrm{d}t\right]\left[u(t)-\frac{1}{a}\int_0^a u(t)\mathrm{d}t\right],$$

对不等式两端从 0 到 a 积分，得

$$\frac{1}{a}\int_0^a f[u(t)]\mathrm{d}t\geqslant f\left[\frac{1}{a}\int_0^a f(t)\mathrm{d}t\right].$$

13. 证明：(1) 反证法，如果 $|f(x)|\leqslant 4$，则

$$1 = \left|\int_0^1\left(x-\frac{1}{2}\right)f(x)\mathrm{d}x\right|\leqslant\int_0^1\left|x-\frac{1}{2}\right||f(x)|\,\mathrm{d}x\leqslant 4\int_0^1\left|x-\frac{1}{2}\right|\mathrm{d}x = 1,$$

得 $\int_0^1\left|x-\dfrac{1}{2}\right||f(x)|\,\mathrm{d}x = 1$，从而 $\int_0^1(4-|f(x)|)\left|x-\dfrac{1}{2}\right|\mathrm{d}x = 0$，

即得 $|f(x)|=4$，又 $f(x)$ 连续，可见 $f(x) = 4$ 或 $f(x) =-4$，都与 $\int_0^1 f(x)\mathrm{d}x = 0$ 矛盾，(1) 成立.

(2) 先证 $\exists x_2\in[0,1]$,使 $|f(x_2)|<4$,否则由 $f(x)$ 的连续性 $f(x)\geqslant 4$ 或 $f(x)\leqslant -4$ 在 $[0,1]$ 上恒成立,这些都与 $\int_0^1 f(x)\mathrm{d}x=0$ 矛盾,由(1)及 $|f(x)|$ 的连续性知 $\exists x_1\in[0,1]$,使 $|f(x_1)|=4$.

14. 解:(1) $f(x)$ 以 T 为周期且非负连续,于是

$$\int_0^{nT} f(t)\mathrm{d}t=n\int_0^T f(t)\mathrm{d}t,\ \int_0^{(n+1)T} f(t)\mathrm{d}t=(n+1)\int_0^T f(t)\mathrm{d}t,$$

且 $nT\leqslant x<(n+1)T$ 时,有 $\int_0^{nT} f(t)\mathrm{d}t\leqslant\int_0^x f(t)\mathrm{d}t<\int_0^{(n+1)T} f(t)\mathrm{d}t$,故

$$n\int_0^T f(t)\mathrm{d}t\leqslant\int_0^x f(t)\mathrm{d}t<(n+1)\int_0^T f(t)\mathrm{d}t.$$

(2) 由(1)得 $nT\leqslant x<(n+1)T$ 时

$$\frac{n}{(n+1)T}\int_0^T f(t)\mathrm{d}t\leqslant\frac{\int_0^x f(t)\mathrm{d}t}{x}\leqslant\frac{n+1}{nT}\int_0^T f(t)\mathrm{d}t,$$

从而 $\lim\limits_{x\to+\infty}\dfrac{\int_0^x f(t)\mathrm{d}t}{x}=\dfrac{1}{T}\int_0^T f(t)\mathrm{d}t$.

(3) $|\cos t|$ 是以 π 为周期的非负连续函数,由(2)的结果,得

$$\lim_{x\to+\infty}\frac{\int_0^x |\cos t|\ \mathrm{d}t}{x}=\frac{1}{\pi}\int_0^\pi |\cos t|\ \mathrm{d}t=\frac{2}{\pi}.$$

15. 证明:设 $x\in[0,1]$,由微分中值定理有

$$0=f(0)=f(x)+f'(\xi_1)(0-x),\ \xi_1\in(0,x),$$
$$0=f(1)=f(x)+f'(\xi_2)(1-x),\ \xi_2\in(x,1).$$

将上面两式分别在 $\left[0,\dfrac{1}{2}\right]$ 及 $\left[\dfrac{1}{2},1\right]$ 上积分,得

$$0=\int_0^{\frac{1}{2}} f(x)\mathrm{d}x+\int_0^{\frac{1}{2}} f'(\xi_1)(-x)\mathrm{d}x,$$
$$0=\int_{\frac{1}{2}}^1 f(x)\mathrm{d}x+\int_{\frac{1}{2}}^1 f'(\xi_2)(1-x)\mathrm{d}x.$$

两式相加,得

$$0=\int_0^1 f(x)\mathrm{d}x+\int_0^{\frac{1}{2}} f'(\xi_1)(-x)\mathrm{d}x+\int_{\frac{1}{2}}^1 f'(\xi_2)(1-x)\mathrm{d}x,$$

于是 $\left|\int_0^1 f(x)\mathrm{d}x\right|\leqslant\int_0^{\frac{1}{2}}|f'(\xi_1)|x\mathrm{d}x+\int_{\frac{1}{2}}^1|f'(\xi_2)|(1-x)\mathrm{d}x$

$$\leqslant\max_{x\in[0,1]}|f'(x)|\left[\int_0^{\frac{1}{2}} x\mathrm{d}x+\int_{\frac{1}{2}}^1(1-x)\mathrm{d}x\right]=\frac{1}{4}\max_{x\in[0,1]}|f'(x)|.$$

第六章　定积分的应用

A 组

1. $2\left(1-\frac{1}{\mathrm{e}}\right)$.　**2.** $\frac{16}{3}$.　**3.** $y=\frac{\sqrt{6}}{4}(1-x^2)$.　**4.** 面积 $S=8\ln 2-3$，体积 $V=\frac{27}{5}\pi$.　**5.** $a=1$.　**6.** $\frac{128\pi}{3}$.　**7.** 24π.　**8.** $\frac{\pi}{6}+\frac{1}{2}-\frac{\sqrt{3}}{2}$.　**9.** $\frac{3}{2}\pi a$.　**10.** 提示：化为相同定积分.

11. (1) $\frac{3}{8}\pi a^2$；(2) $6a$；(3) $\frac{32}{105}\pi a^3$.　**12.** (1) $\pi\left[(R^2-1)\ln(1+R)+\frac{R}{2}(2-R)\right]$；(2) $\frac{3}{2}\pi R^2$.　**13.** $\pi abhg$.　14. $\frac{GmM}{l}\ln\frac{r_2(l+r_1)}{r_1(l+r_2)}$.　**15.** $\frac{16}{(\pi+2\sqrt{2})^2}$ m/s.

B 组

1. 解：令 $x=r\cos\theta, y=r\sin\theta$，则两椭圆的极坐标方程分别为

$$r^2=\frac{a^2b^2}{b^2\cos^2\theta+a^2\sin^2\theta},\ r^2=\frac{a^2b^2}{a^2\cos^2\theta+b^2\sin^2\theta}.$$

由对称性，面积 $S=8\int_0^{\frac{\pi}{4}}\frac{1}{2}\frac{a^2b^2}{a^2\cos^2\theta+b^2\sin^2\theta}\mathrm{d}\theta\xlongequal{\tan\theta=t}4a^2b^2\int_0^1\frac{\mathrm{d}t}{a^2+b^2t^2}=4ab\arctan\frac{b}{a}$.

2. 解：依题意知抛物线开口向下，且与 x 轴的交点的横坐标 $x_1=0, x_2=-\frac{q}{p}$. 于是所围面积

$$S=\int_0^{-\frac{q}{p}}(px^2+qx)\mathrm{d}x=\frac{q^3}{6p^2}.$$

因抛物线与 $x+y=5$ 相切，故 $\begin{cases}px^2+qx=5-x,\\(px^2+qx)'=-1,\end{cases}$

得 $(1+q)^2=-20p$，从而 $S=\frac{200q^3}{3(1+q)^4}$，$S'=\frac{200q^2(3-q)}{3(1+q)^5}$. 令 $S'=0$，得 $q=3$，0（舍去），$q\in(0,3)$ 时，$S'>0$；$q\in(3,+\infty)$ 时，$S'<0$，于是 $q=3$ 处面积 S 达到最大值，此时 $p=-\frac{4}{5}$.

3. 解：$y=\lim\limits_{a\to+\infty}\frac{x}{1+x^2-\mathrm{e}^{ax}}=\begin{cases}0, & x\geqslant 0,\\ \frac{x}{1+x^2}, & x<0.\end{cases}$

面积 $S=\int_{-1}^0\left(\frac{1}{2}x-\frac{x}{1+x^2}\right)\mathrm{d}x+\frac{1}{4}=\frac{1}{2}\ln 2$.

4. 解：曲线 $y=3-|x^2-1|$ 与 x 轴的交点为 $(-2,0),(2,0)$. 任取 $[x,x+\mathrm{d}x]\subset[-2,2]$，相应体积元素 $\mathrm{d}V=\pi[3^2-(3-y(x))^2]\mathrm{d}x=\pi[9-(x^2-1)^2]\mathrm{d}x$，

故 $V=\int_{-2}^2\pi[9-(x^2-1)^2]\mathrm{d}x=\frac{448}{15}\pi$.

5. 解：(1) 设切点的横坐标为 x_0，则曲线 $y=\ln x$ 在点 $(x_0,\ln x_0)$ 处的切线方程为

$$y=\ln x_0+\frac{1}{x_0}(x-x_0).$$

切线过原点，故 $\ln x_0-1=0, x_0=\mathrm{e}$，于是切线为 $y=\frac{1}{\mathrm{e}}x$.

面积 $S=\int_0^1(\mathrm{e}^y-\mathrm{e}y)\mathrm{d}y=\frac{1}{2}\mathrm{e}-1.$

(2) 切线 $y=\frac{1}{\mathrm{e}}x$ 与 x 轴及 $x=\mathrm{e}$ 所围三角形绕直线 $x=\mathrm{e}$ 旋转所得圆锥体积 $V_1=\frac{1}{3}\pi\mathrm{e}^2$.

$y=\ln x$ 与 x 轴及 $x=\mathrm{e}$ 所围图形绕直线 $x=\mathrm{e}$ 旋转所得旋转体体积

$$V_2=\pi\int_0^1(\mathrm{e}-\mathrm{e}^y)^2\mathrm{d}y=\pi\left(2\mathrm{e}-\frac{1}{2}-\frac{1}{2}\mathrm{e}^2\right).$$

所求体积 $V=V_1-V_2=\frac{\pi}{6}(5\mathrm{e}^2-12\mathrm{e}+3)$.

6. 解：直线方程可写成$\begin{cases}x=1,\\ y=\frac{z-1}{2},\end{cases}$任取 $z\in[0,1]$，过点 z 垂直于 z 轴的截面面积

$A(z)=\pi R^2=\pi\left[1+\left(\frac{z-1}{2}\right)^2\right]$，所求体积 $V=\pi\int_0^1\left[1+\left(\frac{z-1}{2}\right)^2\right]\mathrm{d}z=\frac{13}{12}\pi$.

7. 解：当 $x\geqslant 0$ 时，解$\begin{cases}y=ax^2,\\ y=1-x^2\end{cases}$得 $x=\frac{1}{\sqrt{1+a}}$，$y=\frac{a}{1+a}$.

故直线 OA 的方程为 $y=\frac{ax}{\sqrt{1+a}}$.

旋转体体积　$V=\pi\int_0^{\frac{1}{\sqrt{1+a}}}\left(\frac{a^2x^2}{1+a}-a^2x^4\right)\mathrm{d}x=\frac{2}{15}\pi\frac{a^2}{(1+a)^{\frac{5}{2}}}$,

$V'=\frac{\pi(4a-a^2)}{15(1+a)^{\frac{7}{2}}}$. 令 $V'=0$，得 $a>0$ 内唯一驻点 $a=4$，由题意旋转体在 $a=4$ 体积取得最大值.

8. 解：环形体体积 $V_0=\pi\int_{-c}^{c}y^2\mathrm{d}x-2\pi r^2c$

$$=\frac{2\pi b^2}{a^2}\int_0^c(a^2-x^2)\mathrm{d}x-\frac{2\pi b^2c}{a^2}(a^2-c^2)$$

$$=\frac{4\pi}{3}\cdot\frac{b^2c^3}{a^2},$$

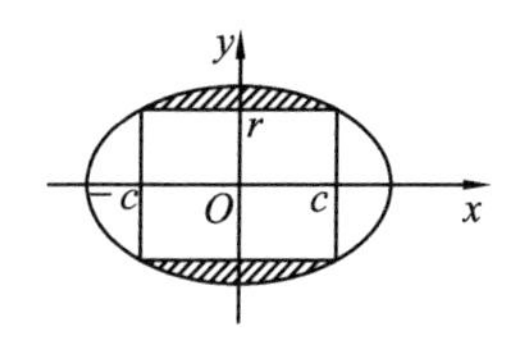

椭球体体积　$V=\pi\int_{-a}^{a}b^2\left(1-\frac{x^2}{a^2}\right)\mathrm{d}x=\frac{4}{3}\pi ab^2$.

由 $V_0=\frac{1}{2}V$，得 $c^3=\frac{1}{2}a^3$，而 $c=\frac{a}{b}\sqrt{b^2-r^2}$，于是 $r=b\sqrt{1-\frac{\sqrt[3]{2}}{2}}$.

9. 解：$y'=n\sqrt{\sin\frac{x}{n}}\cdot\frac{1}{n}=\sqrt{\sin\frac{x}{n}}$,

弧长　$s=\int_0^{n\pi}\sqrt{1+\sin\frac{x}{n}}\mathrm{d}x\xlongequal{\frac{x}{n}=\theta}\int_0^{\pi}\sqrt{1+\sin\theta}\,n\mathrm{d}\theta=4n$.

10. 解：设所求点为(x_0,y_0)，对应参数为 t_0，由题意

$$\int_0^{t_0}\sqrt{x_t'^2+y_t'^2}\mathrm{d}t=\frac{1}{4}\int_0^{\pi}\sqrt{x_t'^2+y_t'^2}\mathrm{d}t,$$

或 $\int_0^{t_0}\sqrt{a^2t^2\cos^2 t+a^2t^2\sin^2 t}\mathrm{d}t=\frac{1}{4}\int_0^{\pi}\sqrt{a^2t^2\cos^2 t+a^2t^2\sin^2 t}\mathrm{d}t$,

即 $a\frac{t_0{}^2}{2}=\frac{\pi^2}{8}a$，得 $t_0=\frac{\pi}{2}$，所求点为 $\left(\frac{\pi}{2}a,a\right)$.

11. 证明：(1) 以 x 为积分变量，任取 $[x,x+\mathrm{d}x]\subset[a,b]$，相应 $y=f(x)$ 上的小弧段为微元，其弧长 $\mathrm{d}s=\sqrt{1+y'^2}\mathrm{d}x$，它绕 x 轴旋转而得旋转曲面的面积近似为 $2\pi y\mathrm{d}s$，即旋转曲面的面积元素 $\mathrm{d}S=2\pi y\mathrm{d}s=2\pi y\sqrt{1+y'^2}\mathrm{d}x$，于是 $S=\int_a^b\mathrm{d}S=2\pi\int_a^b y\sqrt{1+y'^2}\mathrm{d}x$.

(2) 设切点为 $(x_0,\sqrt{x_0-1})$，曲线 $y=\sqrt{x-1}$ 在 $x=x_0$ 处的切线方程为

$$y-\sqrt{x_0-1}=\frac{1}{2\sqrt{x_0-1}}(x-x_0),$$

由于切线过原点，将 $(0,0)$ 代入上式，得 $x_0=2$，$y_0=1$，故切线方程为 $y=\frac{1}{2}x$.

曲线 $y=\sqrt{x-1}(1\leqslant x\leqslant 2)$ 绕 x 轴旋转而得旋转面的面积

$$S_1=2\pi\int_1^2 y\sqrt{1+y'^2}\mathrm{d}x=\pi\int_1^2\sqrt{4x-3}\mathrm{d}x=\frac{\pi}{6}(5\sqrt{5}-1),$$

直线 $y=\frac{1}{2}x(0\leqslant x\leqslant 2)$ 绕 x 轴旋转而得旋转面的面积

$$S_2=2\pi\int_0^2\frac{1}{2}x\cdot\frac{\sqrt{5}}{2}\mathrm{d}x=\sqrt{5}\pi,$$

所求表面积 $S=S_1+S_2=\frac{\pi}{6}(11\sqrt{5}-1)$.

12. 证明：先证存在性. 设在区间 $(a,1)(a\geqslant\frac{1}{2})$ 内任取 x_1，若 $\forall x\in[x_1,1]$，有 $f(x)=0$，则 $(x_1,1)$ 内任一点皆可作为 x_0. 否则，由 $f(x)$ 的连续性，$\exists x_2\in[x_1,1]$，使 $f(x_2)=\max\limits_{x\in[x_1,1]}f(x)$，且 $f(x_2)>0$. 在 $[0,x_2]$ 上作辅助函数

$$\varphi(x)=\int_x^1 f(t)\mathrm{d}t-xf(x),$$

则 $\varphi(x)$ 连续，且 $\varphi(0)>0$，又

$$\varphi(x_2)=\int_{x_2}^1 f(t)\mathrm{d}t-x_2f(x_2)\leqslant(1-2x_2)f(x_2)<0.$$

由闭区间上连续函数的介值定理，存在 $x_0\in(0,x_2)\subset(0,1)$，使得 $\varphi(x_0)=0$，即 $\int_{x_0}^1 f(t)\mathrm{d}t=x_0f(x_0)$，于是 x_0 存在.

再证唯一性，令 $F(x)=\int_x^1 f(t)\mathrm{d}t-xf(x)$，当 $x\in(0,1)$ 时，

$$F'(x)=-f(x)-f(x)-xf'(x)<0,$$

从而 $F(x)$ 在 $(0,1)$ 内单调减少，故题中所求 x_0 是唯一的.

注：此题也可令 $\varphi(x)=x\int_x^1 f(t)\mathrm{d}t$，在 $[0,1]$ 上使用罗尔定理，证明 x_0 的存在性.

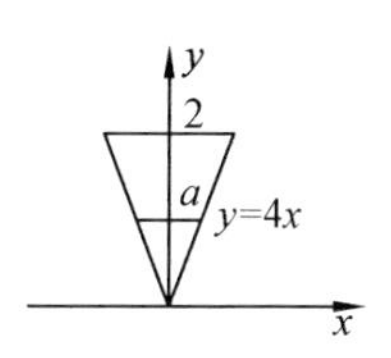

13. 解：坐标系如图所示，设水平线离水面$(2-a)$m处，由题意

$$2\int_0^a \rho g(2-y)\frac{1}{4}y\mathrm{d}y=2\int_a^2 \rho g(2-y)\frac{1}{4}y\mathrm{d}y,$$

整理得 $a^3-3a^2+2=0$，

解之得 $a=1$ 或 $a=1\pm\sqrt{3}$(舍去)，即水平线画在离水面 1m 处.

14. 解：将球从池底提升到球的顶部与水面平齐时，所用力为球重与浮力之差，此过程所做功

$$W_1=F(H-2R)=\frac{4}{3}\pi R^3 g(\rho-1)(H-2R),$$

继续将球移出水面时，此时设所做的功为 W_2. 以球心为原点，垂直于水面的方向向上为 x 轴建立坐标系，任取$[x,x+\mathrm{d}x]\subset[-R,R]$，相应球体薄片体积近似为 $\pi(R^2-x^2)\mathrm{d}x$，

$$\mathrm{d}W_2=\pi(R^2-x^2)(\rho-1)g(R-x)\mathrm{d}x+\pi(R^2-x^2)\rho g(R+x)\mathrm{d}x,$$

$$W_2=g\pi\int_{-R}^{R}(2\rho R-R+x)(R^2-x^2)\mathrm{d}x=\frac{4}{3}\pi R^4(2\rho-1)g,$$

所求功 $W=W_1+W_2=\dfrac{4}{3}\pi R^3 g[R+(\rho-1)H]$.

15. 解：以左棒右端点为坐标原点，沿棒所在直线自左向右建立坐标轴 x，在右棒上任取$[x,x+\mathrm{d}x]$一段，先求左棒对该小段的引力，在左棒上任取$[y,y+\mathrm{d}y]$一段，则此段引力

$$\mathrm{d}F_y=\frac{G\dfrac{m}{l}\mathrm{d}y\dfrac{m}{l}\mathrm{d}x}{(x-y)^2},$$

于是左棒对$[x,x+\mathrm{d}x]$相应小段的引力

$$\mathrm{d}F=\int_{-l}^{0}\mathrm{d}F_y=\int_{-l}^{0}\frac{Gm^2\mathrm{d}x}{(x-y)^2 l^2}\mathrm{d}y=\frac{Gm^2}{l^2}\left(\frac{1}{x}-\frac{1}{x+l}\right)\mathrm{d}x,$$

因此整个左棒对整个右棒的引力

$$F=\int_a^{a+l}\frac{Gm^2}{l^2}\left(\frac{1}{x}-\frac{1}{x+l}\right)\mathrm{d}x=\frac{Gm^2}{l^2}\ln\frac{(a+l)^2}{a(2l+a)}.$$

第七章　常微分方程

A 组

1. (1) $\mathrm{e}^{-y}=\dfrac{1}{2}\left(x\mathrm{e}^{2x}+\dfrac{1}{2}\mathrm{e}^{-2x}\right)+C$；(2) $y=\dfrac{1}{x}(\sin x-x\cos x+C)$；(3) $t=\dfrac{1}{s^2}\left(C-\dfrac{s^3}{3}\right)$；(4) $x^2=-y^2(C-y^2)$；(5) $y=x\mathrm{e}^{Cx}$；(6) 提示：$\dfrac{\mathrm{d}y}{\mathrm{d}x}-\dfrac{1}{2x\ln x}y=-\dfrac{y^3}{2x}$—伯努利方程；(7) $\dfrac{1}{3}\mathrm{e}^{-y^3}=\mathrm{e}^x+C$；(8) 提示：令 $y=ux\Rightarrow\begin{cases}xu'=\sqrt{1-u^2}\,(x>0),\\ xu'=-\sqrt{1-u^2}\,(x<0)；\end{cases}$ (9) 提示：$\dfrac{\mathrm{d}x}{\mathrm{d}y}-2x=-y^2$(一阶线性方程)；(10) 提示：(解法一)令 $u=\dfrac{y}{x}$(齐次方程)；(解法二)$(6x^3+3xy^2)\mathrm{d}x+$

$(3x^2y+3y^3)\mathrm{d}y=0$(全微分).

2. $(3x^2-y^2)yy'=(2y^2-x^2)x$.　**3.** $y(x)=2(1-\mathrm{e}^{\frac{x^2}{2}})$.

4. 解:设河的中心线为 y 轴,船的出发点为 $A(-l,0)$,船在河中的行驶轨迹为曲线 $\overset{\frown}{AB}$,则船处在 $M(x,y)$ 点的速度为 $v=\frac{\mathrm{d}x}{\mathrm{d}t}\boldsymbol{i}+\frac{\mathrm{d}y}{\mathrm{d}t}\boldsymbol{j}$,其中 $v_x=\frac{\mathrm{d}x}{\mathrm{d}t}=a$,$v_y=\frac{\mathrm{d}y}{\mathrm{d}t}=v_0\left(1-\frac{x^2}{l^2}\right)$,于是得微分方程 $\frac{\mathrm{d}y}{\mathrm{d}x}=\frac{v_0}{a}\left(1-\frac{x^2}{l^2}\right)$.

设边界条件 $y|_{x=-l}=0$,其特解 $y=\frac{v_0}{a}\left(x-\frac{x^3}{3l^2}+\frac{2}{3}l\right)(-l\leqslant x\leqslant l)$,即为船在河中的轨迹方程.当 $x=l$,$y=\frac{4v_0}{3a}l$ 时就是船的登陆点 B 的坐标.

5. (1) 令 $y'=P$,$y''=P'$ 得伯努利方程 $P'=\frac{2}{x}P+\frac{1}{x^2}P^2$,则解为 $y=-\frac{1}{2}(x+C_1)^2-C_1{}^2\ln|x-C_1{}^2|+C_2$.　(2) $y+\frac{1}{C_1}\ln y=x+C_2$.

(3) 原方程 $\Rightarrow\frac{yy''-y'^2}{y^2}=\ln y\Rightarrow\left(\frac{y'}{y}\right)'=\ln y\Rightarrow(\ln y)''=\ln y\Rightarrow\ln y=C_1\mathrm{e}^x+C_2\mathrm{e}^{-x}$.

(4) $C_1\mathrm{e}^{-3x}+C_2\mathrm{e}^x+\frac{1}{5}\mathrm{e}^{2x}$.　(5) $\mathrm{e}^{-2x}(C_1\cos x+C_2\sin x)-\frac{1}{65}(8\cos 2x-\sin 2x)$.

(6) $\mathrm{e}^{3x}(C_1+C_2x)+\left(\frac{1}{6}x^3+\frac{1}{2}x^2\right)\mathrm{e}^{3x}$.

(7) $C_1\mathrm{e}^{-x}+(C_2+C_3x)\sin x+(C_4+C_5x)\cos x$.

(8) $C_1\cos(\ln x)+C_2\sin(\ln x)-\ln x\cos(\ln x)$.

B 组

1. 解:$y=\begin{cases}(\sqrt{2}-4)\sin x+\sin 2x, & -\frac{\pi}{2}\leqslant x<0,\\ \sqrt{2}\sin x-\sin 2x, & 0\leqslant x\leqslant\frac{\pi}{2}.\end{cases}$

2. 解:(1) 令 $u=2x+y-3$,则 $\frac{\mathrm{d}y}{\mathrm{d}x}+2=\frac{\mathrm{d}u}{\mathrm{d}x}$,代入得 $\sqrt{2x+y-3}-2\ln|\sqrt{2x+y-3}+2|=\frac{x}{2}+C$.

(2) 因 $y\cdot\mathrm{d}y=\frac{\mathrm{e}^x}{1+\mathrm{e}^x}\mathrm{d}x\Rightarrow\mathrm{d}(y^2)=2\mathrm{d}[\ln(1+\mathrm{e}^x)]$,则 $y^2=\ln(1+\mathrm{e}^x)+1$.

(3) 令 $u=x+y$,则 $\frac{\mathrm{d}u}{\mathrm{d}x}=\frac{\mathrm{d}y}{\mathrm{d}x}+1$ 得 $\mathrm{e}^{-(x+y)}=-\frac{1}{2}x^2+C$.　(4) 一阶线性方程 $y=x+1-\frac{C}{\mathrm{e}^x-1}$.　(5) 令 $u=y^2$,则 $\frac{\mathrm{d}u}{\mathrm{d}x}-\frac{1}{x}\cdot u=1$(一阶线性方程),则 $y^2=Cx+x\ln|x|$.

3. 解:$y=x(2x+C)$,将 $y(1)=1$ 代入得 $y(x)=x(2x-1)$.

4. 解:令 $x=\frac{1}{x}$,得 $y=C_1\cos\frac{n}{x}+C_2\sin\frac{n}{x}$.

5. 解：微分方程通解为 $y=C_1e^{-x}+C_2e^{\frac{x}{2}}+\left(x^2-\frac{8}{9}\right)e^{-x}$，将 $y|_{x=0}=0,y'|_{x=0}=0$ 代入得 $y=x^2e^{-x}$.

(1) 令 $y'=2xe^{-x}-x^2e^{-x}=0$，得驻点 $x=2$. 又 $f''(2)=-2e^{-2}<0$，所以 $f_{\max}(x)=4e^{-2}$.

(2) $\int_0^{+\infty}f(x)dx=\int_0^{+\infty}x^2e^{-x}dx=2$.

6. 解：(1) 因为 $F'(x)=f'(x)g(x)+f(x)g'(x)=g^2(x)+f^2(x)$

$$=[g(x)+f(x)]^2-2f(x)g(x)=(2e^x)^2-2F(x),$$

所以 $F(x)$ 满足的一阶线性非齐次微分方程 $F'(x)+2F(x)=4e^{2x}$.

(2) 由一阶线性微分方程解的公式得

$$F(x)=e^{-\int 2dx}\left(\int 4e^{2x}\cdot e^{\int 2dx}dx+C\right)=e^{-2x}\left(\int 4e^{4x}dx+C\right)=e^{2x}+Ce^{-2x}.$$

将 $F(0)=f(0)g(0)=0$ 代入上式，得 $C=-1$，于是 $F(x)=e^{2x}-e^{-2x}$.

7. 解：当 $x\leqslant\frac{\pi}{2}$ 时，解满足 $\begin{cases}y''+y=x,\\ y|_{x=0}=0,y'|_{x=0}=0.\end{cases}$

特征根 $r_{1,2}=\pm i$，设特解 $y^*=Ax+B$，代入方程得 $A=1,B=0$，故 $y^*=x$.

故通解 $y=C_1\cos x+C_2\sin x+x$.

利用 $y|_{x=0}=0,y'|_{x=0}=0$，得 $y=-\sin x+x\left(x\leqslant\frac{\pi}{2}\right)$.

由 $x=\frac{\pi}{2}$ 处的衔接条件可知，当 $x>\frac{\pi}{2}$ 时，解满足

$$\begin{cases}y''+4y=0,\\ y|_{x=\frac{\pi}{2}}=-1+\frac{\pi}{2},y'|_{x=\frac{\pi}{2}}=1,\end{cases}$$

其通解 $y=C_1\sin 2x+C_2\cos 2x$.

定解问题的解 $y=-\frac{1}{2}\sin 2x+\left(1-\frac{\pi}{2}\right)\cos 2x,x\geqslant\frac{\pi}{2}$. 故所求解为

$$y=\begin{cases}-\sin x+x, & x<\frac{\pi}{2},\\ -\frac{1}{2}\sin 2x+\left(1-\frac{\pi}{2}\right)\cos 2x, & x\geqslant\frac{\pi}{2}.\end{cases}$$

8. 解：$f(x)=\sin x-x\int_0^x f(t)dt+\int_0^x tf(t)dt$，则

$f'(x)=\cos x-\int_0^x f(t)dt-xf(x)+xf(x)$，$f''(x)=-\sin x-f(x)$，

问题化为初值问题 $\begin{cases}f''(x)+f(x)=-\sin x,\\ f(0)=0,f'(0)=1,\end{cases}$

求得 $f(x)=\frac{1}{2}\sin x+\frac{x}{2}\cos x$.

9. 解：(1) 由反函数导数公式知 $\frac{dx}{dy}=\frac{1}{y'}$，即 $y'\frac{dx}{dy}=1$，上式两端对 x 求导，得

$$y''\frac{dx}{dy}+\frac{d^2x}{dy^2}(y')^2=0,$$

所以$\frac{d^2x}{dy^2}=-\frac{y''\frac{dx}{dy}}{(y')^2}=-\frac{y''}{(y')^3}$，代入原微分方程得

$$y''-y=\sin x. \tag{1}$$

(2) 方程(1)对应的齐次方程的通解为$Y=C_1e^x+C_2e^{-x}$.

设方程(1)的特解为$y^*=A\cos x+B\sin x$，代入①得$A=0,B=-\frac{1}{2}$故$y^*=-\frac{1}{2}\sin x$. 从而得方程(1)的通解 $$y=C_1e^x+C_2e^{-x}-\frac{1}{2}\sin x.$$

由初始条件$y(0)=0,y'(0)=\frac{3}{2}$，得$C_1=1,C_2=-1$，

故所求初值问题的解为$y=e^x-e^{-x}-\frac{1}{2}\sin x$.

10. 解：(1) $y(x)=1+\frac{x^3}{3!}+\frac{x^6}{6!}+\frac{x^9}{9!}+\cdots+\frac{x^{3n}}{(3n)!}+\cdots$,

$y'(x)=\frac{x^2}{2!}+\frac{x^5}{5!}+\frac{x^8}{8!}+\cdots+\frac{x^{3n-1}}{(3n-1)!}+\cdots$,

$y''(x)=x+\frac{x^4}{4!}+\frac{x^7}{7!}+\cdots+\frac{x^{3n-2}}{(3n-2)!}+\cdots$,

所以$y''+y'+y=\sum\limits_{n=0}^{\infty}\frac{x^n}{n!}=e^x$.

(2) 由(1)的结果可知所给级数的和函数满足 $\begin{cases}y''+y'+y=e^x,\\ y(0)=1,y'(0)=0,\end{cases}$

其特征方程$\lambda^2+\lambda+1=0$，特征根$\lambda_{1,2}=-\frac{1}{2}\pm\frac{\sqrt{3}}{2}i$,

所以齐次方程的通解为 $$y=e^{-\frac{1}{2}x}\left(C_1\cos\frac{\sqrt{3}}{2}x+C_2\sin\frac{\sqrt{3}}{2}x\right).$$

设非齐次方程的特解为$y^*=Ae^x$，代入原方程得$A=\frac{1}{3}$.

故非齐次方程的通解为

$$y=e^{-\frac{1}{2}x}\left(C_1\cos\frac{\sqrt{3}}{2}x+C_2\sin\frac{\sqrt{3}}{2}x\right)+\frac{1}{3}e^x,$$

代入初始条件$C_1=\frac{2}{3}$，$C_2=0$，故所求级数的和

$$\sum_{n=0}^{\infty}\frac{x^{3n}}{(3n)!}=\frac{2}{3}e^{-\frac{1}{2}x}\cos\frac{\sqrt{3}}{2}x+\frac{1}{3}e^x(-\infty<x<+\infty).$$

第八章　空间解析几何与向量代数

A 组

1. 略.　2. $B(18,17,-17)$.　**3.** (1) 略;(2) $\sqrt{481}$.　**4.** $\boldsymbol{i}+\frac{1}{2}\boldsymbol{j}-\frac{1}{2}\boldsymbol{k}$.　**5.** $\begin{cases}x=1,\\y=2\end{cases}$ 或 $\begin{cases}x=\frac{31}{17},\\y=-\frac{22}{17}.\end{cases}$　**6.** $x-y=0$.　**7.** $2y-z+4=0$.　**8.** $(-12,-4,18)$.　**9.** $2x-z-5=0$.

10. $3x-4y-5=0$, $387x-164y-24z-421=0$.

B 组

1. 解:由 $\begin{cases}(\boldsymbol{a}+3\boldsymbol{b})\cdot(7\boldsymbol{a}-5\boldsymbol{b})=0,\\(\boldsymbol{a}-4\boldsymbol{b})\cdot(7\boldsymbol{a}-2\boldsymbol{b})=0,\end{cases}$ 即 $\begin{cases}7\boldsymbol{a}^2+16\boldsymbol{a}\cdot\boldsymbol{b}-15\boldsymbol{b}^2=0,\\7\boldsymbol{a}^2-30\boldsymbol{a}\cdot\boldsymbol{b}+8\boldsymbol{b}^2=0,\end{cases}$ 得 $|\boldsymbol{a}|=|\boldsymbol{b}|$, $\cos(\widehat{\boldsymbol{a},\boldsymbol{b}})=\frac{1}{2}$,

所以 $(\widehat{\boldsymbol{a},\boldsymbol{b}})=\frac{\pi}{3}$.

2. 解:(1) $\boldsymbol{c}\cdot\boldsymbol{d}=(2\boldsymbol{a}+\boldsymbol{b})\cdot(k\boldsymbol{a}+\boldsymbol{b})=2k|\boldsymbol{a}|^2+(2+k)\boldsymbol{a}\cdot\boldsymbol{b}+|\boldsymbol{b}|^2=2k+4$,

当 $k=-2$ 时, $\boldsymbol{c}\cdot\boldsymbol{d}=0$, 即 $\boldsymbol{c}\perp\boldsymbol{d}$.

(2) $|\boldsymbol{c}\times\boldsymbol{d}|=|(2\boldsymbol{a}+\boldsymbol{b})\times(k\boldsymbol{a}+\boldsymbol{b})|=|2k(\boldsymbol{a}\times\boldsymbol{a})+2(\boldsymbol{a}\times\boldsymbol{b})+k(\boldsymbol{b}\times\boldsymbol{a})+\boldsymbol{b}\times\boldsymbol{b}|$

$$=|2-k|\cdot|\boldsymbol{a}\times\boldsymbol{b}|=|2-k|\cdot2\cdot\sin\frac{\pi}{2}=|4-2k|,$$

令 $|4-2k|=6$, 得 $k=-1$ 和 $k=5$.

3. 解: $|\boldsymbol{a}^2|=(3\boldsymbol{p}-4\boldsymbol{q})^2=9|\boldsymbol{p}|^2-24\boldsymbol{p}\cdot\boldsymbol{q}+16|\boldsymbol{q}|^2=9\times2^2-24\times2\times3\times\cos\frac{\pi}{3}+16\times3^2=108$,

$|\boldsymbol{b}|^2=(\boldsymbol{p}+2\boldsymbol{q})^2=|\boldsymbol{p}|^2+4\boldsymbol{p}\cdot\boldsymbol{q}+4|\boldsymbol{q}|^2=2^2+4\times2\times3\times\cos\frac{\pi}{3}+4\times3^2=52$,

故 $|\boldsymbol{a}|=\sqrt{108}=6\sqrt{3}$, $|\boldsymbol{b}|=\sqrt{52}=2\sqrt{13}$,

周长 $L=2(|\boldsymbol{a}|+|\boldsymbol{b}|)=12\sqrt{3}+4\sqrt{13}$.

4. 解: $\boldsymbol{s}\cdot\boldsymbol{c}=\boldsymbol{a}\cdot\boldsymbol{c}+\boldsymbol{b}\cdot\boldsymbol{c}+\boldsymbol{c}\cdot\boldsymbol{c}=|\boldsymbol{c}|^2$,

$\boldsymbol{s}\cdot\boldsymbol{s}=(\boldsymbol{a}+\boldsymbol{b}+\boldsymbol{c})^2=\boldsymbol{a}^2+\boldsymbol{b}^2+\boldsymbol{c}^2+2\boldsymbol{ab}+2\boldsymbol{bc}+2\boldsymbol{ca}=|\boldsymbol{a}|^2+|\boldsymbol{b}|^2+|\boldsymbol{c}|^2$,

$\cos(\widehat{\boldsymbol{s},\boldsymbol{c}})=\frac{\boldsymbol{s}\cdot\boldsymbol{c}}{|\boldsymbol{s}||\boldsymbol{c}|}=\frac{|\boldsymbol{c}|}{|\boldsymbol{s}|}=\frac{\sqrt{3}}{2}$, 故 $(\widehat{\boldsymbol{s},\boldsymbol{c}})=\frac{\pi}{6}$.

5. 解:所求平面的法向量为 $\boldsymbol{n}=(1,-1,1)\times(2,1,1)=(-2,1,3)$,

所求平面方程为 $-2(x-1)+(y+1)+3(z-1)=0$, 即 $2x-y-3z=0$.

6. 解:设 $P_1(1,-1,0)$, $P_2(2,-1,1)$, $\boldsymbol{s}=(1,2,1)$, $d=\frac{|\boldsymbol{P_1P_2}\times\boldsymbol{s}|}{|\boldsymbol{s}|}=\frac{2\sqrt{3}}{3}$.

7. 解:过点 $(2,3,1)$ 与直线 $\frac{x+7}{1}=\frac{y+2}{2}=\frac{z+2}{3}$ 垂直的平面方程为 $(x-2)+2(y-3)+3(z-1)=0$,

即 $x+2y+3z-11=0$.

将 $x=t-7$, $y=2t-2$, $z=3t-2$ 代入上式,得 $t=2$,所求投影为 $(-5,2,4)$.

8. 解：设 $\lambda(2x+y-3z+2)+\mu(5x+5y-4z+3)=0$，

即 $(2\lambda+5\mu)x+(\lambda+5\mu)y+(-3\lambda-4\mu)z+2\lambda+3\mu=0$.

将$(4,-3,1)$代入，得 $\lambda:\mu=1:(-1)$，故有 $3x+4y-z+1=0$.

再由 $3(2\lambda+5\mu)+4(\lambda+5\mu)-(-3\lambda-4\mu)=0$，得 $\lambda:\mu=3:(-1)$，

故有 $x-2y-5z+3=0$. 从而所求平面方程为 $3x+4y-z+1=0$ 及 $x+2y-5z+3=0$.

9. 解：设所求直线方程为$\dfrac{x-1}{l}=\dfrac{y+2}{m}=\dfrac{z-3}{n}$，

则有$\begin{cases}4l+3m-2n=0,\\ \begin{vmatrix}1 & -2 & 3\\ 0 & 0 & 1\\ l & m & n\end{vmatrix}=0,\end{cases}$

从而有 $l:m:n=1:(-2):(-1)$，所求直线方程为$\dfrac{x-1}{1}=\dfrac{y+2}{-2}=\dfrac{z-3}{-1}$.

10. 解：已知两直线的方向向量为 $\boldsymbol{s}_1=(1,2,1)$，$\boldsymbol{s}_2=(1,3,2)$，

令 $\boldsymbol{s}_3=\boldsymbol{s}_1\times\boldsymbol{s}_2$，则 $\boldsymbol{s}_3=(1,-1,1)$.

设所求平面的法向量为 $\boldsymbol{n}$，则有 $\boldsymbol{n}=\boldsymbol{s}_3\times\boldsymbol{s}=(1,2,1)$.

下求公垂线 L 上的一个点.

设此公垂线与 L_1 和 L_2 分别交于 $A(t+1,2t-2,t+5)$及 $B(\lambda,3\lambda-3,2\lambda-1)$，

则$\overrightarrow{AB}/\!/\boldsymbol{s}_3$，从而有 $\dfrac{\lambda-t-1}{1}=\dfrac{3\lambda-2t-1}{-1}=\dfrac{2\lambda-t-6}{1}$，

解出 $t=6$，$\lambda=5$，故有 $A(7,10,11)$.

所求平面方程为$(x-7)+2(y-10)+(z-11)=0$，即 $x+2y+z-38=0$.

11. 解：设 $P(x,y,z)$为锥面上任一点，则有$(\widehat{\boldsymbol{k},\overrightarrow{OP}})=\dfrac{\pi}{6}$，$\cos\dfrac{\pi}{6}=\dfrac{\boldsymbol{k}\cdot\overrightarrow{OP}}{|\boldsymbol{k}||\overrightarrow{OP}|}$，

所求锥面方程为 $z^2=3(x^2+y^2)$.

12. 证明：将曲面 S 的方程写成$(\pm\sqrt{x^2+y^2})^2=\left(\dfrac{1}{1+z^2}\right)^2$，它具有形式 $f(\pm\sqrt{x^2+y^2},z)=0$，

故曲面 S 可看做以$\begin{cases}x=\dfrac{1}{1+z^2},\\ y=0\end{cases}$（或$\begin{cases}x=-\dfrac{1}{1+z^2},\\ y=0\end{cases}$）为母线，以 z 轴为旋转轴的旋转曲面，

也可看做以$\begin{cases}y=\pm\dfrac{1}{1+z^2},\\ x=0\end{cases}$为母线，以 z 轴为旋转轴的旋转曲面.

第九章　多元函数微分法及其应用

A 组

1. $\begin{cases}x^2+y^2\leqslant 2\sqrt{2},\\ |y|>1.\end{cases}$　**2.** (1) 不存在；(2) 不存在.

3. $\dfrac{\partial z}{\partial y}=2xyf(x^2-y^2,xy)+2x^3y\dfrac{\partial f}{\partial u}+x^2y^2\dfrac{\partial f}{\partial v}$,

$\dfrac{\partial z}{\partial y}=x^2f(x^2-y^2,xy)-2x^2y^2\dfrac{\partial f}{\partial u}+x^3y\dfrac{\partial f}{\partial v}$.

4. $\mathrm{d}z=\dfrac{1}{x^2y^2}\mathrm{e}^{\frac{x^2+y^2}{xy}}[(x^4-y^4+2x^3y)y\mathrm{d}x+(y^4-x^4+2y^3x)x\mathrm{d}y]$. 5. 略. 6. 略.

7. (1) $f_x=f_y=0$；(2) $\mathrm{d}f=0$；(3) 偏导数不连续. 8. 略.

9. $\dfrac{\mathrm{d}u}{\mathrm{d}t}=\dfrac{x}{15^3y^2-2}[3y(3y^2-2t)+2x^2(5x^3t-1)]$. 10. $\dfrac{\partial^2 z}{\partial x\partial y}=\dfrac{z(1-x^2y^2)}{(\cos z-xy)^3}$. 11. 略.

12. $z'_x=\dfrac{f'(x)}{f(x)g'(x)\ln\psi(y)}, z'_y=\dfrac{-\psi'(y)g(z)}{\psi(y)g'(z)\ln\psi(y)}$.

13. $z'_x=\dfrac{1}{2}f'_u(u,v)\left[yg'(xy)+\dfrac{1}{y}h'\left(\dfrac{x}{y}\right)\right]+\dfrac{1}{2}f'_v(u,v)\left[yg'(xy)-\dfrac{1}{y}h'\left(\dfrac{x}{y}\right)\right]$,

$z'_y=\dfrac{1}{2}f'_u(u,v)\left[yg'(xy)+\dfrac{x}{y^2}h'\left(\dfrac{x}{y}\right)\right]+\dfrac{1}{2}f'_v(u,v)\left[xg'(xy)-\dfrac{x}{y^2}h'\left(\dfrac{x}{y}\right)\right]$.

14. 略. 15. 略.

16. $\pm\left(\dfrac{1}{\sqrt6},\dfrac{1}{\sqrt6},-\dfrac{2}{\sqrt6}\right)$. 17. 略. 18. 极小值 $z=1$,极大值 $z=-\dfrac{8}{7}$. 19. 略.

20. $x=\dfrac{p}{3}, y=\dfrac{2p}{3}, V_{\max}=\dfrac{8\pi p^3}{27}$. 21. $(1,1,2),(-1,-1,2)$.

22. $\mathbf{grad}\, u\Big|_M=(5,4,3), \mathrm{Prj}_l(\mathbf{grad}\, u)=\dfrac{11\sqrt{14}}{7}$.

B组

1. 解：本题有三个方程,四个变量,只有一个自变量,设为 $x. y,z,u$ 为 x 的函数,三个方程两边分别对 x 求导数

$$\begin{cases}\dfrac{\mathrm{d}u}{\mathrm{d}x}=\dfrac{\partial f}{\partial x}+\dfrac{\partial f}{\partial y}\cdot\dfrac{\mathrm{d}y}{\mathrm{d}x},\\ \dfrac{\partial g}{\partial x}+\dfrac{\partial g}{\partial y}\cdot\dfrac{\mathrm{d}y}{\mathrm{d}x}+\dfrac{\partial g}{\partial z}\cdot\dfrac{\mathrm{d}z}{\mathrm{d}x}=0,\\ \dfrac{\partial h}{\partial x}+\dfrac{\partial h}{\partial z}\cdot\dfrac{\mathrm{d}z}{\mathrm{d}x}=0,\end{cases}$$

解方程组得 $\dfrac{\mathrm{d}u}{\mathrm{d}x}=\dfrac{f'_xg'_yh'_z+f'_yg'_zh'_x-f'_yg'_xh'_z}{h'_zg'_y}$.

2. 解：$\dfrac{\partial u}{\partial x}=yf'\left(\dfrac{x}{y}\right)\cdot\dfrac{1}{y}+g\left(\dfrac{y}{x}\right)+xg'\left(\dfrac{y}{x}\right)\cdot\left(-\dfrac{y}{x^2}\right)$

$$=f'\left(\dfrac{x}{y}\right)+g\left(\dfrac{y}{x}\right)-\dfrac{y}{x}g'\left(\dfrac{y}{x}\right),$$

$$\dfrac{\partial^2 u}{\partial x^2}=\dfrac{1}{y}f''\left(\dfrac{x}{y}\right)+g'\left(\dfrac{y}{x}\right)\cdot\left(-\dfrac{y}{x^2}\right)+\dfrac{y}{x^2}g'\left(\dfrac{y}{x}\right)+\dfrac{y^2}{x^3}g''\left(\dfrac{y}{x}\right)$$

$$=\dfrac{1}{y}f''\left(\dfrac{x}{y}\right)+\dfrac{y^2}{x^3}g''\left(\dfrac{y}{x}\right).$$

$$\frac{\partial^2 u}{\partial x\partial y}=f''\left(\frac{x}{y}\right)\cdot\left(-\frac{x}{y^2}\right)+g'\left(\frac{y}{x}\right)\cdot\frac{1}{x}-\frac{1}{x}g'\left(\frac{y}{x}\right)-\frac{y}{x^2}g''\left(\frac{y}{x}\right)$$
$$=-\frac{x}{y^2}f''\left(\frac{x}{y}\right)-\frac{y}{x^2}g''\left(\frac{y}{x}\right).$$

3. 解：$\frac{\partial z}{\partial x}=-\frac{1}{x^2}f(xy)+\frac{y}{x}f'(xy)+yf'(x+y)$，

$$\frac{\partial^2 z}{\partial x\partial y}=-\frac{1}{x}f'(xy)+\frac{1}{x}f'(xy)+\frac{y}{x}f''(xy)x+f'(x+y)+yf''(x+y)$$
$$=yf''(xy)+f'(x+y)+yf''(x+y).$$

4. 解：第一式两边微分

$du=\varphi'(t)dt+g(x)dx-g(y)dy$，

由 $f'(u)du=\frac{\partial z}{\partial x}dx+\frac{\partial z}{\partial y}dy$，

得 $g(y)\frac{\partial z}{\partial x}+g(x)\cdot\frac{\partial z}{\partial y}=g(y)f'(u)g(x)+g(x)[-f'(u)]g(y)=0.$

5. 解：本题共有 5 个变量，3 个方程，故有 2 个自变量，设为 y,v. 三个等式两边分别关于 y 求导，得

$\frac{\partial x}{\partial y}=-\frac{1}{u^2}\frac{\partial u}{\partial y}$，$1=-\frac{2}{u^3}\frac{\partial u}{\partial y}$，

$\frac{\partial z}{\partial y}=-\frac{3}{u^4}\frac{\partial u}{\partial y}+e^x\frac{\partial x}{\partial y}$，

解得 $\frac{\partial z}{\partial y}=\frac{3}{2u}+\frac{u}{2}e^x$.

同理，等式两边分别关于 v 求导可得 $\frac{\partial z}{\partial v}=\frac{3}{uv^3}-\frac{3}{v^4}-\frac{e^x}{v^2}+\frac{ue^x}{v^3}$.

6. 证明：充分性. 设 $u(x,y)=f(x)g(y)$，则 $\frac{\partial u}{\partial x}=f'(x)g(y)$，$\frac{\partial u}{\partial y}=f(x)g'(y)$，$\frac{\partial^2 u}{\partial x\partial y}=f'(x)g'(y)$，

$u\frac{\partial^2 u}{\partial x\partial y}=f(x)g(y)f'(x)g'(y)=\frac{\partial u}{\partial x}\cdot\frac{\partial u}{\partial y}$.

必要性. 设 $u\frac{\partial^2 u}{\partial x\partial y}=\frac{\partial u}{\partial x}\cdot\frac{\partial u}{\partial y}$，

则 $\frac{\partial}{\partial y}\left(\frac{\frac{\partial u}{\partial x}}{u}\right)=\frac{\frac{\partial^2 u}{\partial x\partial y}\cdot u-\frac{\partial y}{\partial x}\cdot\frac{\partial y}{\partial y}}{u^2}=0$，可设 $\frac{\frac{\partial u}{\partial x}}{u}=\alpha(x)$，即 $\frac{\partial}{\partial x}(\ln u)=\alpha(x)$，

$\ln u=\int\alpha(x)dx+\beta(y)$，

所以 $u=e^{\int\alpha(x)dx+\beta(y)}=e^{\int\alpha(x)dx}\cdot e^{\beta(y)}$. 结论成立.

7. 证明：因为 $u(x,y)=x^nf\left(\frac{y}{x}\right)+y^{1-n}g\left(\frac{y}{x}\right)$，

所以 $u(tx,ty)=t^nx^nf\left(\frac{y}{x}\right)+t^{1-n}y^{1-n}g\left(\frac{y}{x}\right)$.

等式两边关于 t 求导

$$u'_1(tx,ty)\cdot x+u'_2(tx,ty)\cdot y=nt^{n-1}x^nf\left(\frac{y}{x}\right)+(1-n)t^{-n}y^{1-n}g\left(\frac{y}{x}\right),$$

等式两边关于 t 再求一次导数

$$u''_{11}(tx,ty)x^2+u''_{12}(tx,ty)xy+u''_{21}(tx,ty)xy+u''_{22}(tx,ty)y^2=n(n-1)t^{n-2}x^nf\left(\frac{y}{x}\right)+$$

$$(1-n)(-n)y^{1-n}g\left(\frac{y}{x}\right),$$

令 $t=1$，得 $x^2u''_{xx}+2xyu''_{xy}+y^2u''_{yy}=n(n-1)u$. 证毕.

8. 证明：$\dfrac{\partial z}{\partial x}=f\left(\dfrac{y}{x}\right)+x\cdot f'\left(\dfrac{y}{x}\right)\cdot\left(-\dfrac{y}{x^2}\right)=f-\dfrac{y}{x}f'\left(\dfrac{y}{x}\right),$

$\dfrac{\partial z}{\partial y}=x\cdot f'\left(\dfrac{y}{x}\right)\cdot\dfrac{1}{x}=f'\left(\dfrac{y}{x}\right),$

曲面上任一点 $M_0(x_0,y_0,z_0)$ 处的切平面方程为

$$z-z_0=\left[f\left(\frac{y_0}{x_0}\right)-\frac{y_0}{x_0}f'\left(\frac{y_0}{x_0}\right)\right](x-x_0)+f'\left(\frac{y_0}{x_0}\right)\cdot(y-y_0).$$

由于 $z_0=x_0f\left(\dfrac{y_0}{x_0}\right)$，将原点坐标代入上述切平面方程等式成立，故曲面上任一点切平面过原点.

9. 解：设 (x,y,z) 为长方体在第一卦限中顶点的坐标，则长方体体积 $V=8xyz$，作拉格朗日函数

$$L=8xyz+\lambda\left(\frac{x^2}{a^2}+\frac{y^2}{b^2}+\frac{z^2}{c^2}-1\right),$$

令 $\begin{cases}L_x=8yz+\dfrac{2\lambda x}{a^2}=0,\\ L_y=8xz+\dfrac{2\lambda y}{b^2}=0,\\ L_z=8xy+\dfrac{2\lambda z}{c^2}=0,\\ \dfrac{x^2}{a^2}+\dfrac{y^2}{b^2}+\dfrac{z^2}{c^2}=1.\end{cases}$

上述方程组中前三式分别乘以 x,y,z 后相加得 $24xyz+2\lambda\left(\dfrac{x^2}{a^2}+\dfrac{y^2}{b^2}+\dfrac{z^2}{c^2}\right)=0,$

$\lambda=-12xyz$，代入第一个方程解为 $x=\dfrac{a}{\sqrt{3}}$，同理，$y=\dfrac{b}{\sqrt{3}}$，$z=\dfrac{c}{\sqrt{3}}$.

由于驻点唯一且体积最大值一定存在，故 $V_{\max}=8\cdot\dfrac{a}{\sqrt{3}}\cdot\dfrac{b}{\sqrt{3}}\cdot\dfrac{c}{\sqrt{3}}=\dfrac{8}{3\sqrt{3}}abc.$

10. 解：所求长、短半轴长即为原点到椭圆距离 d 的最大、最小值，作拉格朗日函数

$$L=x^2+y^2+z^2+\lambda\left(\frac{x^2}{3}+\frac{y^2}{2}+z^2-1\right)+\mu(x+y+z),$$

令 $\begin{cases} L_x = 2x + \dfrac{2\lambda}{3}x + \mu = 0, \\ L_y = 2y + \lambda y + \mu = 0, \\ L_z = 2z + 2\lambda z + \mu = 0, \\ \dfrac{x^2}{3} + \dfrac{y^2}{2} + z^2 = 1, \\ x + y + z = 0. \end{cases}$

解方程组得 $d_{\max} = \sqrt{\dfrac{11+\sqrt{13}}{6}}, d_{\min} = \sqrt{\dfrac{11-\sqrt{13}}{6}}$.

11. 证明：曲面上任一点的法向量 $\boldsymbol{n}=(f_1, f_2, -af_1-bf_2)$，
已知直线的方向向量 $\boldsymbol{l}=(a,b,1)$. 又 $\boldsymbol{n}\cdot\boldsymbol{l}=0$，所以 $\boldsymbol{n}\perp\boldsymbol{l}$，故结论成立.

12. 解：椭球面上任一点 (x,y,z) 到平面的距离 $d=\dfrac{|x+4y+6z-30|}{\sqrt{53}}$，

作拉格朗日函数 $L=\dfrac{1}{53}(x+4y+6z-30)^2+\lambda(x^2+2y^2+3z^2-21)$，

令 $\begin{cases} L_x = \dfrac{2}{53}(x+4y+6z-30)+2\lambda x, \\ L_y = \dfrac{8}{\sqrt{53}}(x+4y+6z-30)+4\lambda y, \\ L_z = \dfrac{12}{\sqrt{53}}(x+4y+6z-30)+6\lambda z, \\ x^2+2y^2+3z^2=21. \end{cases}$

解方程组求得 $d_{\max}=\dfrac{51}{\sqrt{53}}, d_{\min}=\dfrac{9}{\sqrt{53}}$.

13. 解：设切平面在两球上的切点分别为 $P_1(x_1,y_1,z_1)$，$P_2(x_2,y_2,z_2)$，则切平面分别为 $x_1x+y_1y+z_1z=25$ 和 $x_2x+y_2y+(z_2-8)(z-8)=1$，即 $x_2x+y_2y+(z_2-8)z=1+8(z_2-8)$. 由于是公切面，因此

$$\frac{x_1}{x_2}=\frac{y_1}{y_2}=\frac{z_1}{z_2-8}=\frac{25}{1+8(z_2-8)}=\lambda, \qquad (*)$$

故得 $x_1=\lambda x_2, y_1=\lambda y_2, z_1=\lambda(z_2-8)$.

由于 $\begin{cases} {x_1}^2+{y_1}^2+{z_1}^2=25, \\ {x_2}^2+{y_2}^2+(z_2-8)^2=1, \end{cases} \qquad (**)$

故得 $\lambda=\pm 5$，代入 $(*)$ 得

$\begin{cases} \lambda=5, \\ z_1=\dfrac{5}{2}, \\ z_2=\dfrac{17}{2}, \end{cases}$ 或 $\begin{cases} \lambda=-5, \\ z_1=\dfrac{15}{4}, \\ z_2=\dfrac{29}{4}. \end{cases}$

由于公切面在 x 轴，y 轴上截距相同且为正，因此 $x_1=y_1>0, x_2=y_2>0$，代入 $(**)$ 得

$\lambda=5$ 时，$x_1=y_1=\frac{5\sqrt{6}}{4}$，$x_2=y_2=\frac{\sqrt{6}}{4}$；$\lambda=-5$ 时，$x_1=y_1=\frac{5\sqrt{14}}{8}$，$x_2=y_2=\frac{\sqrt{14}}{8}$.

故公切平面为$\frac{5\sqrt{6}}{4}x+\frac{5\sqrt{6}}{4}y+\frac{5}{2}z=25$ 和$\frac{5\sqrt{14}}{8}x+\frac{5\sqrt{14}}{8}y+\frac{15}{4}z=25$，

即 $\sqrt{6}x+\sqrt{6}y+2z=20$ 和 $\sqrt{14}x+\sqrt{14}y+6z-40=0$.

14. 解：令 $f(x,y)=x^2+(y-1)^2$，当椭圆面积最小时，椭圆必外切于圆，即 $f(x,y)$在约束条件$\frac{x^2}{a^2}+\frac{y^2}{b^2}=1$ 下的最小值为 1. 令 $L=x^2+(y-1)^2+\lambda\left(\frac{x^2}{a^2}+\frac{y^2}{b^2}-1\right)$，

令$\begin{cases}L_x=2x+\frac{2\lambda x}{a^2}=0,\\ L_y=2(y-1)+\frac{2\lambda y}{b^2}=0,\\ \frac{x^2}{a^2}+\frac{y^2}{b^2}=1,\end{cases}$ 即 $\begin{cases}(\lambda+a^2)x=0,\\ (\lambda+b^2)y=b^2,\\ \frac{x^2}{a^2}+\frac{y^2}{b^2}=1.\end{cases}$

若 $x\neq0$，得 $\lambda=-a^2$，$y_1=\frac{b^2}{b^2-a^2}$，$x_1=a\sqrt{1-\frac{b^2}{(b^2-a^2)^2}}$，

由 $f(x_1,y_1)={x_1}^2+(y_1-1)^2=1$ 得 $a^2b^2-a^4-b^2=0$.

令 $L_1=\pi ab+\mu(a^2b^2-a^4-b^2)$，求得驻点 $a=\frac{\sqrt{6}}{2}$，$b=\frac{3\sqrt{2}}{2}$，故椭圆面积最小值 $A_1=\frac{3\sqrt{3}}{2}\pi$.

若 $x=0$，则 $y=b$，由 $x^2+(y-1)^2=1$ 得 $b=2$，切点为$(0,2)$，又由于要求椭圆面积达到最小，故椭圆在$(0,2)$处的曲率为 1，且凸面向上，令椭圆的参数方程为$\begin{cases}x=a\cos t,\\ y=2\sin t,\end{cases}$

则$\left.\frac{\mathrm{d}^2y}{\mathrm{d}x^2}\right|_{t=\frac{\pi}{2}}=-1$，从而$\frac{2}{a^2}=1$，$a=\sqrt{2}$，此时椭圆面积 $A_2=2\sqrt{2}\pi>\frac{3\sqrt{3}}{2}\pi=A_1$.

因此，当 $a=\frac{\sqrt{6}}{2}$，$b=\frac{3\sqrt{2}}{2}$时，椭圆面积为最小.

第十章　重积分

A 组

1. $\frac{2}{15}(9\sqrt{2}-1)$.　**2.** $\frac{2}{3}\leqslant I\leqslant2$.　**3.** (1) $\int_0^a\mathrm{d}r\int_{\arcsin\frac{r^2}{a^2}}^{0}f(r,\theta)\mathrm{d}\theta$；(2) $\int_0^1\mathrm{d}y\int_{\sqrt{y}}^{3-2x}f(x,y)\mathrm{d}x$.

4. $\frac{1}{6}\left(\frac{2}{\mathrm{e}}-1\right)$.　**5.** 4π.　**6.** $\frac{\pi^2}{16}+\frac{5\pi}{8}$.　**7.** 略.　8. 2π.　**9.** $\frac{\pi}{a}t^2(2a-t)$，$t=\frac{4a}{3}$时，$S_{\max}=\frac{32}{27}\pi a^2$.　**10.** $\frac{\pi}{8}$.　**11.** 略.

B 组

1. 解：设 $f(x,y)=x+xy-x^2-y^2$，令 $\frac{\partial f}{\partial x}=1+y-2x=0$，$\frac{\partial f}{\partial y}=x-2y=0$，

解得驻点$\left(\frac{2}{3},\frac{1}{3}\right)$，在边界 $x=0,0<y<2$ 上，$f(x,y)=-y^2,\frac{df}{dy}=-2y$，无极值点；

在边界 $x=1,0<y<2$ 上，$f(x,y)=y-y^2,\frac{df}{dy}=1-2y=0,y=\frac{1}{2}$；

在边界 $y=0,0<x<1$ 上，$f(x,y)=x-x^2,\frac{df}{dx}=1-2x=0,x=\frac{1}{2}$；

在边界 $y=2,0<x<1$ 上，$f(x,y)=3x-x^2-4,\frac{df}{dx}=3-2x,x=\frac{3}{2}$，无极值点.

于是 $f(x,y)$ 可能取最大，最小值的点有$\left(\frac{2}{3},\frac{1}{3}\right),\left(1,\frac{1}{2}\right),\left(\frac{1}{2},0\right)$及$(0,0),(0,2),(1,0),(1,2)$.

而 $f\left(\frac{2}{3},\frac{1}{3}\right)=\frac{1}{3},f\left(1,\frac{1}{2}\right)=\frac{1}{4},f\left(\frac{1}{2},0\right)=\frac{1}{4}$，

$f(0,0)=0,f(0,2)=-4,f(1,0)=0,f(1,2)=-2$，

因此 $-4\leqslant f(x,y)\leqslant\frac{1}{3}$，又 D 的面积为 2，所以 $-8\leqslant\iint\limits_D(x+xy-x^2-y^2)\mathrm{d}x\mathrm{d}y\leqslant\frac{2}{3}$.

2. 解：这两个二次积分的积分区域分别为

$D_1=\left\{(x,y)\,\middle|\,\frac{1}{2}\leqslant x\leqslant\sqrt{y},\frac{1}{4}\leqslant y\leqslant\frac{1}{2}\right\}$，$D_2=\left\{(x,y)\,\middle|\,\sqrt{y}\leqslant x\leqslant y,\frac{1}{2}\leqslant y\leqslant 1\right\}$.

画出 D_1 与 D_2 的图形，则 $D_1+D_2=\left\{(x,y)\,\middle|\,x^2\leqslant y\leqslant x,\frac{1}{2}\leqslant x\leqslant 1\right\}$，交换二次积分的积分次序，

原式$=\int_{\frac{1}{2}}^1\mathrm{d}x\int_{x^2}^x\mathrm{e}^{\frac{y}{x}}\mathrm{d}_y=\int_{\frac{1}{2}}^1 x\mathrm{e}^{\frac{y}{x}}\Big|_{x^2}^x\mathrm{d}x=\int_{\frac{1}{2}}^1 x(\mathrm{e}-\mathrm{e}^x)\mathrm{d}x=\frac{3}{8}\mathrm{e}-\frac{1}{2}\sqrt{\mathrm{e}}$.

3. 解：设 $D_1=\{(x,y)\mid 0\leqslant x\leqslant 1,0\leqslant y\leqslant x\}$，

$D_2=\{(x,y)\mid 0\leqslant x\leqslant 1,x\leqslant y\leqslant 1\}$，

$$\text{则}\iint\limits_D\mathrm{e}^{\max\{x^2,y^2\}}\mathrm{d}x\mathrm{d}y=\iint\limits_{D_1}\mathrm{e}^{\max\{x^2,y^2\}}\mathrm{d}x\mathrm{d}y+\iint\limits_{D_2}\mathrm{e}^{\max\{x^2,y^2\}}\mathrm{d}x\mathrm{d}y$$

$$=\iint\limits_{D_1}\mathrm{e}^{x^2}\mathrm{d}x\mathrm{d}y+\iint\limits_{D_2}\mathrm{e}^{y^2}\mathrm{d}x\mathrm{d}y=\int_0^1\mathrm{d}x\int_0^x\mathrm{e}^{x^2}\mathrm{d}y+\int_0^1\mathrm{d}y\int_0^y\mathrm{e}^{y^2}\mathrm{d}x$$

$$=\int_0^1 x\mathrm{e}^{x^2}\mathrm{d}x+\int_0^1 y\mathrm{e}^{y^2}\mathrm{d}y=\mathrm{e}-1.$$

4. 解法一：设所考虑的球体为 Ω，以 Ω 的球心为原点 O，射线 OP_0 为正 x 轴建立坐标系，则点 P_0 的坐标为 $(R,0,0)$，球面的方程为 $x^2+y^2+z^2=R^2$.

设 Ω 的重心位置为 $(\overline{x},\overline{y},\overline{z})$，由对称性，得 $\overline{y}=\overline{z}=0$，

$$\overline{x}=\frac{\iiint\limits_\Omega xk[(x-R)^2+y^2+z^2]\mathrm{d}V}{\iiint\limits_\Omega k[(x-R)^2+y^2+z^2]\mathrm{d}V}.$$

$$\text{而}\iiint\limits_\Omega[(x-R)^2+y^2+z^2]\mathrm{d}V=\iiint\limits_\Omega(x^2+y^2+z^2)\mathrm{d}v+\iiint\limits_\Omega R^2\mathrm{d}V$$

$$=8\int_0^{\frac{\pi}{2}}\mathrm{d}\theta\int_0^{\frac{\pi}{2}}\mathrm{d}\varphi\int_0^R r^2r^2\sin\varphi\mathrm{d}r+\frac{4}{3}\pi R^5=\frac{32}{15}\pi R^5,$$

$\iiint\limits_{\Omega} x[(x-R)^2+y^2+z^2]\mathrm{d}V=-2R\iiint\limits_{\Omega} x^2\mathrm{d}v=-\dfrac{2R}{3}\iiint\limits_{\Omega}(x^2+y^2+z^2)\mathrm{d}V=-\dfrac{8}{15}\pi R^6$，故$\overline{x}=-\dfrac{1}{4}R$，因此，球体 Ω 的重心位置为$\left(-\dfrac{R}{4},0,0\right)$.

解法二：设所考虑的球体为 Ω，球心为 O'，以定点 P_0 为原点，射线 P_0O' 为正 z 轴建立直角坐标系，则球面的方程为 $x^2+y^2+z^2=2Rz$.

设 Ω 的重心位置为$(\overline{x},\overline{y},\overline{z})$，由对称性得$\overline{x}=\overline{y}=0$，

$$\overline{z}=\frac{\iiint\limits_{\Omega} kz(x^2+y^2+z^2)\mathrm{d}V}{\iiint\limits_{\Omega} k(x^2+y^2+z^2)\mathrm{d}V}.$$

$$\iiint\limits_{\Omega}(x^2+y^2+z^2)\mathrm{d}V=4\int_0^{\frac{\pi}{2}}\mathrm{d}\theta\int_0^{\frac{\pi}{2}}\mathrm{d}\varphi\int_0^{2R\cos\varphi}r^4\sin\varphi\mathrm{d}r=\frac{32}{15}\pi R^5,$$

而$\iiint\limits_{\Omega} z(x^2+y^2+z^2)\mathrm{d}V=4\int_0^{\frac{\pi}{2}}\mathrm{d}\theta\int_0^{\frac{\pi}{2}}\mathrm{d}\varphi\int_0^{2R\cos\varphi}r^5\sin\varphi\cos\varphi\mathrm{d}r$

$$=\frac{64}{3}\pi R^6\int_0^{\frac{\pi}{2}}\cos^7\varphi\sin\varphi\mathrm{d}\varphi=\frac{8}{3}\pi R^6,$$

故 $\overline{z}=\dfrac{5}{4}R$，因此，球体 Ω 的重心位置为$\left(0,0,\dfrac{5}{4}R\right)$.

5. 解：化为二次积分后交换积分次序得

$$\begin{aligned}
\text{原式}&=\int_{-1}^{1}\mathrm{d}y\int_{-1}^{1}f(x-y)\mathrm{d}x\xlongequal{\text{令}x-y=t}\int_{-1}^{1}\mathrm{d}y\int_{-1-y}^{1-y}f(t)\mathrm{d}t\\
&=\int_{-2}^{0}\mathrm{d}t\int_{-1-t}^{1}f(t)\mathrm{d}y+\int_0^2\mathrm{d}t\int_{-1}^{1-t}f(t)\mathrm{d}y=\int_{-2}^{0}f(t)(2+t)\mathrm{d}t+\int_0^2 f(t)(2-t)\mathrm{d}t\\
&=\int_{-2}^{0}f(t)(2-|t|)\mathrm{d}t+\int_0^2 f(t)(2-|t|)\mathrm{d}t\\
&=\int_{-2}^{2}f(t)(2-|t|)\mathrm{d}t=0\ (f(t)(2-|t|)\text{是奇函数，在其对称区间上的积分为零}).
\end{aligned}$$

6. 解：交换原式中二次积分的次序得

$$\begin{aligned}
\text{原式}&=\lim_{x\to0}\int_0^{\frac{x}{2}}\mathrm{d}u\int_0^u\frac{\mathrm{e}^{-(u-v)^2}}{1-\cos x}\mathrm{d}v=\lim_{x\to0}\frac{1}{1-\cos x}\int_0^{\frac{x}{2}}\left[\int_0^u\mathrm{e}^{-(u-v)^2}\mathrm{d}v\right]\mathrm{d}u\\
&=\lim_{x\to0}\frac{2}{x^2}\int_0^{\frac{x}{2}}\left[\int_0^u\mathrm{e}^{-(u-v)^2}\mathrm{d}v\right]\mathrm{d}u=\lim_{x\to0}\frac{\int_0^{\frac{x}{2}}\mathrm{e}^{-\left(v-\frac{x}{2}\right)^2}\mathrm{d}v}{2x}\\
&\xlongequal{\text{令}v-\frac{x}{2}=t}\lim_{x\to0}\frac{\int_{-\frac{x^2}{2}}^{0}\mathrm{e}^{-t^2}\mathrm{d}t}{2x}=\lim_{x\to0}\frac{1}{2}\cdot\frac{1}{2}\mathrm{e}^{-\frac{1}{4}x^2}=\frac{1}{4}.
\end{aligned}$$

7. 解：由于 D 关于 $x=y$ 对称，故

$$\iint\limits_D\frac{a\varphi(x)+b\varphi(y)}{\varphi(x)+\varphi(y)}\mathrm{d}x\mathrm{d}y=\iint\limits_D\frac{a\varphi(y)+b\varphi(x)}{\varphi(y)+\varphi(x)}\mathrm{d}x\mathrm{d}y,$$

从而，原式 $=\dfrac{1}{2}\iint\limits_{D}\dfrac{(a+b)\varphi(x)+(a+b)\varphi(y)}{\varphi(x)+\varphi(y)}\mathrm{d}x\mathrm{d}y=\dfrac{1}{2}(a+b)\iint\limits_{D}\mathrm{d}x\mathrm{d}y=\dfrac{\pi}{2}(a+b)R^2.$

8. 解：直线 $x+y=1,x+y=2,x+y=3$ 将 D 分成 D_1,D_2,D_3,D_4，

$$[x+y]=\begin{cases}0, & (x,y)\in D_1,\\ 1, & (x,y)\in D_2,\\ 2, & (x,y)\in D_3,\\ 3, & (x,y)\in D_4.\end{cases}$$

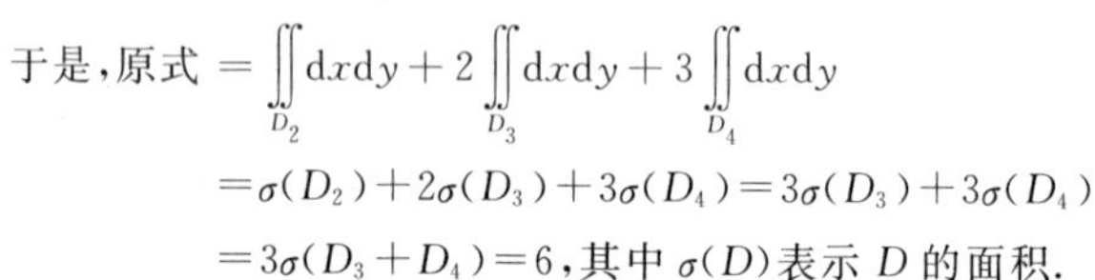

于是，原式 $=\iint\limits_{D_2}\mathrm{d}x\mathrm{d}y+2\iint\limits_{D_3}\mathrm{d}x\mathrm{d}y+3\iint\limits_{D_4}\mathrm{d}x\mathrm{d}y$

$=\sigma(D_2)+2\sigma(D_3)+3\sigma(D_4)=3\sigma(D_3)+3\sigma(D_4)$

$=3\sigma(D_3+D_4)=6$，其中 $\sigma(D)$ 表示 D 的面积.

9. 解：交换 y 和 z 的积分次序，得

$$F(t)=\int_0^t\mathrm{d}x\int_0^x f(z)\mathrm{d}z\int_z^x\mathrm{d}y=\int_0^t\mathrm{d}x\int_0^x(x-z)f(z)\mathrm{d}z,$$

再交换积分次序得

$$F(t)=\int_0^t f(z)\mathrm{d}z\int_z^t(x-z)\mathrm{d}x=\frac{1}{2}\int_0^t z^2f(z)\mathrm{d}z.$$

为了求 $F'(t)$，先将 $F(t)$ 展开为

$$F(t)=\frac{1}{2}t^2\int_0^t f(z)\mathrm{d}z-t\int_0^t zf(z)\mathrm{d}z+\frac{1}{2}\int_0^t z^2f(z)\mathrm{d}z,$$

于是 $F'(t)=t\displaystyle\int_0^t f(z)\mathrm{d}z+\frac{1}{2}t^2f(t)-\int_0^t zf(z)\mathrm{d}z-t^2f(t)+\frac{1}{2}t^2f(t)$

$\quad=t\displaystyle\int_0^t f(z)\mathrm{d}z-\int_0^t zf(z)\mathrm{d}z=\int_0^t(t-z)f(z)\mathrm{d}z,$

$$F''(t)=\int_0^t f(z)\mathrm{d}z+tf(t)-tf(t)=\int_0^t f(z)\mathrm{d}z,\ F'''(t)=f(t).$$

10. 解：采用广义极坐标变换，令 $x=ar\cos\theta,y=br\sin\theta$，

则 $\mathrm{d}x\mathrm{d}y=abr\mathrm{d}r\mathrm{d}\theta$，区域 D 化为 $D=\{(r,\theta)\mid 0\leqslant r\leqslant 1,0\leqslant\theta\leqslant 2\pi\}$.

原式 $=ab\displaystyle\iint\limits_{D}\sqrt{1-r^2}\,r\mathrm{d}r\mathrm{d}\theta=ab\int_0^{2\pi}\mathrm{d}\theta\int_0^1\sqrt{1-r^2}\,r\mathrm{d}r$

$\quad=2\pi ab\left(-\dfrac{1}{2}\right)\cdot\dfrac{2}{3}(1-r^2)^{\frac{3}{2}}\Big|_0^1=\dfrac{2}{3}\pi ab.$

11. 解：设 $D_1=\{(x,y)\mid 0\leqslant y\leqslant x,0\leqslant x\leqslant t\}$，

由对称性，有 $F(t)=4\displaystyle\iint\limits_{D_1}f(x)\mathrm{d}x\mathrm{d}y=4\int_0^t f(x)\mathrm{d}x\int_0^x\mathrm{d}y$

$\quad=4\displaystyle\int_0^t xf(x)\mathrm{d}x$，故 $F'(t)=4tf(t)$.

第十一章　曲线积分与曲面积分

A 组

1. $4(1+\sqrt{2})$.　**2.** $\sin 1+e-1$.　**3.** $2\pi R^2$.　**4.** $\frac{\pi^2}{2}$.　**5.** $8\pi ab$.　**6.** $\frac{\pi a^3}{2}$.　**7.** 略.　8. $-\frac{1}{2}\pi$.

9. 略.　**10.** -2π.　**11.** 34π.　**12.** 略.

B 组

1. 解：设形心坐标为$(\overline{x},\overline{y})$，由对称性知 $\overline{x}=\pi a$，

$$\overline{y}=\frac{\int_L y\,ds}{\int_L ds},\ \int_L y\,ds=\int_0^{\frac{\pi}{2}} a(1-\cos t)\cdot 2a\sin\frac{t}{2}dt=\frac{32}{3}a^2,$$

$$\int_L ds=\int_0^{2\pi} 2a\sin\frac{t}{2}dt=8a,\ \overline{y}=\frac{4}{3}a,$$

故形心为$\left(\pi a,\frac{4}{3}a\right)$.

2. 解：$P=\sin\frac{x}{y}+\frac{x}{y}\cos\frac{x}{y}, Q=-\frac{x^2}{y^2}\cos\frac{x}{y}$，

因为$\frac{\partial P}{\partial y}=-\frac{2x}{y^2}\cos\frac{x}{y}+\frac{x^2}{y^3}\sin\frac{x}{y}=\frac{\partial Q}{\partial x}\quad(y\neq 0)$，

所以曲线积分与路径无关.

$$\int_{(\pi,1)}^{(\pi,2)}\left(\sin\frac{x}{y}+\frac{x}{y}\cos\frac{x}{y}\right)dx-\frac{x^2}{y^2}\cos\frac{x}{y}dy=\int_1^2-\frac{\pi^2}{y^2}\cos\frac{\pi}{y}dy=\pi.$$

3. 解：作辅助线$\overset{\frown}{OA}$：$y=0$，x 从 $0\to a$，$\int_L=\int_{L+\overset{\frown}{OA}}-\int_{\overset{\frown}{OA}}$.

$$\int_{L+\overset{\frown}{OA}}(e^x\sin y-my)dx+(e^x\cos y-m)dy=\iint_D m\,dxdy=m\cdot\frac{1}{2}\pi\left(\frac{a}{2}\right)^2=\frac{m}{8}\pi a^2,$$

$$\int_{\overset{\frown}{OA}}(e^x\sin y-my)dx+(e^x\cos y-m)dy=\int_0^a 0dx=0,\text{故原式}=\frac{1}{8}\pi ma^2.$$

4. 解：$P=\frac{-y}{(x-y)^2}, Q=\frac{x}{(x-y)^2}, \frac{\partial P}{\partial y}=\frac{y^2-x^2}{(x-y)^4}=\frac{\partial Q}{\partial x}\quad(y\neq x)$.

取 A 到 B 的直线段：$y=x-1$，x 从 $0\to 1$，原式$=\int_0^1\frac{x}{1}dx-\int_0^1\frac{x-1}{1}dx=1$.

5. 解：设双纽线所围图形在第一象限部分的面积为 S，则总面积为 $4S$，$S=\frac{1}{2}\oint_L x\,dy-y\,dx$.

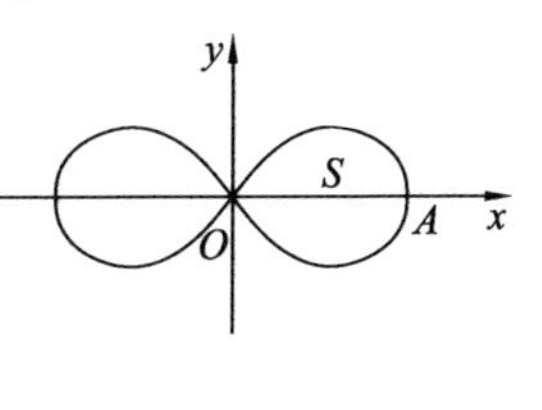

其中 L 由双纽线在第一象限的部分和线段$\overline{OA}$所构成，方向为逆时针，显然 $\int_{\overline{OA}}x\,dy-y\,dx=0$.

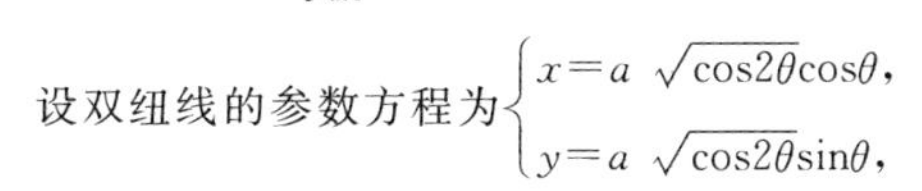

设双纽线的参数方程为$\begin{cases}x=a\sqrt{\cos 2\theta}\cos\theta,\\ y=a\sqrt{\cos 2\theta}\sin\theta,\end{cases}$

则 $S=\frac{1}{2}\int_0^{\frac{\pi}{4}} a^2\cos2\theta\mathrm{d}\theta=\frac{a^2}{4}$，故所求面积为 a^2.

6. 解：$W=\int_L \frac{-kx\mathrm{d}x-ky\mathrm{d}y}{(x^2+y^2)^{\frac{3}{2}}}$.

因为 $\frac{\partial P}{\partial y}=\frac{3kxy(x^2+y^2)^{\frac{1}{2}}}{(x^2+y^2)^3}=\frac{\partial Q}{\partial x}(x>0)$，所以做功与所取路径无关.

$$W=\int_{(1,1)}^{(2,2)}\frac{-kx\mathrm{d}x-ky\mathrm{d}y}{(x^2+y^2)^{\frac{3}{2}}}=\int_1^2\frac{-kx\mathrm{d}x}{(x^2+1)^{\frac{3}{2}}}+\int_1^2\frac{-ky\mathrm{d}y}{(4+y^2)^{\frac{3}{2}}}=-\frac{k}{2\sqrt{2}}.$$

7. 解：(1) $\oint_L\frac{x\mathrm{d}y-y\mathrm{d}}{|x|+|y|}=\frac{1}{3}\oint_L x\mathrm{d}y-y\mathrm{d}x=\frac{2}{3}\iint\limits_D\mathrm{d}x\mathrm{d}y=12.$

(2) $L:\begin{cases}x=\cos t\\ y=\sin t\end{cases}$，$t$ 从 $0\to2\pi$，

$$\oint_L\frac{x\mathrm{d}y-y\mathrm{d}x}{|x|+|y|}=\int_0^{\frac{\pi}{2}}\frac{\mathrm{d}t}{\cos t+\sin t}+\int_{\frac{\pi}{2}}^{\pi}\frac{\mathrm{d}t}{-\cos t+\sin t}+\int_{\pi}^{\frac{3}{2}\pi}\frac{\mathrm{d}t}{-\cos t-\sin t}+\int_{\frac{3}{2}\pi}^{2\pi}\frac{\mathrm{d}t}{\cos t-\sin t}$$
$$=4\sqrt{2}\ln(\sqrt{2}+1).$$

8. 解：$P=\frac{x+y}{x^2+y^2}$，$Q=\frac{-(x-y)}{x^2+y^2}$，

$\frac{\partial P}{\partial y}=\frac{x^2-2xy-y^2}{(x^2+y^2)^4}=\frac{\partial Q}{\partial x}(x^2+y^2\neq0)$.

设 $P(\pi,\pi)$，$Q(-\pi,\pi)$，则

$$原式=\int_{\overline{TP}+\overline{PQ}+\overline{QB}}\frac{(x+y)\mathrm{d}x-(x-y)\mathrm{d}y}{x^2+y^2}$$
$$=\int_{-\pi}^{\pi}\frac{y-\pi}{\pi^2+y^2}\mathrm{d}y+\int_{\pi}^{-\pi}\frac{(x+\pi)\mathrm{d}x}{x^2+\pi^2}+\int_{\pi}^{-\pi}\frac{y+\pi}{\pi^2+y^2}\mathrm{d}y=-\frac{3}{2}\pi.$$

9. 解：取 $\Sigma_1: y=\sqrt{R^2-x^2}$，$D_{xz}: -R\leqslant x\leqslant R, 0\leqslant z\leqslant H$，

$$\iint\limits_{\Sigma}\frac{\mathrm{d}S}{r^2}=2\iint\limits_{\Sigma}\frac{\mathrm{d}S}{r^2}=2\iint\limits_{D_{xz}}\frac{R\mathrm{d}x\mathrm{d}z}{(R^2+z^2)\sqrt{R^2-x^2}}$$
$$=2R\int_0^H\frac{\mathrm{d}z}{R^2+z^2}\int_{-R}^{R}\frac{\mathrm{d}x}{\sqrt{R^2-x^2}}=2\pi\arctan\frac{H}{R}.$$

10. 解：作 $\Sigma_1: z=0, x^2+y^2\leqslant a^2$，取下侧.

$$\iint\limits_{\Sigma}\frac{ax\mathrm{d}y\mathrm{d}z+(z+a)^2\mathrm{d}x\mathrm{d}y}{(x^2+y^2+z^2)^{\frac{1}{2}}}=\frac{1}{a}\iint\limits_{\Sigma}ax\mathrm{d}y\mathrm{d}z+(z+a)^2\mathrm{d}x\mathrm{d}y$$
$$=-\frac{1}{a}\iiint\limits_{\Omega}(2z+3a)\mathrm{d}V-\frac{1}{a}\iint\limits_{\Sigma}ax\mathrm{d}y\mathrm{d}z+(z+a)^2\mathrm{d}x\mathrm{d}y$$
$$=-\frac{1}{a}\left(2\int_{-a}^{0}z\mathrm{d}z\iint\limits_{x^2+y^2\leqslant a^2-z^2}\mathrm{d}x\mathrm{d}y+3a\cdot\frac{2}{3}\pi a^3\right)+\frac{1}{a}\iint\limits_{x^2+y^2\leqslant a^2}a^2\mathrm{d}x\mathrm{d}y$$
$$=-\frac{3}{2}\pi a^3+\pi a^3=-\frac{\pi}{2}a^3.$$

11. 解：Σ: $z=\mathrm{e}^{\pm\sqrt{x^2+y^2}}$，

作 Σ_1：$z=e^a, x^2+y^2\leqslant a^2$，取上侧.

设 Σ 与 Σ_1 所围空间闭区域为 Ω.

原式 $=\iiint\limits_{\Omega}(0+2z-2z)\mathrm{d}V-\iint\limits_{x^2+y^2\leqslant a^2}(1-e^{2a})\mathrm{d}x\mathrm{d}y=(e^{2a}-1)\pi a^2$.

12. 解：由高斯公式 $\oiint\limits_{\Sigma}\dfrac{e^x}{\sqrt{y^2+z^2}}\mathrm{d}y\mathrm{d}z=\iiint\limits_{\Omega}\dfrac{e^x}{\sqrt{y^2+z^2}}\mathrm{d}V$，其中 Ω 是由 Σ 所围空间闭区域，

故原式 $=\int_0^{2\pi}\mathrm{d}\theta\int_0^1 r\mathrm{d}r\int_1^2\dfrac{e^x}{r}\mathrm{d}x+\int_0^{2\pi}\mathrm{d}\theta\int_1^2 r\mathrm{d}r\int_r^2\dfrac{e^x}{r}\mathrm{d}x=2\pi e^2$.

13. 解：$\iint\limits_{\Sigma}f(x)\mathrm{d}y\mathrm{d}z+g(r)\mathrm{d}z\mathrm{d}x+h(z)\mathrm{d}x\mathrm{d}y$

$=\iiint\limits_{\Omega}[f'(x)+g'(y)+h'(z)]\mathrm{d}V$

$=\int_0^a\mathrm{d}x\int_0^b\mathrm{d}y\int_0^c[f'(x)+g'(y)+h'(z)]\mathrm{d}z$

$=\int_0^a\mathrm{d}x\int_0^b[cf'(x)+cg'(y)+h(c)-h(0)]\mathrm{d}y$

$=\int_0^a[bcf'(x)+cg(b)-cg(0)+bh(c)-bh(0)]\mathrm{d}x$

$=bc[f(a)-f(0)]+ca[g(b)-g(0)]+ab[h(c)-h(0)]$.

第十二章　无穷级数

A 组

1. (1) 收敛；(2) 收敛.　**2.** (1) 收敛；(2) 发散；(3) 绝对收敛；(4) 收敛；(5) 条件收敛；(6) 当 $-1<q<1$ 时，绝对收敛；当 $q=-1$ 时，条件收敛；当 $q\in(-\infty,-1)\cup[1,+\infty)$ 时，发散；(7) 收敛；(8) 收敛；(9) 收敛；(10) 发散；(11) 收敛；(12) 当 $0<a<e$ 时收敛，当 $a\geqslant e$ 时发散.　**3.** 略.　4. (1) 发散；(2) 绝对收敛；(3) 条件收敛.　**5.** $x>0$.　**6.** $[-1,3]$，$s(x)=-\ln(3-x)+\ln 2$.　**7.** $f(x)=\sum\limits_{n=1}^{\infty}(-1)^{n-1}\dfrac{x^n}{n^2}, x\in[0,2]$.

8. $f(x)=-\dfrac{1}{2^2}-\dfrac{1}{2^4}(x-1)^2-\cdots-\dfrac{1}{2^{2n+2}}(x-1)^{2n}-\cdots, |x-1|<2$.　**9.** 3e.

10. $\cos x\sim\sum\limits_{n=1}^{\infty}b_{2n}\sin 2nx=\begin{cases}\cos x, & 0<x<\pi \text{ 或 } -2\pi<x<-\pi,\\ -\cos x, & -\pi<x<0 \text{ 或 } \pi<x<2\pi,\\ 0, & x=0,\pm\pi,\pm 2\pi.\end{cases}$

11. (1) $\left[-\dfrac{3}{2},-\dfrac{1}{2}\right]$；(2) $\left(-\dfrac{1}{\sqrt{2}},\dfrac{1}{\sqrt{2}}\right)$；(3) $(-\infty,-2]\cup(0,+\infty)$；(4) $(-\infty,1)\cup(1,+\infty)$.　**12.** $(-\sqrt{2},\sqrt{2})$，$\dfrac{2+x^2}{(2-x^2)^2}$.　**13.** $[-1,1]$，$\dfrac{1}{2}\left[x\ln\dfrac{1+x}{1-x}+\ln(1-x^2)\right]$.　**14.** $\dfrac{\pi}{3\sqrt{3}}-\ln\dfrac{4}{3}$.

15. $\frac{1}{2}\sum\limits_{n=1}^{\infty}\left(-\frac{1}{2}\right)^n(x-2)^n, 0<x<4$. **16.** $f^{(k)}(0)=\begin{cases}\frac{(-1)^n}{2n+1}, & k\text{ 为偶数},\\ 0, & k\text{ 为奇数}.\end{cases}$ **17.** 略.

18. $\sum\limits_{n=1}^{\infty}\frac{1}{2n-1}x^{2n-1}+\sum\limits_{n=1}^{\infty}\left[-\frac{1}{2n}+\frac{(-1)^{n-1}}{n}\right]x^{2n}, (-1,1]$.

19. $\frac{16}{\pi^2}\sum\limits_{n=1}^{\infty}\frac{1}{(2n-1)^2}\cos\frac{(2n-1)\pi}{4}x, 0\leqslant x\leqslant 8$.

20. 提示：将 e^{2x} 在 $[0,\pi]$ 上展开为余弦级数.

B 组

1. 证明：因为 $0<b_n-a_n<c_n-a_n$，而 $\sum\limits_{n=1}^{\infty}(c_n-a_n)$ 收敛，所以 $\sum\limits_{n=1}^{\infty}(b_n-a_n)$ 收敛，

故 $\sum\limits_{n=1}^{\infty}b_n=\sum\limits_{n=1}^{\infty}(b_n-a_n+a_n)=\sum\limits_{n=1}^{\infty}(b_n-a_n)+\sum\limits_{n=1}^{\infty}a_n$ 收敛.

2. 证明：对级数 $\sum\limits_{n=1}^{\infty}\frac{\frac{1}{n^n}}{\frac{1}{n!}}$，由比值法知该级数收敛，由级数收敛的必要条件知 $\lim\limits_{n\to\infty}\frac{\frac{1}{n^n}}{\frac{1}{n!}}=0$.

3. 解：(1) 由 $\sqrt{2}=2\cos\frac{\pi}{4}$，$\sqrt{2-\sqrt{2}}=\sqrt{2-2\cos\frac{\pi}{4}}=2\sin\frac{\pi}{8}$，

$\sqrt{2-\sqrt{2+\sqrt{2}}}=\sqrt{2-\sqrt{2+2\cos\frac{\pi}{4}}}=\sqrt{2-2\cos\frac{\pi}{8}}=2\sin\frac{\pi}{16}$，

知 $u_n=2\sin\frac{\pi}{2\cdot 2^n}$，故 $\lim\limits_{n\to\infty}\frac{u_{n+1}}{u_n}=\frac{1}{2}<1$，由比值法知级数收敛.

(2) $u_n=\frac{1}{(\sqrt{n+1}+\sqrt{n})^p}\ln\left(1-\frac{2}{n+1}\right)<0$.

考虑级数 $\sum\limits_{n=1}^{\infty}(-u_n)$，由 $\lim\limits_{n\to\infty}\frac{\frac{1}{\sqrt{n+1}+\sqrt{n}}}{\frac{1}{2\sqrt{n}}}=1$，$\lim\limits_{n\to\infty}\frac{\ln\left(1-\frac{2}{n+1}\right)}{1-\frac{2}{n}}=1$，

知 $-u_n\sim\left(\frac{1}{2\sqrt{n}}\right)^p\cdot\frac{2}{n}=\frac{2^{1-p}}{n^{1+\frac{p}{2}}}$. 故 $p>0$ 时，级数收敛；$p\leqslant 0$ 时，级数发散.

4. 证明：因为 $\sum\limits_{n=1}^{\infty}a_{2n-1}=\frac{1}{2}\left[\sum\limits_{n=1}^{\infty}a_n+\sum\limits_{n=1}^{\infty}(-1)^{n-1}a_n\right]$，

而 $\sum\limits_{n=1}^{\infty}a_n$ 发散，$\sum\limits_{n=1}^{\infty}a_n$ 收敛，所以 $\sum\limits_{n=1}^{\infty}a_{2n-1}$ 发散.

同理 $\sum\limits_{n=1}^{\infty}a_{2n}=\frac{1}{2}\left[\sum\limits_{n=1}^{\infty}a_n-\sum\limits_{n=1}^{\infty}(-1)^{n-1}a_n\right]$ 发散.

5. 证明：因为 $\sqrt{a_na_{n+1}}\leqslant\frac{a_n+a_{n+1}}{2}$，而 $\sum\limits_{n=1}^{\infty}a_n$ 为正项级数且收敛，故 $\sum\limits_{n=1}^{\infty}\sqrt{a_na_{n+1}}$ 也收敛.

6. 证明：因为数列 $\{na_n\}$ 收敛，所以 $\lim\limits_{n\to\infty}na_n$ 存在.

又 $s_n=a_1+a_2+\cdots+a_n$

$$=-[2(a_2-a_1)+3(a_3-a_2)+\cdots+n(a_n-a_{n-1})]-a_1+(n+1)a_n,$$

而第一项恰为级数 $\sum\limits_{n=2}^{\infty}n(a_n-a_{n-1})$ 的部分和，其极限存在．故 $\lim\limits_{n\to\infty}s_n$ 极限存在，即级数 $\sum\limits_{n=1}^{\infty}a_n$ 收敛.

7. 解：(1) 因为 $\dfrac{1}{[n+(-1)^n]^p}\sim\dfrac{1}{n^p}$,

所以当 $p>1$ 时，级数 $\sum\limits_{n=1}^{\infty}\dfrac{(-1)^{n-1}}{[n+(-1)^n]^p}$ 绝对收敛，

当 $0<p\leqslant1$ 时，级数 $\sum\limits_{n=1}^{\infty}\left|\dfrac{(-1)^{n-1}}{[n+(-1)^n]^p}\right|$ 发散.

(2) $s_{2m}=-\dfrac{1}{3^p}+\dfrac{1}{2^p}-\dfrac{1}{5^p}+\dfrac{1}{4^p}-\cdots-\dfrac{1}{(2m+1)^p}+\dfrac{1}{(2m)^p}$

$$=\left(\frac{1}{2^p}-\frac{1}{3^p}\right)+\left(\frac{1}{4^p}-\frac{1}{5^p}\right)+\cdots+\left[\frac{1}{(2m)^p}-\frac{1}{(2m+1)^p}\right].$$

因为 $\dfrac{1}{(2m)^p}-\dfrac{1}{(2m+1)^p}>0\quad(m=1,2,3,\cdots)$，所以 s_{2m} 单调增加.

又 $s_{2m}<\left(\dfrac{1}{2^p}-\dfrac{1}{4^p}\right)+\left(\dfrac{1}{4^p}-\dfrac{1}{6^p}\right)+\cdots+\left[\dfrac{1}{(2m)^p}-\dfrac{1}{(2m+2)^p}\right]=\dfrac{1}{2^p}-\dfrac{1}{(2m+2)^p}<\dfrac{1}{2^p}$，即 s_{2m} 有上界，故可设 $\lim\limits_{m\to\infty}s_{2m}=s$.

而 $\lim\limits_{n\to\infty}u_n=0$，又 $\lim\limits_{n\to\infty}s_n=s$，由此，级数 $\sum\limits_{n=1}^{\infty}\dfrac{(-1)^{n-1}}{[n+(-1)^n]^p}$ 当 $0\leqslant p\leqslant1$ 时条件收敛.

8. 解：考虑幂级数 $\sum\limits_{n=1}^{\infty}(-1)^n\dfrac{n(n+1)}{2^n}x^n$.

此幂级数的和函数 $s(x)=\sum\limits_{n=1}^{\infty}(-1)^n\dfrac{n(n+1)}{2^n}x^n$

$$=\sum_{n=1}^{\infty}n(n+1)\left(-\frac{x}{2}\right)^n=-\frac{x}{2}\sum_{n=1}^{\infty}(n+1)\cdot n\cdot\left(-\frac{x}{2}\right)^{n-1}$$

$$=-2x\sum_{n=1}^{\infty}\left[\left(-\frac{x}{2}\right)^{n+1}\right]''=-2x\left[\sum_{n=1}^{\infty}\left(-\frac{x}{2}\right)^{n+1}\right]''$$

$$=-2x\left(\frac{\frac{x^2}{4}}{1+\frac{x}{2}}\right)''=-x\left(\frac{x^2}{2+x}\right)''=-\frac{8x}{(2+x)^3},$$

所求级数的和 $\sum\limits_{n=1}^{\infty}(-1)^n\dfrac{n(n+1)}{2^n}=S(1)=-\dfrac{8}{27}$.

9. 解：$s(x)=\dfrac{x^2}{1\cdot2}-\dfrac{x^3}{2\cdot3}+\dfrac{x^4}{3\cdot4}-\cdots+(-1)^{n+1}\dfrac{x^{n+1}}{n(n+1)}+\cdots$,

$$s'(x)=x-\frac{x^2}{2}+\frac{x^3}{3}-\cdots+(-1)^{n+1}\frac{x^n}{n}+\cdots=\ln(1+x),$$

$$s(x)=\int_0^x S'(x)\mathrm{d}x=\int_0^x \ln(1+x)\mathrm{d}x=x\ln(1+x)\Big|_0^x-\int_0^x\frac{x}{1+x}\mathrm{d}x$$

$$=x\ln(1+x)-x+\ln(1+x),$$

故 $\int_0^1 s(x)\mathrm{d}x=\int_0^1[x\ln(1+x)-x+\ln(1+x)]\mathrm{d}x=2\ln2-\frac{5}{4}$.

10. 解：$a_n=\frac{1}{\pi}\int_{-\pi}^{\pi}x\cdot\sin x\cos x\mathrm{d}x=\frac{2}{\pi}\int_0^{\pi}x\sin x\cos x\mathrm{d}x$

$$=\frac{1}{\pi}\int_0^{\pi}x\cdot[\sin(1+n)x+\sin(1-n)x]\mathrm{d}x=\frac{2(-1)^{n-1}}{n^2-1}\quad(n=2,3,\cdots),$$

$$a_0=\frac{2}{\pi}\int_0^{\pi}x\sin x\mathrm{d}x=2,$$

$$a_1=\frac{2}{\pi}\int_0^{\pi}x\sin\cdot\cos x\mathrm{d}x=\frac{1}{\pi}\int_0^{\pi}x\sin2x\mathrm{d}x=-\frac{1}{2},b_n=0,$$

所以 $f(x)=1-\frac{1}{2}\cos x+2\sum_{n=1}^{\infty}\frac{(-1)^{n-1}}{n^2-1}\cos x,\ |x|<\pi$.

11. 解：由 $\sin x=x-\frac{x^3}{3!}+\frac{x^5}{5!}-\frac{x^7}{7!}+\cdots$,

令 $x=\pi$ 得 $\quad 0=\pi-\frac{\pi^3}{3!}+\frac{\pi^5}{5!}-\frac{\pi^7}{7!}+\cdots$,

所以 $1+\frac{\pi^4}{5!}+\frac{\pi^8}{9!}+\cdots=\frac{\pi^2}{3!}+\frac{\pi^6}{7!}+\cdots$，故 $A=\pi^2$.

12. 证明：由 $x^x=\mathrm{e}^{x\ln x}=\sum_{n=1}^{\infty}\frac{1}{n!}(x\ln x)^n$.

此级数在[0,1]内一致收敛，可以逐项积分.

$$\int_0^1 x^x\mathrm{d}x=\sum_{n=0}^{\infty}\frac{1}{n!}\int_0^1 x^n\ln^n x\mathrm{d}x.$$

由 $\int_0^1 x^n\ln^n x\mathrm{d}x=\frac{x^{n+1}}{n+1}(\ln^n x)\Big|_0^x-\int_0^1\frac{x^n}{n+1}(\ln x)^{n-1}\mathrm{d}x$

$$=\frac{x^{n+1}}{(n+1)^2}(\ln x)^{n-1}\Big|_0^x+(-1)^2\int_0^1\frac{x^n}{(n+1)^2}(\ln x)^{n-2}\mathrm{d}x$$

$$=\cdots=(-1)^n\int_0^1\frac{x^n}{(n+1)^n}\mathrm{d}x=\frac{(-1)^n}{(n+1)^{n+1}}x^{n+1}\Big|_0^x=\frac{(-1)^n}{(n+1)^{n+1}},$$

故 $\int_0^1 x^x\mathrm{d}x=\sum_{n=0}^{\infty}\frac{(-1)^n}{(n+1)^{n+1}}$.

13. 解：考虑级数 $\sum_{n=1}^{\infty}\frac{n^2+1}{n!}\left(\frac{x}{2}\right)^n$.

其和函数 $\quad s(x)=\frac{x}{2}\sum_{n=1}^{\infty}\frac{n}{(n-1)!}\left(\frac{x}{2}\right)^{n-1}+\sum_{n=1}^{\infty}\frac{1}{n!}\left(\frac{x}{2}\right)^n$

$$=x\sum_{n=1}^{\infty}\left[\frac{1}{(n-1)!}\left(\frac{x}{2}\right)^{n}\right]'+e^{\frac{x}{2}}$$

$$=x\left[\sum_{n=1}^{\infty}\frac{1}{(n-1)!}\left(\frac{x}{2}\right)^{n}\right]'+e^{\frac{x}{2}}$$

$$=x\cdot\left(\frac{x}{2}e^{\frac{x}{2}}\right)'+e^{\frac{x}{2}}=\frac{x}{2}e^{\frac{x}{2}}+\frac{x^2}{4}e^{\frac{x}{2}}+e^{\frac{x}{2}},$$

故 $\sum_{n=0}^{\infty}\frac{n^2+1}{2^n n!}=s(1)=\frac{7}{4}e^{\frac{1}{2}}$.

14. 解：$f(x)=4\sin\frac{x}{4}=4\sin\frac{1}{4}\cos\frac{x-1}{4}+4\cos\frac{1}{4}\sin\frac{x-1}{4}$

$$=4\sin\frac{1}{4}\sum_{n=0}^{\infty}\frac{(-1)^n}{(2n)!}\left(\frac{x-1}{4}\right)^{2n}+4\cos\frac{1}{4}\sum_{n=1}^{\infty}\frac{(-1)^{n-1}}{(2n-1)!}\left(\frac{x-1}{4}\right)^{2n-1}.$$

高等数学(上)综合练习一

一、**1.** $\begin{cases}2+x, & x<-1,\\ 1, & x\geqslant -1.\end{cases}$ **2.** 9. **3.** 2. **4.** $[1,2]$. **5.** $2x^2+y^2-2xy=C$.

二、**1.** D. **2.** D. **3.** C. **4.** B. **5.** A.

三、**1.** $\frac{1}{2}$. **2.** $2\cos 2x\cdot\ln x+\frac{2}{x}\sin 2x-\frac{1}{x^2}\sin^2 x$. **3.** $\frac{x+y}{x-y}dx$. **4.** $\frac{1}{e^t\cos^3 t}$.

5. $-(x^2+2x+2)e^{-x}+C$. **6.** $\frac{\pi}{16}a^4$.

四、**1.** $x=0$ 是跳跃间断点，$x=1$ 是无穷间断点. **2.** 提示：令 $f(x)=1+x\ln(x+\sqrt{1+x^2})-\sqrt{1+x^2}$，求 $f'(x)$.

五、$S=\frac{5}{12}$. 六、$\left(1,\frac{1}{3}\right)$.

七、提示：在$[a,c]$和$[c,b]$上分别用拉格朗日中值定理，有 $\eta_1\in(a,c)$，$\eta_2\in(c,b)$，使得 $f'(\eta_1)<0$，$f'(\eta_2)>0$，由零点定理知，存在 $\eta\in(\eta_1,\eta_2)$，使得 $f'(\eta)=0$. 最后在$[\eta_1,\eta]$和$[\eta,\eta_2]$上再次用拉格朗日中值定理.

高等数学(上)综合练习二

一、**1.** >0. **2.** 1. **3.** $x+\cos x+C$. 4. $2xf(\sin x^2)\cos x^2-3f(3x)$.

二、**1.** B. **2.** B. **3.** B. **4.** D. **5.** C.

三、**1.** $-\frac{3}{2}$. **2.** $-\frac{1}{e^2}$. **3.** $y'=1+\ln x$，$y^{(n)}=(-1)^n(n-2)!\ x^{-(n-1)}$，$(n\geqslant 2)$.

4. $\frac{1}{3}x^3\arctan x-\frac{1}{6}x^2+\frac{1}{6}\ln(x^2+1)+C$. **5.** $\frac{4}{5}$. **6.** $\frac{\pi}{2}+1$.

四、**1.** $a=-1$，$b=-1$. **2.** $a=-3$，$b=-9$.

五、$V=\pi\int_0^1(e^{2x}-\sin^2 x)dx=\frac{\pi}{2}e^2-\pi+\frac{\pi}{4}\sin 2$.

六、$f(0)=2$，提示：对 $\int_0^{\pi} f''(x)\sin x\mathrm{d}x$ 两次使用分部积分.

七、提示：令 $F(x)=x^2$，对 $f(x)$，$F(x)$在$[a,b]$上用柯西中值定理.

高等数学(上)综合练习三

一、**1.** e^2. **2.** 2000. **3.** $\frac{48}{25}$. **4.** $x+C$. **5.** $\frac{\pi}{2}a^2b$.

二、**1.** C. **2.** A. **3.** B. **4.** D. **5.** A.

三、**1.** -6. **2.** $\frac{\sin y}{2\left(\frac{1}{2}\cos y-1\right)^3}$. **3.** $-\frac{3}{8(t-1)^3}$. **4.** $\frac{a^2}{2}\arcsin\frac{x}{a}-\frac{x}{2}\sqrt{a^2-x^2}+C$.

5. $\frac{1}{2}(e\sin 1-e\cos 1+1)$.

四、**1.** $a=0,b=-3$. **2.** 方程在(0,1)内有且只有一个实根. **3.** $\frac{\pi}{6}-\frac{1}{2}e^{-4}+\frac{1}{2}$.

五、(1) $S=-1\int_0^a x(x-a)\mathrm{d}x+\int_a^c x(x-a)\mathrm{d}x=\frac{a^3}{3}+\frac{c^3}{3}-\frac{ac^2}{2}$；

(2) $V=\pi\int_0^c x^2(x-a)^2\mathrm{d}x=\pi\left(\frac{1}{5}c^5-\frac{1}{2}ac^4+\frac{1}{3}a^2c^3\right)$.

六、(1) 当 $\alpha\leqslant 0$ 时，对于任给的 β，$f(x)$在点 $x=0$ 都不连续；

(2) 当 $\alpha>0$，$\beta=-1$ 时，$f(x)$在点 $x=0$ 连续.

七、提示：$F(x)=x\int_0^x f'(t)dt-\int_0^x tf'(t)\mathrm{d}t$，由 $F'(a)=0$，得到 $f(0)=f(a)=0$. $f(x)$在$[0,a]$上用罗尔定理.

高等数学(上)综合练习四

一、**1.** $x+e^x+C$. **2.** $e^{f(x)}\cdot f'(x)[1+f(x)]\mathrm{d}x$. **3.** $\sin\pi x,\frac{2}{\pi}$. **4.** $\left(-\frac{\sqrt{2}}{2},\frac{\sqrt{2}}{2}\right)$.

二、**1.** A. **2.** D. **3.** B. **4.** C. **5.** A.

三、**1.** $\frac{1}{2}$. **2.** 极大值 $y(e)=e^{\frac{1}{e}}$. **3.** $\sqrt{2x-1}e^{\sqrt{2x-1}}-e^{\sqrt{2x-1}}+C$. **4.** $\frac{1}{3}$. **5.** $\frac{\pi^2}{4}$.

6. $\frac{x}{\sqrt{1+x^2}}-\ln(x+\sqrt{1+x^2})+C$.

四、$\frac{1}{2}\sin^2 x-\frac{1}{2}\ln(1+\sin^2 x)+C$. 五、$\frac{(y^2-e^t)(1+t^2)}{2(1-ty)}$.

六、(1) $y=\frac{1}{2}x-\frac{1}{2}$；(2) $S=1-\int_2^3\sqrt{x-2}\mathrm{d}x=\frac{1}{3}$；(3) $V=\frac{2}{3}\pi-\pi\int_2^3(x-2)\mathrm{d}x=\frac{\pi}{6}$.

七、提示：对 $f(x)$利用在 $x=0$ 处的二阶泰勒公式，求出 $f(-1)$和 $f(1)$，再结合连续函数在闭区间上的零点定理.

高等数学(上)综合练习五

一、**1.** $\frac{1}{2}$. **2.** $4(\ln 2-1)$. **3.** $-t$. 4. 2. **5.** $\frac{1}{2}a\pi^2$.

二、**1.** C. **2.** D. **3.** B. **4.** B. **5.** C.

三、**1.** $\frac{1}{2}$. **2.** $1-\frac{\sqrt{3}}{3}-\frac{\pi}{12}$. **3.** $-3(1-x^2)^{\frac{1}{2}}+2(1-x^2)^{\frac{3}{2}}-\frac{3}{5}(1-x^2)^{\frac{5}{2}}+C$. **4.** $y_{\max}=80, y_{\min}=-5$. **5.** $k=\frac{1}{\pi}$. **6.** $-2(\ln 2+1)$.

四、$y=\frac{2}{\sqrt{x}}$.

五、$S=\frac{\pi}{2}-\int_0^{\frac{\pi}{2}}\sin x\mathrm{d}x=\int_0^1\arcsin y\mathrm{d}y=\frac{\pi}{2}-1$. $V=\frac{\pi}{2}-\pi\int_0^{\frac{\pi}{2}}\sin^2 x\mathrm{d}x=\frac{\pi^2}{4}$.

六、$\ln(1+\mathrm{e})$.

七、原式$=\int_0^1\frac{1}{\sqrt{4-x^2}}\mathrm{d}x=\frac{\pi}{6}$.

高等数学(上)综合练习六

一、**1.** $\frac{-2x\mathrm{e}^{-x^2}}{\sqrt{1-\mathrm{e}^{-2x^2}}}$. **2.** $\frac{\pi}{4}$. **3.** $x\cdot 2^{x+1}+x^2\cdot 2^x\cdot\ln 2$. **4.** $\ln 2$. **5.** $\pi\int_1^2\left(\frac{x^2}{2}+1\right)^2\mathrm{d}x$.

二、**1.** A. **2.** A. **3.** A. **4.** B. **5.** D.

三、**1.** $\frac{1}{x_0}$. **2.** $y+4=-\frac{1}{2}(x+2)$. **3.** $\frac{1}{2}x^2-x+\ln|x+1|+C$. **4.** $2\sqrt{x}\sin\sqrt{x}+2\cos\sqrt{x}+C$. **5.** $\frac{2}{3}$. **6.** $\ln\left|\frac{\sqrt{1+x^2}-1}{x}\right|+C$.

四、(1) $S=\int_0^1\frac{1}{2}y^2\mathrm{d}y=\frac{1}{6}$;(2) $V=\pi\int_0^{\frac{1}{2}}(\sqrt{2x}-1)^2\mathrm{d}x=\frac{\pi}{12}$.

五、$\ln^2 a$.

六、$7+\cos 1+\cos 5$.

七、提示:在$[0,x](x>0)$上用拉格朗日中值定理.

高等数学(上)综合练习七

一、**1.** e^6. **2.** 1. **3.** $1, 2\sqrt{2}$. **4.** $\frac{1}{2}$. **5.** $p<-1$.

二、**1.** C. **2.** B. **3.** B. **4.** C. **5.** D.

三、**1.** 1. **2.** $\frac{1}{4}x^2+\frac{1}{4}x\sin 2x+\frac{1}{8}\cos 2x+C$. **3.** $\frac{2}{15}$. **4.** 凸区间$(-\infty,2)$,凹区面$(2,+\infty)$,拐点$(2,2\mathrm{e}^{-2})$. **5.** $10-\frac{8}{3}\sqrt{2}$. **6.** $a=-1,b=-1$.

四、(1) $S=1-\int_0^1 \sqrt{x}\mathrm{d}x=\frac{1}{3}$；(2) $V=\frac{2}{3}\pi-\pi\int_0^1 (\sqrt{x})^2\mathrm{d}x=\frac{\pi}{6}$.

五、$-\frac{1}{2}$.

六、$f(x)=-x^3+\frac{3}{8}x^2+x$.

七、提示：令 $F(x)=f(x)-x$，利用单调性分别证明 $x>0$ 和 $x<0$ 时都有 $F(x)\geqslant 0$，其中用到 $f(0)=0, f'(0)=0$.

高等数学(上)综合练习八

一、**1.** e^{-4}. **2.** $\frac{\pi}{4}$. **3.** 18. **4.** 24. **5.** $\arcsin\frac{1}{3}$.

二、**1.** A. **2.** C. **3.** A. **4.** C. **5.** A.

三、**1.** $\frac{1}{8}$. **2.** $f''(x)=\begin{cases}2\arctan\frac{1}{x}-\frac{2x}{1+x^2}-\frac{2x}{(1+x^2)^2}, & x<0,\\ 2, & x>0.\end{cases}$

3. $(-1)^n n!\,[3^{n+1}-(-2)^{n+1}]$. **4.** 极小值 $f\left(\frac{1}{e}\right)=\left(\frac{1}{e}\right)^{\frac{1}{e}}$，极大值 $f(0)=1$.

5. $\frac{1}{2}x^2\arctan x-\frac{1}{2}x+\frac{1}{2}\arctan x-\frac{1}{2}xe^{2x}+\frac{1}{4}e^{2x}+C$. **6.** $\frac{1}{4}$.

四、$\sqrt{2}$.

五、$S(a)=\int_{2-a-\sqrt{2a^2-4a+3}}^{2-a+\sqrt{2a^2-4a+3}}[(-x^2+4x-1)-(2ax-a^2)]=\frac{4}{3}(2a^2-4a+3)^{\frac{3}{2}}$，

$S'(a)=8(a-1)\sqrt{2a^2-4a+3}$，令 $S'(a)=0$，得 $a=1$.

六、$\frac{3}{5}$.

七、提示：证明 $F(x)=\int_a^x tf(t)\mathrm{d}t-\frac{a+x}{2}\int_a^x f(t)\mathrm{d}t$ 在 $[a,b]$ 上是不减的.

高等数学(下)综合练习一

一、**1.** 1. **2.** 2. **3.** $(1-L,1+L)$. **4.** 4π. **5.** $\frac{\sqrt{21}}{14}$.

二、**1.** B. **2.** B. **3.** C. **4.** A. **5.** C.

三、**1.** $\mathrm{d}z=(1+2\ln z)\mathrm{d}x+\mathrm{d}y$. **2.** $\frac{\pi}{2}$. **3.** $-\frac{\pi}{3}$. **4.** π. 5. 条件收敛.

四、$\frac{x-1}{2}=\frac{y-1}{1}=\frac{z-1}{4}$.

五、π. 六、$\frac{\pi}{4}(\pi-2)$. 七、$y=\begin{cases}C_1\cos ax+C_2\sin ax+(a^2-1)\sin x, & 当\ a\neq 1\ 时,\\ C_1\cos ax+C_2\sin ax-\frac{1}{2}x\cos x, & 当\ a=1\ 时.\end{cases}$

高等数学(下)综合练习二

一、**1.** $2z$. **2.** $\int_0^a \mathrm{d}y \int_{a-\sqrt{a^2-y^2}}^{y} f(x,y)\mathrm{d}x$. **3.** $[-1,1)$. **4.** $y=C_1\mathrm{e}^{-2x}+C_2x\mathrm{e}^{-2x}+\frac{1}{4}$.

5. $\int_0^1 \mathrm{d}y \int_0^{1-y} \mathrm{d}x \int_{1-x-y}^{1} f(x,y,z)\mathrm{d}z$ **6.** 1.

二、**1.** B. **2.** A. **3.** D. **4.** B. **5.** B.

三、**1.** $\frac{x-3}{4}=\frac{y-4}{-3}=\frac{z-5}{0}$. **2.** $\frac{\pi}{2}\left(\ln 2-\frac{1}{2}\right)$. **3.** $\frac{\pi}{2}-1$. **4.** $\sqrt{2}\pi$. **5.** 8π.

6. $\frac{\pi}{6}R^3$.

四、条件收敛. 五、(1) $-\frac{1}{\sqrt{17}}(3,-2,-2)$;(2) $\arccos\left(-\frac{5}{\sqrt{42}}\right)$. 六、$-\frac{3}{2}\pi$.

高等数学(下)综合练习三

一、**1.** $\frac{1}{2\sqrt{(xy-x^2)}}\mathrm{d}x-\frac{\sqrt{x}}{2y\sqrt{y-x}}\mathrm{d}y$. **2.** $\frac{98}{13}$. **3.** $1-\sin 1$. **4.** $y=Ax\mathrm{e}^x$. **5.** $(-1,1]$.

二、**1.** $\frac{\mathrm{d}x}{\mathrm{d}z}=\frac{z-y}{y-x}, \frac{\mathrm{d}y}{\mathrm{d}z}=\frac{z-x}{x-y}$. **2.** $x+2y=4, \frac{x-2}{1}=\frac{y-1}{2}=\frac{z}{0}$. **3.** 2. **4.** 4π .

5. $\sum_{n=0}^{\infty}(-1)^n\frac{(-1)^n}{5^{n+1}}(x-2)^n, -3<x<7$. **6.** $\pm\frac{\sqrt{2}}{2}(1,0,-1)$.

三、**1.** 发散; **2.** 收敛.

四、$f(x)=-\frac{x}{2}+\frac{1}{x}$. 五、$\frac{\pi}{2}$. 六、$\frac{1+\sqrt{2}}{2}\pi$. 七、$\frac{4}{5}\pi a^5+\frac{4}{3}\pi a^3$. 八、$\frac{3}{2}\pi$.

高等数学(下)综合练习四

一、**1.** $2xf_1'+\frac{1}{y}f_2'$. **2.** $\frac{8}{\sqrt{14}}$. **3.** $\int_0^4 \mathrm{d}x \int_{\frac{x}{2}}^{\sqrt{x}} f(x,y)\mathrm{d}y$. **4.** $y=C_1\mathrm{e}^{-\frac{1}{2}x}+C_2x\mathrm{e}^{-\frac{1}{2}x}$.

5. $-\frac{2}{3}$. **6.** $\frac{\sqrt{11}}{2}$.

二、**1.** D. **2.** B. **3.** A. **4.** C. **5.** B.

三、**1.** $\frac{\partial z}{\partial x}+\frac{\partial z}{\partial y}=-1$. **2.** $1-\sin 1$. **3.** 条件收敛. 4. $\frac{\pi^2}{16}-\frac{1}{2}$. **5.** $-\frac{\pi}{2}$. **6.** $[-3,3)$.

四、$\frac{\pi}{2}R^2-R$. 五、$x=\frac{k}{y}+(1-k)y$. 六、略.

七、不能. 如 $\sum_{n=1}^{\infty}(-1)^n\frac{1}{\sqrt{n}}$和 $\sum_{n=1}^{\infty}\left[(-1)^n\frac{1}{\sqrt{n}}+\frac{1}{n}\right]$.

高等数学(下)综合练习五

一、**1.** $2\boldsymbol{r}\cdot\boldsymbol{c}$. **2.** $\frac{27}{2}\pi\ln 2$. **3.** -1. **4.** $a=1$. **5.** $(0,1]$.

二、**1.** C. **2.** B. **3.** C. **4.** D. **5.** C.

三、**1.** 连续. **2.** $\frac{\partial^2 z}{\partial x\partial y}=-2yf_{11}''+(2y^2-x)\sin xy\cdot f_{12}''+xy\sin^2 xyf_{22}''-(\sin xy+xy\cos xy)f_2'$. **3.** $\frac{4}{\pi^2}+\frac{8}{\pi^3}$. **4.** $y=c_1e^{2x}+c_2e^{3x}-xe^{2x}$. **5.** $x^3+y^3+x^2e^{-y}=C$.

6. $\frac{24}{5}\sqrt{6}$.

四、$\frac{3\pi}{4}$. 五、$\frac{3}{2}$. 六、$\frac{4+2x^2}{(2-x^2)^2}$,$(-\sqrt{2},\sqrt{2})$. 七、$\left(\frac{2}{3},\frac{1}{3}\right)$,$V_{\max}=\frac{4}{27}\pi$.

高等数学(下)综合练习六

一、**1.** 7. **2.** $\int_0^2 dx\int_{\frac{x}{2}}^{3-x}f(x,y)dy$. **3.** $y^*=xe^{-x}(Ax+B)$.

4. $(f_1'+f_2'+zf_3',f_2',xf_3')$. **5.** 3.

二、**1.** C. **2.** C. 3. C. **4.** D. 5. A.

三、**1.** $\frac{x-1}{1}=\frac{y+2}{0}=\frac{z-1}{-1}$. **2.** $\frac{\partial^2 z}{\partial x^2}=f_{11}''+\frac{2}{y}f_{12}''+\frac{1}{y^2}f_{22}''$. **3.** $f_{\min}\left(\frac{1}{2},-1\right)=-\frac{e}{2}$.

4. 绝对收敛. **5.** $\ln a+\sum_{n=1}^{\infty}\frac{(-1)^n}{a^{n+1}}\cdot\frac{x^{n+1}}{n+1}$. **6.** $\frac{8}{5}\pi$

四、-4. 五、$y=(x-1)e^x+2$.

六、$a>1$,发散;$a=1$,$0<s\leqslant 1$ 时发散,$s>1$ 时收敛;$a<1$,收敛.

七、最远点$\left(a+\frac{\sqrt{3}}{3}a,a+\frac{\sqrt{3}}{3}a,a+\frac{\sqrt{3}}{3}a\right)$. 最近点$\left(a-\frac{\sqrt{3}}{3}a,a-\frac{\sqrt{3}}{3}a,a-\frac{\sqrt{3}}{3}a\right)$.

高等数学(下)综合练习七

一、**1.** $\frac{2}{x^2+y^2+z^2}$. **2.** $\int_0^1 dx\int_0^{x^2}f(x,y)dy+\int_1^{\sqrt{2}}dx\int_0^{\sqrt{2-x^2}}f(x,y)dy$. **3.** $\sqrt{61}$.

4. $[0,6]$. **5.** $y=C_1\cos x+C_2\sin x-2x$.

二、**1.** A. **2.** B. **3.** B. **4.** B. **5.** B.

三、**1.** $e-\frac{5}{2}$. **2.** $f(x)=\sum_{n=0}^{\infty}(-1)^n\cdot\frac{1}{2n+1}x^{2n+1}$,$-1\leqslant x\leqslant 1$. **3.** $dz=\frac{e^{-x^2}}{1+\frac{1}{z}}dx-\frac{e^{-y^2}}{1+\frac{1}{z}}dy$. **4.** $y=3x-2\ln x-3$. **5.** $(2,2\sqrt{2},2\sqrt{3})$,$d_{\min}=\sqrt{6}$. **6.** $\pi a(a^2-h^2)$.

四、$f(u)=C_1e^u+C_2e^{-u}$. 五、$4\pi(2e^4+e^2-3)$. 六、$y=\begin{cases}x(1-4\ln x), & 0<x\leqslant 1,\\ 0, & x=0.\end{cases}$

七、$\frac{\pi}{3}h^3$.

高等数学(下)综合练习八

一、**1.** $\frac{\sqrt{3}}{3}$. **2.** 3. **3.** 0. **4.** $-\frac{\pi}{2}$. **5.** $y=C_1\sin x+C_2\cos x+x$.

二、**1.** 0. **2.** $\frac{4}{15}\pi a^5$. **3.** 0. **4.** $\left(-\frac{\sqrt{2}}{2},\frac{\sqrt{2}}{2}\right)$. **5.** 4π. **6.** $y=x^2e^x-xe^x+Cx$.

三、**1.** $\frac{\pi}{8}$. **2.** 34π. **3.** $\frac{x-1}{6}=\frac{y-1}{-3}=\frac{z-1}{-3}$. **4.** $\frac{2}{3}\pi a^2(2\sqrt{2}-1)$.

四、$\sqrt{3}$. 五、$f(x)=-\frac{1}{2}\cos x+\frac{1}{2}(x+1)e^x$.

六、条件收敛. 七、$f(x)=(4\pi x^2+1)e^{4\pi x^2}$.